기호와 탐닉의
음식으로 본 **지리**

이 저서는 2020년 대한민국 교육부와 한국연구재단의 지원을 받아
수행된 연구임 (NRF-2020S1A6A4040700)

기호와 탐닉의 음식으로 본 지리

축복받은 자연은 어떻게 저주의 역사가 되었는가

조철기 지음

차례

1장 차나무와 홍차

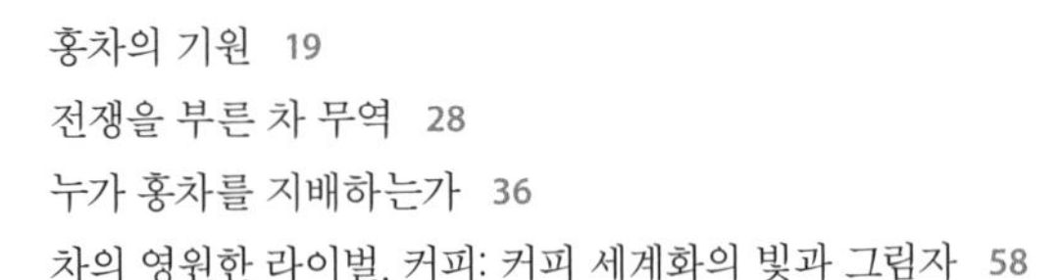

2장 사탕수수와 설탕

3장 카카오와 초콜릿

4장 기름야자와 팜유

5장 바나나

6장 새우

7장 포도와 와인

| 일러두기 |

- 출처를 따로 밝히지 않은 자료는 FAOSTAT(https://www.fao.org/faostat/en/#home)에서 얻은 것이다.
- 그래프와 지도의 자료 및 출처는 본문에 밝혔으며, 사진과 그림 등 도판의 출처 및 소장처는 책 뒤에 모아 밝혔다.

들어가며

지리의 렌즈로 음식의 세계를 보다

이 책에서는 지리라는 렌즈로 음식의 세계를 들여다보고자 합니다. 이 책에서 다루고자 하는 음식은 대개 우리가 일상생활에서 탐닉하는 기호식품으로, 국제적 이동이 빈번한 글로벌 식품입니다. 이 책은 일곱 가지 음식을 사례로 로컬 생산과 글로벌 소비에 대한 이야기를 들려줍니다. 이 음식들은 특정 지역에서 생산되고 전 세계에서 소비됩니다. 이 일곱 가지 음식을 통해 우리는 인문의 세계와 자연의 세계가 연결되어 있을 뿐 아니라, 한 지역의 생산자들과 전 세계의 소비자들이 연결되어 있음을 이해하게 될 것입니다.

우리는 전 세계가 연결된 세상에 살고 있습니다. 이는 인간과 환경을 이해하려면 우리가 살고 있는 지역의 범위를 넘어 더 넓은 세계의 관점에서 세상을 보아야 함을 의미합니다. 이 책의 목적은 음식이라는 소재를 통해 우리가 살고 있는 세계가 서로 연결되어 있음을 이해하는 것입니다. 독자들은 이 책을 통해 기호식품, 상품작물, 플랜테이션plantation, 인권 문제(노예무역, 아동노동, 인신매매, 강제노동), 환경 문제, 동물권, 다국적 기업, 공정무역 등의 키워드를 만나게 될 것입니다.

가난의 덫, 상품작물과 플랜테이션

이 책에서 다루는 일곱 가지 음식은 다양한 음식 중에서도 특유의 맛과 향으로 우리 입맛을 자극하는 기호식품입니다. 이런 기호식품은 대개 농민이 스스로 소비하기 위해서가 아니라 판매하기 위해 재배하는, 대표적인 상품작물입니다. 이런 상품작물도 매우 다양한데, 이 책에서는 과거부터 주로 열대 및 아열대 지역에서 플랜테이션을 통해 재배된 작물로 한정했습니다. 이 책에서 다루는 차, 사탕수수, 카카오, 기름야자, 바나나는 열대 및 아열대 지역에서 주로 플랜테이션을 통해 재배됩니다. 여기에, 약간 성격이 다른 두 가지 음식도 포함했습니다. 유럽의 지중해성 기후 지역을 대표하는 와인용 포도, 그리고 최근 이슈가 되고 있는 해산물인 새우입니다. 작물은 아니지만 플랜테이션 작물과 비슷한 문제를 갖고 있는 새우, 특정 기후대에 집중된 작물이지만 서로 다른 역사와 소비층을 가지고 있는 포도(와 와인)와의 비교를 통해 오늘날 상품작물이 세계에 미치는 영향이 더욱 선명하게 드러나리라 생각합니다.

플랜테이션의 역사는 오래전으로 거슬러 올라갑니다. 플랜테이션은 서구 여러 나라가 16~17세기부터 열대 및 아열대 지역에서 식민지를 개척하면서 이루어놓은 농업의 한 형태입니다. 유럽 국가들은 식민지의 농업 개척 과정에서 현지 원주민의 값싼 노동력을 바탕으로 본국의 자본과 기술을 도입해 기호작물 또는 상품작물을 단일 경작하는 기업적인 농업 경영 방식을 택했는데, 이것을 플랜테이션이라고 부릅니다. 이렇게 재배한 상품작물이 무역품으로서 가치가 높은 차, 커피, 사탕수수, 카카오, 바나나, 천연고무, 담배, 삼, 면화 등입니다.

제2차 세계대전 이후 식민지 독립 과정에서 제3세계 국가들의 플랜테이션은 국유화되거나 현지 기업이 직접 경영하게 되었습니다. 또한, 최근에는 가격 불안정, 흉작 등 단일 경작에서 비롯되는 피해를 줄이기 위해 다양한 작물을 함께 경작하는 다각 경영으로 이행하는 경향이 뚜렷해졌습니다.

그러나 식민 지배가 끝난 지 오래인 지금도 아프리카, 아시아, 라틴아메리카의 열대 및 아열대 기후 지역에서는 주로 유럽, 북아메리카, 동아시아 등 선진국으로 수출하기 위해 상품작물 및 기호작물을 단일 경작하고 있으며, 이 작물들이 선진국을 중심으로 전 세계에 공급되고 있습니다.

상품작물을 재배하고 수출함으로써 현지 농민들의 생활이 윤택

해진다는 주장이 있습니다. 그러나 실상은 그렇지 않습니다. 지금과 같은 무역 구조에서는 대규모 플랜테이션만이 가격 경쟁에서 살아남을 수 있고, 소규모로 농사를 짓는 힘없는 농민들의 삶은 무너지고 있습니다. 이렇게 상품작물을 생산한다 해도 소규모 농민들은 이익을 거의 보지 못하고, 유통업자 및 다국적 기업에게 대부분의 이윤이 돌아갑니다. 그 결과, 농민들은 땅을 팔고 도시로 떠나거나 가진 땅 없이 대규모 플랜테이션에서 낮은 임금을 받고 일하는 농업노동자로 전락해 착취에 시달릴 수밖에 없습니다. 최근에는 생산국 농민들에게 공정한 이윤을 배분해 그들의 생계와 인권을 보장하려는 공정무역에 대한 관심이 높아지고 있습니다.

플랜테이션은 단일 작물을 재배함으로써 시장가격 변동에 민감하게 대응하지 못하는 것은 물론, 환경에도 심각한 영향을 끼칩니다. 플랜테이션을 만들려고 열대림이 벌채되고 토질이 건조해집니다. 중앙아메리카에서는 바나나 플랜테이션으로 열대림이 파괴되고, 동남아시아에서는 새우 양식 때문에 맹그로브 숲이 벌채됩니다. 아마존 유역에서는 사탕수수 재배 때문에 숲이 파괴되며, 인도네시아와 말레이시아에서는 팜유 때문에 열대림이 대규모로 불태워지고 있습니다. 인도와 스리랑카(실론)에서는 차 플랜테이션으로 인해, 코트디부아르와 가나에서는 카카오 플랜테이션으로 인해 열대림이 파괴되기도 했습니다.

식품 시장의 지배자, 다국적 농식품 기업

상품작물의 예에서 보듯이, 현대 세계경제는 선진국은 점점 잘 살게 되고 개발도상국은 점점 가난해지도록 작동하고 있습니다. 선진국은 개발도상국의 토지, 석유, 광물 등 여러 자원을 엄청나게 싼 가격에 사들이고 현지의 저렴한 노동력을 이용해 대량으로 상품을 생산합니다. 그렇게 생산한 것을 세계 곳곳에 뻗어 있는 판매망을 통해 팔아 막대한 이윤을 남깁니다. 이런 구조를 가진 세계경제의 중심에는 거대 다국적 기업이 있습니다. 본사는 선진국에 있으면서 많은 나라에 지사를 두고 지구적인 규모로 활동하는 거대 기업 그룹을 말합니다.

다국적 농식품 기업은 농업의 세계화와 먹거리의 산업화로 식품 시장에 대한 지배력을 더욱더 공고히 하고 있습니다. 그에 반해 농민들의 삶은 더욱 피폐해지고 있습니다. 대부분의 국가에서 소비되는 밀과 쌀 같은 주곡을 비롯한 다양한 농작물의 생산·가공·유통·판매를 독점하고 있는 거대 다국적 농기업을 '곡물 메이저'라고 부르는데, 그중에서도 카길, ADM, 번지를 3대 곡물 메이저로 꼽습니다. 이외에도 차(립턴, 유니레버), 사탕수수와 설탕(코페르수카르, 미티폴, 쥐드추커), 카카오와 초콜릿(마스, 크라프트 자콥 슈샤드, 허쉬, 네슬레, 캐드버리-슈웹스, 페레로), 기름야자와 팜유(펠다 그룹), 바나나(돌, 치키타, 델몬트 등), 새우(CP푸드) 등 작물 재배와 가공, 유통을 모두 지배하는 거대 다국적 농식품 기업도 다수 있습니다.

다국적 농식품 기업은 세계 시장에서 농산물이나 가공식품의 생산·가공·유통·판매를 독점해 막강한 권력을 휘두르며, 세계의 먹거리는 바로 이 기업들에 의해 좌지우지됩니다. 또한 이들은 전 세계의 농업과 식량 정책, 농업 현상에 막대한 영향을 끼칩니다. 소수의 거대 다국적 식품 기업들은 먹거리의 공급 물량과 가격을 원하는 대로 조절할 수 있는 힘을 가지고 있습니다. 먹거리 가격이 오르든 내리든 상관없이, 오히려 가격 변동 폭이 클수록, 이들 기업은 더 큰 수익을 얻을 수 있습니다.

상품사슬을 통해 본 진실, 서로 연결되어 있다!

우리는 외부 세계와 물리적으로는 동떨어져 살지만, 세계 바깥을 연결 지어 볼 수 있어야 합니다. 우리가 서로 무엇을 나누고 서로에게 어떤 영향을 미치며 사는지 알아야 합니다. 우리 개인의 삶이 세상 모든 곳의 모든 이에게 영향을 줍니다. 사람들이 서로 연결된 세계를 인식하는 것은 마틴 루서 킹 주니어Martin Luther King Jr.가 1967년에 한 연설에서 언급한 방식과 유사합니다.

우리는 아침에 눈을 뜨면 욕실에 가서 해면을 집습니다. 태평양의 어느 섬에 사는 누군가가 건네준 해면입니다. 그다음 비누를 집습니다. 프랑스의 누군가가 건네준 비누입니다. 주방으로 가서 모닝커피를 마십니다. 남아메리카의 누군가가 우리 컵에 따라 준 커피입니다.

혹은 차를 마시고 싶을 수도 있겠지요. 중국의 누군가가 우리 잔에 따라 준 차입니다. 혹은 아침에 코코아를 마시고 싶을 수도 있겠지요. 서아프리카의 누군가가 우리 컵에 따라 준 코코아입니다. 그런 다음 토스트를 집습니다. 영어를 쓰는 어느 농부가 제빵사의 손을 거쳐서 우리에게 건넨 빵입니다. 우리는 아침에 식사를 끝마치기도 전에 지구상의 절반이 넘는 사람들의 도움을 받습니다. 우리의 우주는 이렇게 이루어져 있습니다. 이것이 바로 우주의 상호연결성입니다. 모든 현실이 서로 연결되어 있는 구조라는 기본적인 진실을 이해하지 못한다면, 우리는 지상에서 평화를 얻지 못할 것입니다.

마틴 루서 킹 주니어가 이 연설을 한 지 반세기가 지났지만, 우리는 모두가 연결되어 있다는 사실을 이해하는 데 여전히 애를 먹습니다. 경제적으로 더 가까이 연결되고 우리 먹거리를 책임지는 사람들이 더 멀리 떨어져 있을수록, 우리가 먹는 음식이 누구에게서 혹은 어디로부터 오는지 알기가 더 어렵습니다. 그리고 모르는 상태로 있을수록 생산자와 소비자가 더 착취당하기 쉽습니다.

상품사슬이 더 멀리까지 뻗어 있을수록 우리가 모르는 것이 많아집니다. 국경을 넘어 거래되는 대부분의 먹거리 뒤에는 복잡한 관계망이 숨어 있습니다. 우리가 늘 마시는 향긋한 차 한 잔, 무심코 입에 넣는 달콤한 초콜릿 한 조각에 생산국에서 벌어지는 비참한 현실이 고스란히 담겨 있습니다. 우리의 음식 소비가 전 세계 농민과 어민의 삶뿐만 아니라 그 지역 자연환경에 직간접적인 영향을 주는 것입니다.

아주 사소한 것이 삶을 바꾼다

우리 중 어느 누구도 자신이 먹는 음식이 어디에서 오는지 깊이 생각하지 않습니다. 현대의 기업형 농업에서 생산되는 먹거리는 보기는 예쁘지만 맛은 예전에 비해 떨어졌습니다. 식료품점에 진열된 식품은 모두 모양을 기준으로 팔립니다. 흠집 하나 없는 바나나는 비참한 농민의 현실을 감추고 있습니다.

우리가 음식 한 조각을 먹는 것이 단순한 소비 행위에 머물러서는 안 됩니다. 우리는 음식에 대한 수동적 소비자가 아니라 능동적 시민이 되어야 합니다. 즉, 우리는 단순한 음식 소비자가 아니라 음식 시민이 되어야 합니다. 내가 먹는 음식 하나하나에 대해 성찰하는 자세가 필요합니다. 우리는 일상적으로 소비하는 음식에 대해 성찰함으로써 거대 다국적 농식품 기업에 의한 단일 작물 재배, 살충제 사용으로 인한 환경 파괴와 생물종 다양성 훼손, 노동자의 인권 침해에 반대하고, 노동자의 권익과 가족농업을 지원할 수 있습니다. 내가 먹는 음식 한 입이 현실에 순응하느냐, 아니면 저항하느냐를 보여줍니다.

내가 아이들을 사랑하는 것만큼 코트디부아르의 카카오 재배 농민도 자식들을 사랑합니다. 우리 아이들에게 초콜릿을 사주지 않을 수는 없을 겁니다. 그렇기 때문에 현명한 구매를 통해 카카오 농부들을 지원할 방법을 찾아야 합니다. 여러 가지 방식의 공정무역이 해결책이 될 수 있습니다. 바나나 한 개, 차 한 잔, 초콜릿 한 조각처럼 아주 사소한 것들이 우리의 삶과 그들의 삶을 바꿀 수 있습니다.

2023년 11월

조철기

1장

차나무와 홍차

홍차의 기원

티타임, 차 마시는 시간은 따로 있다

커피와 차는 세계인이 물 다음으로 즐겨 마시는 음료다. 잠깐 휴식을 취할 때를 '커피브레이크Coffee Break'라고 한다. 그만큼 커피가 우리 일상생활에서 차지하는 비중이 높아졌다는 방증일 것이다. 하지만 이전에는 휴식 하면 으레 '티타임Tea Time'이라는 말을 사용했다. 티타임은 본래 차를 마시는 시간을 말하는데, 휴식을 뜻하게 되었다.

혹자는 차와 커피의 차이를 마시는 방식의 차이로 설명하기도 한다. 커피 문화권에서는 일의 강도를 올리고 싶을 때 커피를 마시는 편인데, 빨리 커피 한 잔 마신 다음 다시 일로 돌아가야 하기에 Coffee Break라고 한단다. 반면, 차 문화권 사람들은 한숨 돌리며 쉬고 싶을 때 차를 마시는 경향이 있다고 한다. 간식과 함께 차를 마시며 담소도 즐기기 때문에 차 마시는 시간을 Tea Break가 아니라 Tea Time이라고 한다는 것이다.

이 말이 사실이든 아니든, 티타임이라는 말은 영국의 전통적인 차 문화에서 유래했다. 영국 사람들은 정말 자주 티타임을 가진다.

영국에서는 아침에 눈을 떠서 바로 마시는 '얼리 티Early Tea'로 시작해 아침 식사 때는 '브랙퍼스트 티Breakfast Tea', 오후 간식 때의 '애프터눈 티Afternoon Tea', 그리고 잠들기 전에 마시는 '나이트 티Night Tea'까지, 일상적으로 갖는 티타임만 해도 하루에 네다섯 번이다. 이런 티타임의 풍습은 19세기부터 시작되었고, 최근에는 그 수가 다소 줄었지만 그래도 하루 평균 세 잔 이상의 차를 마신다고 한다. 티타임에는 차와 함께 케이크나 빵을 곁들이며, 단순히 음식만을 즐기는 것이 아니라 사교의 장으로 활용된다.

우리는 영국이 서안해양성 기후로 1년 내내 온난하다고 생각한다. 그러나 실상은 좀 다르다. 영국에서는 가랑비가 사계절 내내 내리며, 특히 겨울에는 차갑고 습한 기운이 뼛속까지 스며드는 듯하다. 이런 영국의 기후 탓에 비스킷을 곁들인 달콤한 홍차를 한잔하며 나누는 이야기는 서로에게 큰 위안이 됐을 것이다.

영국에서 티타임은 차를 세련되게 소비하는 방법이었다. 공을 들인 티타임과 티파티는 중국이나 일본의 다도茶道와 비슷한 의례의 일종이다. 가정에서 차를 마실 때, 영국인들은 어쩌면 옛날 해외 식민지 개척이 이룬 광대한 영토와 대영제국의 영광을 떠올릴지도 모른다. 차의 등장은 세계 강대국으로서 영국의 성장과 얽혀 있으며, 상업적 제국의 힘을 더욱 확산시키는 계기가 되었다.

국제무역에서 차가 중요한 상품이 되기 전에는 수세기 동안 중국과 한국 그리고 일본에서만 차나무를 재배했다. 이때 차는 원기를 돋우고 입을 상쾌하게 하는 음료로 활용되었다. 그 후 차는 경제적·사회적·정치적 변화의 기폭제가 되었다. 미국 독립혁명은 차에 매겨진 세금에 대한 폭동인 '보스턴 차 사건'에 의해 촉발되었고, 아편전쟁은 차와의 전쟁이었다. 그리고 남부아시아의 인도와 스리랑카(실론)는 서구 식민지 상업자본에 의한 차 플랜테이션을 위해 토지와 노동력을 착취당하고 파괴되었다. 영국인의 티타임 이면에 감춰진 차와 관련한 수많은 사건과 진실에 접근한다면, 티타임이 더 이상 낭만적으로 보이지만은 않을 것이다.

차, 중국에서 유럽으로

차는 찻잎의 형태, 산지, 품종, 수확 시기, 가공 방법 등 여러 가지 기준에 의해 분류할 수 있다. 그중 가공 방법에 의하면 녹차, 청차(우롱차), 홍차로 크게 나눌 수 있는데, 여기서 가공이란 '건조와 발효'를 가리킨다. 이들은 모두 같은 '차나무'에서 딴 찻잎으로 만든다. 차나무의 학명은 카멜리아 시넨시스*Camellia sinensis*로, 중국의 윈난성과 티베트 일대가 원산지로 알려져 있다. 변종이 많아서 저마다 잎의 크기, 색깔, 모양이 다른데, 크게 잎이 큰 대엽종과 잎이 작은 소엽종으로 나뉜다. 한중일 등 동아시아 지역의 차나무는 대개 소엽종이고 인도 아삼 등지의 차나무는 대엽종이다.

우리에게 친숙한 녹차는 차나무에서 딴 찻잎을 가열 처리한 것으로, 발효는 하지 않는다. 우롱차는 발효 도중 찻잎을 가열함으로

중국에서의 차 재배를 묘사한 그림(1847년 출간된 책에 수록)

써 발효를 멈춘 반半발효차다. 그리고 수확한 찻잎을 약간 건조시킨 후 비벼서 완전 발효한 차가 영국을 비롯한 유럽에서 즐겨 마시는 홍차다.

차를 언제부터 마시기 시작했는지 정확하게 알 수는 없다. 중국 전설에 따르면, 염제 신농씨炎帝神農氏가 차의 해독 작용을 처음 파악한 것이 약 4,000년 전의 일이다. 이때부터 차의 음용이 시작되었고 한나라 때(기원전 202~서기 220)에 이르러 본격적으로 차나무를 재배하고 차를 만들어 마시기 시작했을 것으로 본다. 당나라 때(618~907)를 비롯한 초기의 차는 전차塼茶(벽돌차)의 형태였으며,

지금 우리가 흔히 마시는 녹차는 송나라 때(960~1279), 홍차는 명나라 때(1368~1644) 시작되었다. 한반도와 일본 열도를 비롯한 주변 아시아 지역으로 전파된 것은 당나라 때다.

전차. 운송이나 보관에 편리하도록 찻잎을 수증기로 살짝 익혀 벽돌 모양처럼 다져 만든 데서 유래된 말이다.

차가 처음 유럽으로 전래된 시기는 포르투갈의 선교사가 네덜란드의 암스테르담으로 가져간 1560년이다. 1609년부터 세계의 해상 제패권이 에스파냐와 포르투갈에서 네덜란드와 영국으로 넘어가면서 본격적으로 유럽에 차가 전파되었다. 두 나라의 동인도회사는 1610년에는 일본 차를, 1637년에는 중국 차를 스칸디나비아 국가들과 독일, 프랑스, 영국 등지에 전파했다. 유럽에 처음 소개된 차는 중국인들이 즐겨 마시던 녹차였다.

영국인은 언제부터 홍차를 마셨나

홍차가 어떻게 만들어졌는지에 관해서는 설이 분분하다. 그중 가장 널리 퍼져 있는 속설은 중국의 녹차를 유럽까지 배로 운반하는 동안 고온다습한 인도양의 적도 부근을 건너면서 차가 자연스럽게 발효되어 본의 아니게 홍차가 탄생하게 되었다는 이야기다.

녹차가 유럽으로 운반되는 과정에서 발효되어 우연히 홍차가 탄생했다는 이야기는, 그럴듯해 보이지만 사실이 아니다. 왜냐하면 네덜란드의 동인도회사가 처음으로 중국의 차를 유럽으로 운반하기 시작한 1637년에는 중국에 이미 홍차가 존재했기 때문이다. 또한 당시 중국의 녹차는 불을 이용해 솥에서 덖어 완전히 건조시킨 것이었기 때문에 산화효소의 활성이 정지되어, 적도든 인도양이든 어디를 통과하더라도 추가 발효는 일어날 수 없었다.

중국에서 발효차가 처음 만들어진 것은 10세기경의 일이고, 17세기 초에는 이미 푸젠성 일대에서 홍차가 만들어지고 있었다. 중국의 홍차는 1610년경 푸젠성의 무이산武夷山에서 본격적으로 만들어지기 시작했다. 다만 그 생산량이 많지 않았기 때문에 유럽인들이 초기에 수입해 간 중국 차는 홍차가 아닌 녹차였다. 그러나 18세기 초반을 거치면서 유럽인들의 기호가 점점 녹차에서 홍차로 바뀌었고, 18세기 중엽에 유럽인들이 중국에서 가져간 차의 대부분은 이미 홍차로 바뀌어 있었다.

중국 본토를 밟아보지도 못했고 차나무를 본 적도 없는 영국인들에게 차는 신비한 음료였다. 그것이 녹차든 홍차든 관계없이 영국인들은 차를 숭배했다. 그렇지만 얼마 지나지 않아 경험적으로 알게 된 확실한 사실이 하나 있었다. 바로 녹차보다는 발효차인 홍차 쪽이 자신들의 기호에 더 맞는다는 것이었다. 영국이 수입하는 차는 처음에는 녹차가 전체의 반 이상을 차지했지만 점차 압도적으로 홍차의 수입량이 많아지게 되었다.

영국인들은 왜 녹차보다 홍차를 선호한 것일까? 그 이유는 홍차의 수입과 거의 같은 시기에 중앙아메리카 서인도 제도의 사탕수수 플랜테이션에서 설탕이 대량 생산된 것과 밀접한 관련이 있다. 녹차보다는 홍차가 설탕의 달콤함과 어울리기 때문이다. 뿐만 아니라 런던의 수질도 영향을 끼쳤다.

영국의 수도 런던의 물은 미네랄 함량이 높은 경수硬水(센물)로, 여기에 녹차를 우려내면 수색水色(찻물의 색)은 진해지지만 맛과 향은 약해진다. 특히 녹차의 떫은맛을 내는 타닌(카테킨)은 런던의 물에서는 잘 우려지지 않아 차 특유의 맛이 사라져 김빠진 듯한 맛이 된다. 그에 비해 발효차인 홍차는 타닌 함유량이 높아서, 중국이나 한국의 물처럼 연수軟水(단물)에서 우려내면 떫은맛이 강하지만 런던의 경수에서는 순하게 우려져 오히려 적당히 좋은 맛이 된다. 수색 역시 먼저 유행했던 커피와 비슷한 갈색이어서 유럽인들에게 친숙하고 맛있어 보였던 듯하다. 이런 이유로, 영국에서는 향도 맛도 진한 홍차에 설탕과 우유를 넣어 밀크티로 마시는 특유의 차 문화가 정착했다.

이렇게 유럽인들의 기호가 바뀌자 중국의 차 산업 종사자들도 홍차 생산에 더욱 열을 올렸다. 중국 홍차의 발생지인 푸젠성의 홍차를 발전시킨 안후이성 기문 지방의 기문홍차祁門紅茶, 푸젠성 정산 지방의 정산소종正山小種 등이 이를 계기로 탄생했다. 안후이

물은 차 맛에 어떤 영향을 끼칠까

"물맛이 차 맛을 좌우한다."는 말이 있다. 물이라고 다 같은 물이 아니라 차에 어울리는 물이 따로 있다는 말이다. 물에는 여러 무기물질이 녹아 있는데, 그중에서도 흔히 미네랄이라고 부르는 칼슘과 마그네슘의 함량이 물의 경도硬度를 결정짓는다. 물에 들어 있는 미네랄, 즉 칼슘이나 마그네슘의 합계량을 수치화한 것을 경도라 하는데, 그 수치가 높은 것이 경수, 낮은 것이 연수다.

경도에 따라 물맛도 다르다. 경도가 높을수록 산뜻함이 떨어지고 진한 맛이 나며, 경도가 낮으면 담백하고 김빠진 맛이 난다. 맛의 차이뿐 아니다. 연수에서는 비누가 잘 풀리고 미끈거리는 촉감을 비교적 오래 느낄 수 있는 반면, 경수에서는 비누가 잘 풀리지 않아 빨래나 목욕을 하기에 좋지 않다. 비누의 음이온이 경수의 칼슘이나 마그네슘 이온과 반응해 앙금을 형성하고, 앙금이 물에 쉽게 씻겨나가 비눗기가 금방 없어져버리기 때문이다.

물의 경도는 지역에 따라 다르다. 한국 대부분 지역의 물은 연수인 반면, 유럽 특정 지역의 물은 경수인 경우가 많다. 어떤 지역의 물이 경수냐 연수냐를 구분하는 쉬운 방법이 있다. 이는 그 지역의 기반암을 확인하는 것이다. 지중해 주변의 남부유럽 지역은 기반암이 석회암인 경우가 많다. 석회암층을 통해 흘러나오는 물은 칼슘이온을 비롯한 미네랄이 많이 녹아 있는 경수다. 강원도 영월군과 같은 석회암 지대의 물도 경수다.

그렇다면 경수와 연수 중 차에 적합한 물은 무엇일까? 결론부터 말하면, 차의 종류에 따라 다르다. 녹차는 연수, 홍차로 대표되는 발효차는 경수가 잘 어울린다. 차 중에서도 녹차 계열은 색과 맛을 음미하기 좋은 차이므로, 물 자체의 맛이 강한 경수보다 산뜻한 연수가 좋다. 홍차로 대표되는 발효차와 푸아르차黑茶로 대표되는 후발효차(가열해 찻잎의 효소를 파괴한 후 미생물을 접종해 발효시킨 차)는 경수가 잘 어울린다. 경수에 포함된 칼슘과 마그네슘 등 미네랄 성분이 발효차를 잘 우려내주기 때문이다. 실제로 경수 계열의 물로 차를 우려보면 수색이 훨씬 더 깊고 진하며 향도 한결 또렷이 살아난다.

성 기문현은 당나라 때부터 차를 생산하던 지역이었으나 18세기 후반까지는 녹차만을 생산했다. 그러다가 푸젠성의 관리였던 여간신余干臣이 푸젠의 공부홍차工夫紅茶가 이익이 많이 남기는 것을 보고 1895년에 고향인 안후이성으로 돌아와 동지현과 기문현에 제다製茶 시설을 갖추고 홍차를 생산하면서 기문홍차가 탄생하게 되었다.

중국의 홍차 가운데 유럽인들을 매료시킨 또 하나의 홍차가 정산소종으로, 이는 푸젠성의 무이암차武夷岩茶를 진화시킨 특수한 홍차다. 솔잎 태운 향을 가미한 홍차로, 독특한 향미로 인해 1870년대에는 유럽 시장을 석권했으며 지금도 영국의 상류층에서 찾아 즐기는 홍차다.

전쟁을 부른 차 무역

산업혁명, 노동자도 차를 마시다

17세기에서 18세기 초에 이르는 동안 동인도회사를 통해 영국으로 건너온 차는 왕실과 귀족들의 음료로 자리 잡았다. 그 계기는 1662년 열렬한 차 애호가인 포르투갈의 캐서린 브라간자Catherine de Braganza 공주가 영국의 찰스 2세(재위 1660~1685)에게 시집온 것이었는데, 이때 영국 왕실에서 유행하게 된 차는 빠르게 영국 상류층의 사치품이 되었다. 18세기 초까지만 해도 영국에서 차는 정말 귀한 사치품이어서, 찻잎과 설탕을 보관하는 작은 서랍장을 자물쇠로 잠가놓을 정도로 소중히 다루었다.

18세기 중반 산업혁명을 거치면서 중산층까지 차를 즐기게 되자, 영국은 최대의 차 수입국이 되었다. 왕실과 귀족사회에 국한되어 소비되던 차는 18세기 중엽에서 19세기 사이에는 중산층사회로 확산되었고, 곧 중산층뿐 아니라 노동자 계급에서도 탐닉의 대상이 되었다. 또한 영국의 식민지 미국 사람들을 위한 사치품이 되기도 했다.

그런데 산업혁명이 차 소비와 무슨 상관이 있는 걸까? 차에는 커피와 마찬가지로 카페인 성분이 들어 있어서 각성 효과가 있으며, 따라서 졸음을 방지하고 일시적으로 정신이 번쩍 들게 했다. 그래서 자본가들은 작업 능률과 생산성을 높이기 위해 공장 노동

찰스 2세와 캐서린 브라간자. 차 애호가인 캐서린 브라간자로 인해
영국 왕실과 귀족층에 차가 유행하게 되었다.

자들에게 차를 제공했다. 게다가 차에 넣은 설탕은 열량을 보충해 주는 효과까지 있었다.

문제는, 노동자에게까지 제공할 만큼 차의 공급이 늘어나고 그에 따라 가격이 낮아진 배경에는 제국주의와 식민주의로 인한 아픈 역사가 있다는 것이다.

보스턴 차 사건과 미국의 독립전쟁

미국인들은 네덜란드에서 온 이민자들을 통해 처음 차를 접했고, 이어 영국에서 온 이주자들이 홍차를 가지고 들어오면서 홍차를 접하게 되었다. 미국인들 역시 붉은빛을 지닌 홍차를 선호했다. 식민지 주민들에게 한 잔의 따뜻한 홍차는 큰 위로가 되었고, 미국은 곧 차를 대량으로 소비하게 되었다. 이처럼, 영국 식민지였던 미국도 처음에는 차 문화권에 속했다. 미국이 지금처럼 커피 문화권으로 바뀐 것은 1773년에 일어난 '보스턴 차 사건'이 계기가 되었다.

1754년부터 1763년까지 북아메리카에서 프랑스와 벌인 '프렌치 인디언 전쟁'으로 막대한 부채를 떠안게 된 영국은 재정 충당을 위해 식민지 미국에서 이런저런 명목으로 세금을 걷어 가려 했다. 1764년의 설탕법, 1767년의 타운센드법을 차례로 제정해 설탕, 와인, 커피, 견직물, 유리, 페인트, 종이 등에 관세를 부과했는데, 이 시기 새롭게 관세를 부과하게 된 대상에 차도 있었다. 미국인들의 거센 반발에 부딪혀 타운센드법은 폐지되었으나 차에 대한 관세만은 유지되었다. 영국의 이 같은 처사에 미국인들은 네덜란드 등에서 차를 밀수입하며 버텼다.

한편, 이 당시 영국 동인도회사는 적자에 허덕이고 있었다. 차와 비단, 도자기 등 중국에서 수입하는 막대한 양의 사치품 때문이었다. 영국 정부는 동인도회사의 파산을 막고 미국의 차 밀무역으

보스턴 차 사건을 묘사한 석판화

로 인한 관세 수입 하락도 방지해야 했다. 1773년 12월, 당시 영국 총리였던 프레더릭 노스Frederick North는 소위 '차 칙령'을 발표했다. 이 칙령의 핵심은 미국인에 의한 차 밀무역을 전면 금지하면서 차 무역의 독점권을 영국 동인도회사에 주는 것이었다.

저렴하게 차를 구입할 수 있는 경로를 빼앗긴 미국의 차 상인들과 영국의 식민 지배에 불만을 가진 독립군들은 '보스턴 차 사건'을 일으켰다. 주동자인 새뮤얼 애덤스Samuel Adams를 위시한 50여 명의 주민과 상인, 독립군은 인디언으로 위장하고 보스턴 항에 정박 중인 동인도회사의 배 세 척에 올라 차 상자 342개(1만 5,000~1만 8,000파운드 상당)를 바다에 던져버렸다. 보스턴 항구는 그야말로 '거대한 찻주전자'가 되었다. 그리고 이와 유사한 사건이 다른 항구에서도 연쇄적으로 일어났다.

영국은 손해배상을 청구하며 더욱 강력한 탄압에 돌입했으나, 미국인들은 이에 단호하게 저항했다. 혁명정부를 구성한 미국인들은 1775년에 독립전쟁을 일으켜 마침내 1776년 7월 4일 독립을 선언하기에 이른다. 차에 붙인 과도한 세금이 보스턴 차 사건을 유발했고, 이것이 미국 독립전쟁의 도화선이 되었던 것이다.

원래 차 소비량이 많았던 미국은 보스턴 차 사건을 기점으로 차에서 커피로 기호가 바뀌었다. 비싼 찻잎을 영국으로부터 사들이는 대신 커피를 마시게 된 것이다. 사실 미국인들이 차보다 커피를 더 선호하게 된 데에는 다른 이유도 있었다. 미국에서 커피의 인기는 1832년 커피 관세가 폐지된 이후부터 높아졌다. 커피 관세는 남북전쟁 기간 동안에 잠시 다시 부과되었지만 1872년에 다시 폐지되었다. 그러는 동안 미국 이민의 패턴이 종교적 이유에서 경제적 이유로 바뀌었다. 영국의 가난한 노동자들은 값싼 커피를 주로 마셨는데, 미국으로 온 이민자들 역시 관세가 폐지된 후 값이 싸진 커피를 주로 마시게 되었다. 그러면서 차는 인기와 더불어 소비량도 감소하게 된 것이다. 일설에 따르면, 아메리칸 스타일의 커피가 비교적 연한 이유는 상상을 초월할 정도로 비싸진 가격 때문에 도저히 마실 수 없게 된 홍차를 그리워해 커피로 그와 비슷한 맛을 냈기 때문이라고 한다.

혹자는 여유로운 기분의 홍차 대신 각성 효과가 강한 커피로 전환한 것이 미국이 세계를 제패하게 된 보이지 않는 원동력의 하나라고 진단한다. 홍차가 부드러운 분위기와 격조 있는 문화와 예술을 만들어냈다면, 커피는 활력 있는 분위기와 산업의 발전, 파격적인 진보의 토대가 됨으로써 근대 이후의 세계를 미국이 지배할 수 있었다는 것이다. 여하튼 차와 커피, 이 두 음료는 지금도 세계 음료 시장을 양분하고 있다.

영국의 삼각무역과 아편전쟁

산업혁명을 거치며 영국에서는 차 수요가 폭발적으로 늘어났다. 게다가 영국은 중국에서 차뿐만 아니라 차를 마실 때 사용하는 주전자며 찻잔 같은 도자기 제품도 함께 수입했다. 당시 유럽에서는 그런 걸 만들 기술이 없었기 때문이다. 그리하여 시간이 지날수록 중국과의 무역에서 영국의 적자가 심각해졌다.

영국 정부 입장에서는 사태가 심상치 않았다. 영국은 차와 도자기는 물론 중국의 비단을 계속 수입하는 반면, 중국은 영국으로부터 기껏해야 소량의 모직물과 향료 정도만 수입할 뿐이었다. 이 당시 무역에서 결제 수단은 은銀이었는데, 홍차 수입으로 인해 중국으로 은이 대량으로 빠져나가는 바람에 대영제국의 금융 안정성이 위협받을 정도였다. 그래서 영국은 홍차 수입 대금을 지불할 다른 방법을 찾기 시작했다. 영국 동인도회사는 차에 대한 지불 수단

임칙서의 아편 몰수를 묘사한 그림

제1차 아편전쟁을 묘사한 석판화

으로 은 대신 자신들이 풍부하게 생산하는 양모를 제안했다. 그러나 중국의 소비자에게 영국의 양모는 별 쓸모가 없었다. 당시 중국의 무역항인 광저우는 남쪽에 위치해 날씨가 더웠고 비단에 익숙한 사람들에게 모직물은 너무 거칠었다.

영국이 이어서 생각해낸 대안이 아편이었다. 영국은 자신의 식민지였던 인도 벵골 지역에서 소규모로 재배되던 양귀비를 독점한 후 아편을 제조해 중국에 팔았다. 영국 동인도회사는 벵골 지역에서 양귀비가 아닌 다른 작물은 재배하지 못하게 했다. 동인도회사의 선박은 영국의 공산품을 벵골 지역으로 실어 갔고 이것을 아편 완제품과 바꾸어 중국으로 싣고 가 판매했다. 이렇게 영국과 인도 그리고 중국 사이의 삼각무역이 형성되었다. 영국 동인도회사는 중국에서 차를 들여올 자금을 마련하기 위해 인도산 아편을 중국인들에게 판매한 것이었다. 이렇게 되자 중국에서는 아편을 피우는 사람들이 셀 수 없을 정도로 늘었고 아편굴이 속속 생겨났다. 당시 중국에서는 고위 관료, 지주, 상인, 군인 등 지위가 높은 사람들에서부터 일반 백성에 이르기까지 많은 사람들이 아편을 피웠다. 아편에 중독된 이들이 관청은 물론 심지어는 군대 안에도 퍼져 있어 국가적인 골칫거리가 되었다.

차와 비단 때문에 중국으로 밀려들던 은이 이제는 거꾸로 영국으로 계속해서 빠져나갔다. 그것도 백해무익한 아편을 사는 데 말이다. 이에 중국 황제는 아편의 밀수를 엄격히 단속할 것을 지시했고, 1839년 흠차대신으로 임명된 임칙서林則徐는 광저우에 정박한 영국 동인도회사의 선박에서 아편을 몰수해 폐기하기에 이르렀다. 영국은 이를 핑계 삼아 1840년 전쟁을 일으켰다. 영국은 이 전쟁을 '무역전쟁'이라고 불렀지만, 중국은 '아편전쟁'이라고 불렀다.

아편전쟁의 결과는 영국의 일방적인 승리였다. 중국 병력은 잘 조직되지도 못했고 구식 무기를 갖고 있던 데 비해, 영국군은 성능 좋은 배와 무기로 무장하고 있었기 때문이다. 결국 전쟁이 터진 지 3년 뒤 중국 정부는 영국의 요구에 굴복했고, 영국과 중국은 1842년 난징 조약을 맺었다. 불평등한 조약이었다. 중국은 홍콩을 영국에 양도했고, 광저우와 상하이 등 다섯 곳의 항구를 영국에 개방했으며 2,100만 달러의 배상금도 지불해야 했다.

아편전쟁이라는 명칭에서도 드러나듯, 이 전쟁의 일차 원인은 아편이었다. 하지만 영국이 인도산 아편을 중국에 밀수출한 가장 큰 이유 가운데 하나가 차를 구입할 대금을 마련하기 위해서였다는 점에서, 차가 일으킨 전쟁이었다.

누가 홍차를 지배하는가

영국, 차 플랜테이션을 만들다

19세기 중반까지만 해도 차나무는 중국에서만 자랐다. 만약 영국이 본토에서나 자신이 지배하는 식민지에서 차나무를 재배할 수 있었다면, 이 끔찍한 아편전쟁은 일어나지 않았을 것이다.

비록 아편전쟁에서 승리를 거두었지만, 폭증하는 차 수요를 감당하기 위해서는 차를 직접 생산하는 수밖에 없다고 영국 정부는 생각했다. 중국 윈난성과는 기후 조건이 너무나 다른 탓에 영국 본토에서는 차나무를 키울 수 없었다. 영국으로서는 다행히도, 그들에게는 넓디넓은 식민지가 있었다. 문제는 차나무 재배와 관련된 기술이 없다는 것이었다. 당시 중국은 차나무 재배와 제다 등 차와 관련된 기술을 일종의 국가 기밀로 취급했기 때문이다. 영국은 1848년 동인도회사의 아삼컴퍼니 소속 식물학자 로버트 포천 Robert Fortune을 고용해 차 재배·가공의 비밀을 알아내도록 중국으로 몰래 잠입시켰다. 그는 몽골의 고위 관료로 변장한 채 네 차례에 걸쳐 중국 본토로 잠입해 차나무 재배 기술을 익혔을 뿐 아니라 1만 2,000개의 묘목, 차를 가공하는 데 사용되는 전문적인 도구, 숙련된 중국 노동력을 인도 북동쪽 아삼으로 빼내는 데 성공했다.

차나무는 주로 연평균 기온이 14℃ 이상에 연강수량이 2,000밀리미터 이상인 온대 및 아열대 지역에서 잘 자라는 상록수다. 배수가 양호한 온대와 아열대의 구릉지로, 부드럽고 따스한 햇살과 약간의 습도가 있는 환경이 차나무의 생육에 바람직하다. 이런 기후 조건을 가진 차 재배지를 물색하던 영국은 인도 북동부의 아삼 지방을 점찍었다. 이곳의 기후 조건이 차 재배에 유리한 것 외에도 1820년대에 아삼에서 야생 차나무가 발견된 것이 중요한 요인으로 작용했다.

영국 식민지 정부는 아삼에 차 플랜테이션을 설립하기 위해 값싼 임대차 계약으로 토지를 불하했다. 당연히 자본을 가지고 플랜테이션 건설에 뛰어든 사람들은 유럽인 정착민이었고, 농장주가 되려는 수천 명의 영국인이 아삼으로 몰려들었다. 차 플랜테이션을 위해 삼림이 벌채되었고, 차 재배에 적합하지 않은 땅은 플랜테이션에서 일할 인도의 비하르와 오리사 출신 부족민들에게 임대되었다. 이들 플랜테이션 노동자는 비록 계약에 의한 임노동자이긴 했지만, 임금을 거의 지급받지 못한 데다 끔찍한 환경에서 갇혀 지내다시피 하는 노예와 다름없었다.

아삼에 이어 다르질링과 실론(현재 스리랑카) 등지에서도 차 재배에 성공함으로써, 차 재배지는 중국을 비롯한 동아시아의 온대 및 아열대 기후 지역에서 점차 인도, 동남아시아 등지의 열대우림 기후의 고산지대로 확장되었다. 영국은 19세기 후반 인도에 차 플랜테이션을 만든 데 이어, 20세기 초반에는 아프리카 케냐에도 차 플랜테이션을 건설했다. 연평균 기온이 높은 열대 지역에서도 고도가 높은 곳에서는 차를 재배할 수 있다.

1869년 수에즈 운하가 개통되어 아시아에서 유럽으로 가는 항로가 짧아지고(런던-뭄바이 간은 2만 1,400킬로미터에서 1만 1,472킬로미터로 단축) 그만큼 운송비가 감소함으로써 차의 가격은 더욱 낮아졌다. 그에 따라 수요도 증가해 차 플랜테이션 기업들의 이윤도 증가했다. 1870년에서 1900년 사이에 인도의 아삼과 이웃 벵골에서 차 플랜테이션의 규모는 여섯 배 증가했다. 당시 그 지역의 차 플랜테이션에서 일한 노동자의 수는 50만 명이나 되었다. 영국인 플랜테이션 경영자와 동인도회사는 식민지 인도의 토지를 무상으로 사용하고 원주민 싱포족Singphos의 노동력을 값싸게 이용하며 차 플랜테이션을 점차 확장해나갔다. 차 플랜테이션 이면에는 굶주림과 신체적 폭력에 시달리는 원주민 노동자들이 있었던 것이다. 당시 영국인이 티타임에 우아하게 마신 홍차는 인도 원주민들의 희생을 대가로 한 것이었다.

지금도 진행 중인 타밀족과 신할리즈족 간의 스리랑카 내전

동시대에 주요한 차 생산국으로 등장한 곳이 또 하나 있으니, 바로 인도 옆에 붙은 작은 섬나라 실론Ceylon*이다. 실론이 차 생산지로 부상하게 된 과정은 꽤나 드라마틱하다.

실론은 포르투갈과 네덜란드의 식민 통치를 약 300년간 받았고, 1796년에 네덜란드를 굴복시키고 1815년에 마지막 신할리즈

* 실론은 1948년에 영국연방 자치령으로 독립했고, 1972년 '스리랑카민주사회주의공화국Democratic Socialist Republic of Sri Lanka'으로 국명을 바꾸며 완전 독립했다. 간단히 스리랑카로 불리며, 여전히 실론이라는 이름으로도 자주 불린다.

왕조를 멸망시킨 영국의 식민 지배를 152년간 받았다.* 이곳에서는 원래 커피 플랜테이션이 이루어지고 있었다. 그러나 1870년대에 실론의 커피 플랜테이션 25만 에이커(약 1,000제곱미터)가 병충해(커피녹병**)로 파괴되었다. 이 때문에 커피 농장주들은 파산하고 노동자들은 일자리를 잃었으며 땅값은 매우 하락했다. 이때 구원투수로 등장한 사람이 그 유명한 토머스 립턴Thomas Lipton(1850~1931)이었다. 스코틀랜드 글래스고 출신의 부유한 식료잡화상이었던 립턴은 세계를 항행하던 중 1871년 실론에 도착해 수십 개의 커피 플랜테이션을 저렴한 가격으로 매입해 차 플랜테이션으로 탈바꿈시켰다.

처음 실론에 차나무가 도입된 것은 1867년, 제임스 테일러James Tayor에 의해서였다. 실론의 한 커피 농장 관리자였던 테일러는 (일종의 신사업 구상으로) 인도 아삼에서 차의 재배와 가공에 관해 공부한 후 차나무를 들여와 재배하며 실론티 특유의 가공 과정을 확립했다. 그러다 커피녹병으로 커피 플랜테이션이 황폐화되자 차는 빠르게 커피를 대체했다. 립턴이 커피 농장을 헐값에 사들여 차

---

* 포르투갈로부터는 1502~1658년, 네덜란드로부터는 1658~1796년, 영국으로부터는 1796~1948년.

** 헤밀레이아 바스타트릭스*Hemileia Vastatrix*라는 병원균의 침투로 인해 발생하는 식물 질병으로, 커피나무의 잎에 주황색 가루가 점무늬 형태로 나타나 '커피녹병Coffee Leaf Rust'이라는 이름이 붙었다. 녹병에 걸린 커피나무는 광합성을 하지 못해 커피의 생산량도, 품질도 떨어진다.

실론 섬에 처음 차나무를 도입한 제임스 테일러(왼쪽)
실론을 차의 섬으로 만든 토머스 립턴(오른쪽)

플랜테이션으로 전환한 것이 바로 이때였다. 립턴은 실론에서 차가 본격적으로 재배되는 데 큰 영향을 끼쳤으며, 그리하여 립턴과 실론티는 동일시될 정도가 되었다.

물론 실론에서 차 플랜테이션을 운영한 농장주가 립턴만은 아니었다. 다수의 커피 농장주는 커피녹병으로 인해 파산하거나 농장을 헐값에 넘기고 실론을 떠났지만, 또 다른 많은 농장주가 기존의 커피 플랜테이션 시스템을 곧바로 차 재배에 적용해 살아남았다. 그런데 차 플랜테이션에서는 찻잎을 수확하고 가공할 대규모의 노동력이 필요했다. 찻잎을 수확하는 시기는 정해져 있었고, 찻잎의 발효를 촉진하는 가공 과정 또한 기계의 힘을 빌리기 전에는 일일이 사람의 손을 거쳐야 했기 때문이다.

원래 커피의 섬이었던
스리랑카는 커피녹병 이후
차의 섬이 되었다.

작은 섬나라 실론의 적은 인구로는 이 노동력을 충당할 수가 없었다. 영국인들은 인도 남부에서 기근으로 굶주리고 있던 하층 카스트인 힌두계 타밀족Tamils을 강제로 데려와 실론 섬 북단에 이주시킴으로써 이 문제를 해결했다. 타밀족이 실론에서 맞닥뜨린 노동환경은 매우 열악했다. 힌두교에서 하층 카스트에 속하는 신분과 저임금으로 인해 이들은 고원지대의 차 농장에 고립되었고, 노예나 다름없는 신세로 전락했다.

현재 스리랑카 인구의 다수를 차지하는 신할리즈족Sinhalese은 기원전 6세기경 인도 북부에서 실론으로 건너왔다. 그들은 기원전 3세기경 불교를 수용해 불교 왕조를 세우고, 1815년 영국에게 멸망당할 때까지 실론을 지배했다. 타밀족은 영국에 의한 강제이주 이후 200년 동안 실론 섬의 한 구성원(전체 인구의 18퍼센트, 신할리즈족은 74퍼센트)으로 자리 잡았다. 대부분의 식민 지배가 그러하듯, 영국도 자국어(영어) 중심의 교육 정책을 폈는데, 타밀족은 이를 수용해 영어를 잘 구사했던 반면 신할리즈족은 자신의 전통언어를 고수했다. 영국은 원활한 식민 지배를 위해 영어 구사가 가능한 일부 타밀족을 공직에 임명하는 등 이들을 이용해 신할리즈족을 통치했다. 게다가 불교와 힌두교라는 종교 또한 갈등의 요소였다. 이것이 스리랑카 독립 후 신할리즈족으로 하여금 공직에서 타밀족을 배척하게 하는 원인이 되었다.

1948년 실론이 독립하자 영국을 등에 업고 있던 타밀족은 한순

립턴과 실론 홍차

홍차의 역사에서 입지전적인 인물을 한 명 꼽으라면 단연 영국 스코틀랜드 출신의 토머스 립턴일 것이다. 립턴을 노란색으로 포장된 상품의 이미지로만 기억하는 사람들이 많을 테지만, 립턴은 홍차 부흥의 상징이나 다름없는 인물이다. 립턴은 실론에 진출해 홍차 산업에 투자하고 차 플랜테이션을 경영했으며, 콜롬보에 홍차 공장을 세워 홍차를 대량 생산하고 수출했다. 이때 그가 채택한 선전 문구가 '다원에서 바로 티포트로Direct from the tea garden to the teapot'였다.

1880년대 이후 유럽에서는 홍차 수요가 꾸준히 증가하고 있었다. 이것을 눈여겨본 토머스 립턴은 1890년부터 '립턴'이라는 상표로 홍차를 생산해 자신의 식료잡화점인 립턴마켓에서 판매했는데, 이것이 차 브랜드 '립턴'의 시작이었다.

립턴은 비싼 가격 때문에 상류층의 전유물이었던 홍차를 합리적인 가격으로 시장에 출시해 홍차의 대중화를 이끌었다. 립턴은 하나의 회사가 차 재배부터 가공, 수송, 블렌딩, 포장, 마케팅에 이르는 모든 사업체를 통제하는 '수직적 경제 통합'의 개척자였다. 립턴은 이런 시스템을 통해 중개상들의 수수료를 뺀 가격으로

1926년 신문에 게재된 립턴 차 광고

차를 판매할 수 있었다. 그리하여 립턴은 유럽 소비자들에게 차 가격을 35퍼센트까지 낮춰 판매했다. 차 가격이 훨씬 저렴해지자 여유가 없던 사람들도 차를 즐길 수 있게 되었다. 저렴하고 품질이 우수한 립턴 홍차는 영국, 미국, 캐나다 등에서 큰 인기를 얻었다.

립턴은 홍차 판매를 확대할 여러 방법을 고안하고 실행한 것으로도 유명하다. 지금은 익숙한 것이 되었지만, 립턴은 최초로 홍차를 일회용 티백으로 포장해서 판매한 회사다. 립턴은 차를 맛있게 우려내는 방안 또한 궁리했다. 차 맛에는 물의 경도가 영향을 끼쳤는데, 같은 영국 내에서도 물의 경도가 지역에 따라 차이가 났다. 예를 들면 런던의 물은 석회 성분이 많아 경도가 높기 때문에 떫은맛이 우러나기 어렵지만, 스코틀랜드의 물은 연수에 가까워 떫은맛이 쉽게 우러난다. 이에 착안한 립턴은 여러 종류의 찻잎을 각 지역의 수질에 따라 알맞게 배합해 런던 블렌드, 스코틀랜드 블렌드 등을 만들어냈다. 이렇게 런던의 경수와 스코틀랜드의 연수에 각각 맞추어 상품을 따로 만들어낸 것이 고객의 호감을 샀고, 이로 인해 사람들은 립턴 홍차를 마시면서 향토애를 느끼기까지 했다. 홍차 하면 립턴이라는 의식이 강하게 자리 잡게 된 배경이다.

간에 소수민족으로 전락했다. 스리랑카 정부는 타밀족에게 선거권과 시민권을 부여하지 않음으로써 타밀족을 무력화했다. 그리고 1958년에는 신할리즈족 우대법까지 제정해 타밀족은 공공기관이나 민간 부문의 직장에서 쫓겨나거나 차별대우를 받게 되었다. 다수민족인 신할리즈족이 신생 독립국의 지배층을 이루면서 외세를 이용해 자신들을 억압했던 타밀족을 차별했고, 이에 동북부 지역에 거주하던 타밀족은 타밀반군을 결성하여 신할리즈족의 정부군에 대항했다. 1983년 타밀반군이 스리랑카 군대를 공격해 유혈충돌이 발생하자 종족 간의 갈등이 본격화되었다. 두 종족 간의 보복살해가 이어지면서 단순한 종족 간의 분쟁 수준을 넘어 내전 양상을 띠게 된 것이다. 이 내전은 26년간 이어져 7만 명 이상이 사망했고, 민족 박해와 인권 탄압, 난민 문제 등이 발생했다.

2009년 타밀반군이 싸움을 포기하는 성명서를 내면서 스리랑카 내전은 끝이 났지만, 아직까지 불씨가 완전히 꺼졌다고 할 수는 없다. 스리랑카는 여전히 다수민족인 신할리즈족이 소수민족인 타밀족을 차별하는 근본적인 문제를 안고 있다.

영국의 차 문화를 위해 강제로 시행된 타밀족의 이주에서 비롯된 종족 간의 갈등은 결국 내전이라는 극단적인 방향으로 흘러갔다. 그 기나긴 전쟁은 끝났지만, 종족 갈등과 내전으로 시작된 가난과 불안의 터널이 언제 끝날지는 알 수 없다.

차의 주요 생산지와 소비지

차의 이런 역사는, 오늘날 차의 생산 지표에도 고스란히 담겨 있다. 2018년 기준으로 차의 주요 생산국은 중국, 인도, 케냐, 튀르키예, 스리랑카, 베트남 등이다. 중국은 세계 차 생산의 거의 절반(43.51퍼센트)을 차지하며, 인도와 스리랑카가 합쳐서 3분의 1 정도

세계 10대 차 생산국, 생산량과 세계 총 생산량에서 차지하는 비중(2018년, 단위 톤, %)

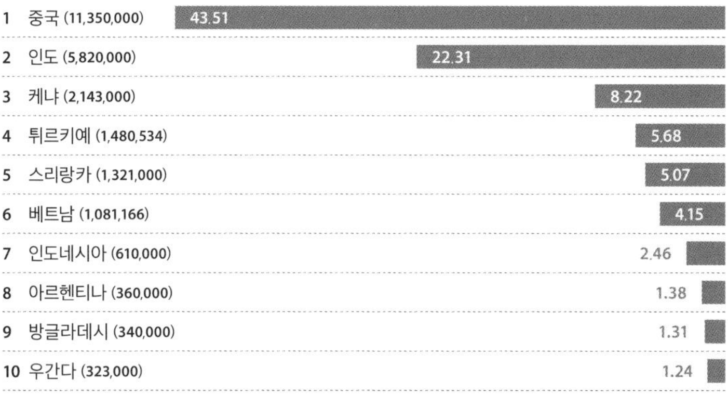

순위	국가 (생산량)	비중
1	중국 (11,350,000)	43.51
2	인도 (5,820,000)	22.31
3	케냐 (2,143,000)	8.22
4	튀르키예 (1,480,534)	5.68
5	스리랑카 (1,321,000)	5.07
6	베트남 (1,081,166)	4.15
7	인도네시아 (610,000)	2.46
8	아르헨티나 (360,000)	1.38
9	방글라데시 (340,000)	1.31
10	우간다 (323,000)	1.24

(27.38퍼센트)를 점유한다. 차 생산량을 대륙별로 보면 아시아가 86.53퍼센트, 아프리카 12.05퍼센트, 남아메리카 1.41퍼센트, 오세아니아 0.03퍼센트로, 중국·인도·스리랑카를 포함한 아시아가 절대적인 비중을 차지하고 있다.

중국의 윈난성은 차의 원산지인 동시에 여전히 차를 가장 많이 생산하는 지역이다. 중국 남부에 넓게 펼쳐진 조엽수림대(상록활엽수가 주종인 삼림지대)는 대부분 여름이 고온다습하고 겨울이 한랭건조한 온대 동계건조 기후에 속한다. 계절풍에 의한 여름의 다우와 겨울의 건조함이 차의 생육에 적절하기 때문에, 이 지역은 인도의 아삼 지방과 함께 차의 제일 산지다.

앞서 보았듯이, 인도와 스리랑카의 차는 영국인에 의해 재배되

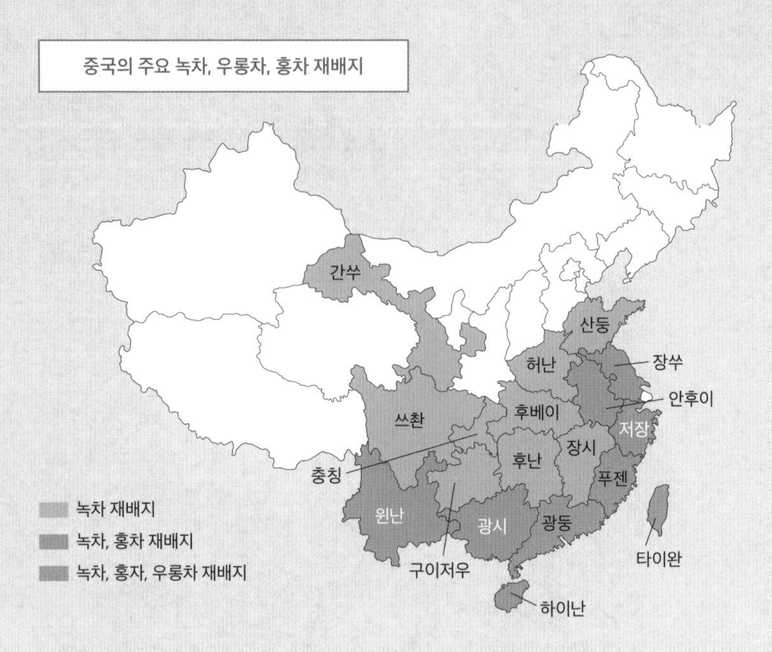

출처: www.jiangtea.com 'china-famous-tea-map'의 지도를 조합

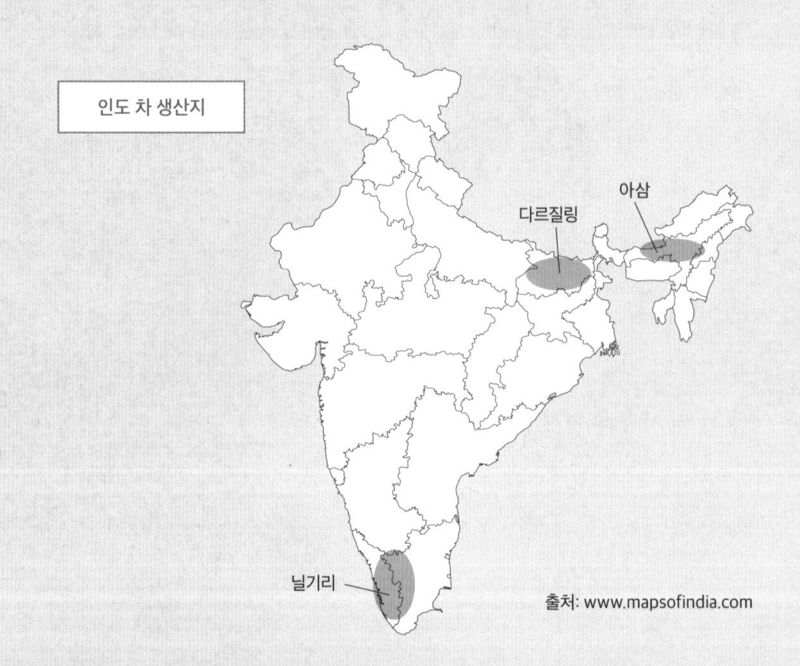

출처: www.mapsofindia.com

기 시작했으며, 현재도 인도와 스리랑카의 주요 수출품이다. 인도의 주요 차 재배지는 북동쪽에 위치한 아삼, 다르질링 등지다. 이곳의 차는 고온다습한 인도양의 계절풍이 남부아시아에 가져다준 보물이다. 인도와 스리랑카의 고원지대는 비가 많이 내리면서 일교차가 커 차를 재배하기에 적합하다. 인도에서 차 재배 및 관련 산업에 종사하는 인구는 1,000만 명이 넘으며 홍차 산업 종사자의 절반은 여성이라는 특징도 가지고 있다. 즉, 차 농원의 경영은 주로 남성이, 차 재배와 수확 그리고 가공은 주로 여성이 담당한다. 최근 들어 커피 수요가 세계적으로 확대되자 홍차 산업은 큰 타격을 입고 있다. 인도는 커피 생산량도 많은 국가이지만 홍차 산업의 위축은 인도 경제에 큰 부담으로 작용한다.

인도의 유명한 홍차로는 다르질링, 아삼, 닐기리 등이 있는데, 이 차들이 생산되는 지역의 이름을 딴 것이다. 다르질링과 아삼이 인도 북동부의 히말라야 산맥 기슭에 위치한 지역인 데 반해, 닐기리는 인도 남부의 동고츠 산맥과 서고츠 산맥이 만나는 고원지대다. 여전히 실론티로 불리는 스리랑카의 홍차로는 딤블라와 우바가 유명하다. 딤블라는 스리랑카의 남서부 고원, 우바는 남동부 고원에서 생산되는 홍차다. 중국의 기문, 인도의 다르질링, 스리랑카의 우바는 세계 3대 홍차로 불린다.

그 밖에 아시아에서 차를 생산하는 곳으로는 인도네시아 자바를 비롯해 베트남, 미얀마 등이 있다. 인도네시아는 식민지 시대인

17세기 말에 네덜란드인들이 중국의 차 묘목을 가져다 심으면서 차나무를 재배하기 시작했다. 1872년에는 스리랑카로부터 아삼종 차나무를 가져왔는데, 이를 통해 한때 세계 4위의 홍차 생산국이 되기도 했다.

차나무는 아시아를 넘어 아프리카로도 전파되었다. 아프리카 대륙에서는 주로 동부 해안의 국가를 중심으로 많은 양의 홍차가 생산된다. 케냐는 1980년대부터 차 생산량이 급증해 지금은 세계 유수의 차 생산·수출국이 되었다. 케냐의 차 플랜테이션 역시 20세기 초 영국이 도입한 것이었다. 케냐는 계절풍에 의한 강우가 내리는 열대 기후이지만 넓은 고원지대는 차를 재배하기에 좋은 조건을 갖추고 있다. 케냐는 커피 산지로 더욱 유명하지만 홍차의 생산량도 그에 못지않다. 케냐에서 나는 CTC 차*는 밀크티, 차이 등에서 베이스로 주로 쓰이는데, 진하고 강한 맛과 짙고 어두운 수색이 특징이다. 케냐 외에 말라위, 짐바브웨, 모잠비크, 르완다, 탄자니아, 우간다, 카메룬, 콩고민주공화국, 콩고, 남아프리카공화국 등에서도 홍차를 생산한다.

전통적으로 차를 많이 생산해온 중국, 인도, 일본, 인도네시아는 물론, 차를 거의 생산하지 않는 러시아, 영국, 미국, 이집트 등에

* CTC는 crush(부수고), tear(찢고), curl(말다)의 약자로, 1930년대 등장한 제다 공법이다. 찻잎을 잘게 부수고 찢고 마는 가공으로 인해 건조와 발효 시간을 단축할 수 있어, 홍차 생산량이 늘어나고 가격도 저렴해질 수 있었다.

차 수출 상위 10개 국과 수입 상위 10개 국(2018, 단위 톤)

수출			수입		
1	케냐	500,591	1	파키스탄	204,428
2	중국	364,815	2	러시아	163,802
3	인도	262,423	3	영국	125,692
4	스리랑카	164,709	4	미국	119,357
5	베트남	77,234	5	이집트	114,972
6	아르헨티나	72,619	6	아랍에미리트	108,593
7	우간다	70,101	7	아프가니스탄	80,796
8	아랍에미리트	67,492	8	모로코	75,778
9	인도네시아	49,030	9	독일	51,062
10	말라위	42,263	10	이란	48,343

1인당 차 소비량(2016, 단위 kg)

순위	국가	소비량
1	튀르키예	3.16
2	아일랜드	2.19
3	영국	1.94
4	러시아	1.38
5	모로코	1.22
6	뉴질랜드	1.19
7	칠레	1.19
8	이집트	1.01
9	폴란드	1.00
10	일본	0.97
11	사우디아라비아	0.90
12	남아프리카공화국	0.81
13	네덜란드	0.78
14	오스트레일리아	0.78
15	아랍에미리트	0.75

출처: Statista

서도 차를 많이 소비한다. 따라서 주요 차 수입국이기도 하다.

1인당 차 소비량 순위는 전체 차 소비량 순위와 달라 흥미롭다. 1인당 차 소비량이 많은 국가는 튀르키예, 아일랜드, 영국, 러시아, 모로코, 뉴질랜드 등이다(2016년 기준). 아일랜드, 영국, 뉴질랜드, 일본 등 전통적인 차 소비국을 제외하면, 튀르키예, 모로코, 이집트, 사우디아라비아 등 주로 서아시아와 북아프리카의 이슬람 국가들이 상위권을 차지한다. 이들 이슬람 국가에서는 알코올음료를 금지하기 때문에 그 대체재로서 차를 많이 마시기 때문이다. 뿐만 아니라 차를 통한 비타민 섭취와도 상관이 있는 것으로 알려져 있다. 사우디아라비아의 경우 최근 차 소비가 계속 증가하고 있다. 사우디아라비아 사람들은 전통적으로 손님 접대를 중요시하는데, 대개 차나 커피를 낸다. 이러한 문화가 차 소비 증가에 한몫하고 있다. 한 보고서에 의하면, 사우디아라비아 인구의 4분의 3이 일주일에 일곱 차례 이상 차를 마신다. 남성은 매일 5.6잔, 여성은 3.4잔 마시는 것으로 나타났다.

국가별 1인당 차 소비량의 순위를 볼 때, 영국의 영향력은 이전 식민지 국가의 소비 패턴에 남아 있다. 영국을 비롯해 아일랜드, 오스트레일리아와 뉴질랜드는 1인당 차 소비량 상위 국가에 포함되어 있다. 프랑스와 독일 등 대부분 유럽 국가와 미국은 차 소비량이 적은 편인데, 이들은 커피를 더 선호하기 때문이다.

녹차, 홍차, 백차, 우롱차 등 수많은 이름으로
불리는 차가 있지만, 이들은 모두 차나무의 잎으로 만든다.
차이점은 가공 과정에 있다.

차의 상품사슬을 추적하다

이토록 많은 인구가 차를 즐기지만, 차나무를 직접 재배하고 찻잎을 직접 덖어 마시는 사람은 거의 없다. 누군가 재배하고 가공하고 포장하고 운송해 판매하는 것을 사서 마신다. 차 역시 생산자에서 소비자까지 오는 수많은 과정을 겪는 '상품'인 것이다. 그렇다면 차는 어떤 과정을 거쳐 내 손에 들어오는 걸까?

차는 1년 내내 수확하지만, 피크 시즌이 있다. 예를 들면, 가장 비싼 다르질링 차는 4월에 딴 것이다. 찻잎은 딴 후에 품질의 손실을 막기 위해 가급적 5~7시간 내에 가공을 해야 한다. 차의 가공에서 가장 중요한 것은 찻잎을 건조하고 발효하는 과정이다. 수확한 생찻잎을 덖거나 찐 후 완전히 건조시키면 가공이 끝나는 녹차에 비해, 반쯤 건조시킨 찻잎을 손으로 비벼 엽록소를 파괴함으로써 발효를 촉진하고 습도가 높은 곳에 몇 시간 두어 완전 발효를 시킨 후 가열해 건조해야 하는 홍차는 그 과정이 좀 더 복잡하다. 물론 지금은 이런 작업을 기계를 이용해 진행하고 있지만, 여전히 일일이 사람 손을 거치는 경우도 많다.

대부분의 차는 플랜테이션을 하는 대농원에서 가공된다. 추정컨대, 남부아시아, 동남아시아, 아프리카 등의 40개 국에서 1,300만 명이 차 생산에 참여하고 있으며, 그중 약 900만 명이 소규모 자작농이다. 플랜테이션을 하는 대농원은 가공 공장도 자체적으로 운영하고 있지만, 그렇지 않은 소규모의 차 재배 농민들은 수확한 찻잎을 가공 공장에 팔아야 한다. 찻잎은 앞에서 설명한 가공 과정을 거친 후 '차'라는 상품이 되어 경매업자와 무역업자에게 팔린다. 이들 중개업체는 포장업체packers 또는 블렌더blenders라고 불리는 차 회사에 차를 판매한다. 가공된 차는 기술적으로 완제품이지만 블렌딩, 포장, 마케팅과 같은 유통 단계에서 가장 많은 이윤이 남는다. 따라서 현재 홍차라는 상품의 생산에서 판매까지의 과정에서 가장 많은 이익을 얻는 부문이 바로 블렌더, 포장업체 같은 차 회사다. 차 회사는 가공된 차를 다양한 이름의 상품으로 포장하는데, 그것이 립턴과 같은 브랜드의 일부분이 되어 소매업체를 거쳐 소비자에게 팔린다. 이처럼, 재배에서부터 가공을 거쳐 소비자의 손으로 들어오기까지의 사슬처럼 이어진 과정을 '상품사슬commodity chain'이라 한다.

소수의 다국적 기업은 강력한 수직적 통합을 통해 차의 상품사슬을 지배하고 있다. 세계 차 생산의 85퍼센트가 유니레버Unilever(유니레버는 립턴을 합병함으로써 세계 시장의 12퍼센트 차지하게 되었다)와 타타티Tata Tea(세계 시장의 4퍼센트 차지) 같은 다국적 기업에 장악되어 있다. 이들 다국적 기업은 자신이 소유한 플랜테이션으로부터 자신이 공급하는 차의 일부를 공급받으며, 세계의 차 무역과 유통을 지배하고 있다.

차의 상품사슬

차나무의 재배와 차 수확은
소농과 플랜테이션 모두에서 이루어진다.

차 가공은 대체로 기계화된 설비를 갖춘
플랜테이션에서 이루어지므로,
소농이 수확한 찻잎도 플랜테이션으로 보내진다.

가공이 끝난 차는 경매업자와
무역업자에게 팔린다.

그들에게서 차를 구입한 차 회사에 의해
차는 '상표'를 갖게 된다.

다양한 도소매 시장에서
차가 팔린다.

최종적으로
소비자에 의해 소비된다.

주요 차 생산국의 소규모 자작농 대 대농원의 비율 그리고 노동자 수(2010)

국가	소규모 자작농 대 대농원의 비율(%)	차 노동자의 수(추정치, 명)
중국	80 - 20	800만
인도	27 - 73	130만
케냐	60 - 40	300만
스리랑카	65 - 35	100만

자료: TCC, 2010, *Tea Barometer 2010*

차의 상품사슬에 관여하는 주요 기업들(립턴 제외)

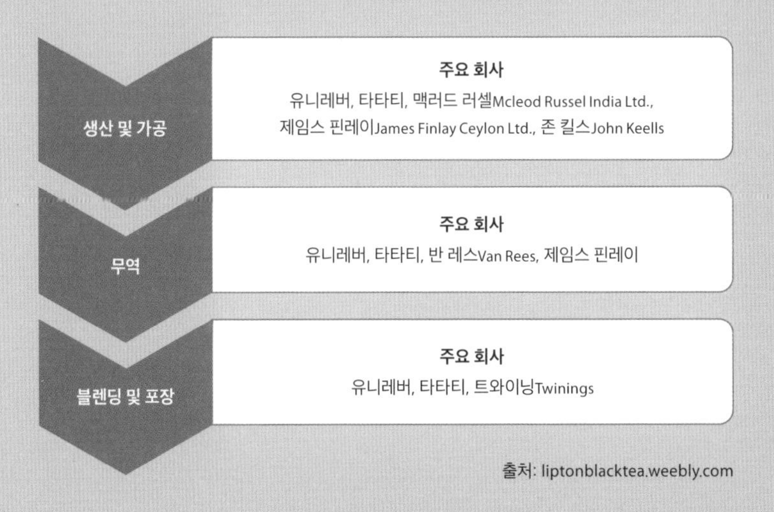

출처: liptonblacktea.weebly.com

차의 영원한 라이벌, 커피
: 커피 세계화의 빛과 그림자

커피 플랜테이션과 라틴아메리카

커피는 차와 더불어 세계에서 가장 대중적인 음료다. 커피는 우리의 정신을 일깨우는 각성제이고 하나의 문화적 전통이며, 전 세계 무역에서 석유 다음으로 물동량이 많은 중요한 상품이다. 커피는 전 세계에서 매일 20억 잔 이상 소비되며, 커피 소비량은 2000년 이후 37퍼센트나 증가했다. 커피는 서구의 식민지 권력에 의해 라틴아메리카와 카리브 해 지역에 도입된 가장 중요한 플랜테이션 작물 중 하나이며, 오늘날 이 지역은 세계 커피의 절반을 생산하고 있다.

커피의 원산지는 아프리카의 에티오피아다. 16세기경 홍해를 지나 예멘으로 확산되어 이슬람 세계에서 사랑받는 음료가 된 커피는, 17세기 이탈리아의 베네치아를 통해 유럽으로 전해져 근대 도시 문화의 상징이 되었다. 18세기에 네덜란드는 열대 기후 지역에 있는 자신의 식민지 인도네시아와 수리남에서, 프랑스는 지금의 아이티에서, 포르투갈은 브라질에서 커피 재배를 시작했다. 그리고 영국은 자메이카의 블루마운틴에서 커피를 재배했다.

현재 우리가 마시는 음료인 커피는 커피나무의 붉게 익은 열매 안에 있는 두 개의 씨앗, 즉 빈bean(콩)을 말리고 볶고 분쇄해 추출

1880년대 브라질 커피 플랜테이션에서의 노동

한 것이다. 커피는 크게 아라비카Arabica, *Coffea arabica*와 로부스타Robusta, *Coffea canephora* 두 품종이 있다. 아라비카와 로부스타는 카페인 함량이 서로 다르다. 카페인 함량이 많은 로부스타 커피(4퍼센트 이상의 카페인)는 보다 온화한 곳에서 자라며, 더 대중적이고 고급인 아라비카는 카페인 함량이 적으며(1퍼센트의 카페인) 보다 서늘한 고산지대에서 재배된다.

커피는 라틴아메리카 국가들의 정치와 경제에 중요한 영향을 미쳤다. 커피는 노동집약적인 작물로, 아프리카에서 끌려온 흑인 노예들은 혹독한 노동환경에서 커피를 생산했다. 1791년 아이티에서는 이에 반발한 노예들의 봉기가 계속해서 일어났다. 19세기 브라질에서도 커피는 노예노동에 의존하고 수많은 열대림을 파괴하며 생산되었다. 그러나 유럽 제국의 식민지들에 건설된 커피 플랜테이션으로 인해 커피는 전 세계 노동자들이 마실 수 있을 만큼 값싼 음료로 거듭났다.

19세기 카리브 해 국가들의 커피 플랜테이션은 원주민들을 강제적으로 노동력으로 편입시키며 성장했다. 예를 들어, 1870년경 엘살바도르의 정치는 권력을 가진 커피 플랜테이션 농장주들에 의해 좌지우지되었다. 그들은 20세기 내내 내전과 인권 침해를 유발한 권위주의적인 규범과 폭력으로 엘살바도르를 통치했다. 한편, 라틴아메리카 국가들은 국제커피협정International Coffee Agreement, ICA을 통해 커피 가격을 유지하기 위해 노력했다. 냉전 시대에 미국은 커피 가격을 비싸게 유지함으로써 남아메리카 국가들의 공산주의 성향을 약화시킬 수 있다고 보고 국제커피협정을 지원했다.

20세기 후반, 커피 소비 문화에 극적인 변화가 일어났다. 소비자들은 밍밍한 '인스턴트' 커피를 소비하던 것에서 벗어나, 원두를 직접 내려 마시거나 커피 전문점을 이용하기 시작했다. 피츠Peet's와 자바스Zabar's 같은 커피 공급자들은 시장에 로스팅하지 않은 최상급의 커피(생두)를 소개했고, 1971년에는 시애틀에서 스타벅스Starbucks가 처음으로 개장했다. 2023년 현재 스타벅스는 전 세계 84개 국에 3만 6,000개 이상의 매장을 가지고 있다.

현재 라틴아메리카의 커피 산업은 기후변화와 커피 생산의 세계화로 인해 곤경에 처해 있다. 빈번해진 서리와 허리케인은 커피나무를 완전히 초토화시킬 수 있다. 1989년 국제커피협정이 붕괴되면서 1파운드당 1.5달러 했던 커피 가격이 50센트 이하로 떨어졌으며, 소규모 커피 농가는 생계가 막막해졌다. 이 문제를 더 악화시킨 것은 세계은행이 새로운 국가, 특히 베트남을 커피 생산에 진출하도록 한 것이었다. 이는 커피의 과잉 공급을 초래했고, 커피 가격이 더욱 하락하는 요인으로 작용했다.

그러나 최근 20년간 커피 가격은 급등락을 거듭하는 가운데 꾸준히 상승하고 있다. 브라질, 콜롬비아 등 세계적 커피 산지의 기상이변으로 인해 커피 수급에 차질을 빚는 일도 잦아졌지만, 무엇보다 전 세계의 커피 소비량이 늘고 있기 때문이다.

그런데, 커피 가격이 오르면 커피 재배 농민의 삶은 나아질까? 커피의 상품사슬을 통해 확인해보자.

우리가 일상에서 소비하는 커피 한 잔의 가격 중 커피 재배 농민에게 돌아가는 몫은 1퍼센트도 되지 않는다. 커피 상품사슬에서 발생하는 대부분의 수익은 스타벅스 같은 다국적 커피 기업과 유통업자들에게 돌아간다. 소수의 커피 회사가 독점을 통해 쉽게 돈을 버는 반면, 커피 재배 농민들은 빈곤의 악순환 속에서 수십년째 허덕이고 있다.

1990년대에는 커피가 과잉 공급되면서 유통업자들과 다국적 기업들은 생산자들에게서 낮은 가격에 커피를 사들일 수 있었다. 그

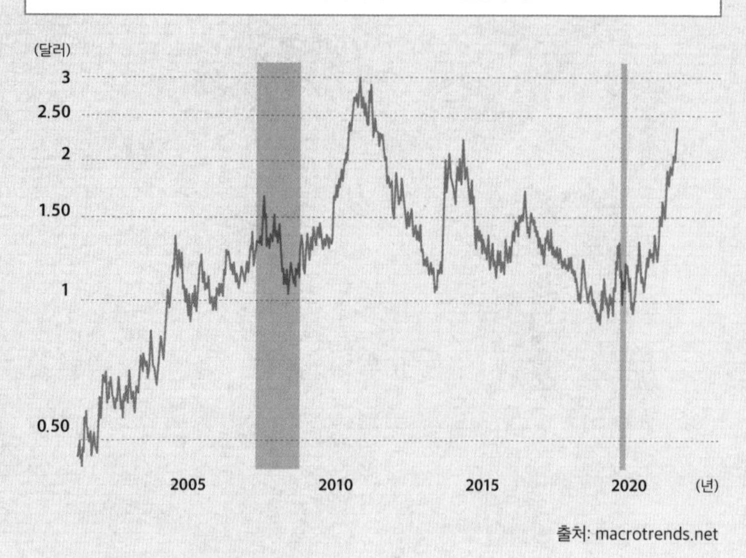

출처: macrotrends.net

세계 커피 소비량 추이(단위 60kg 포대 100만 개)

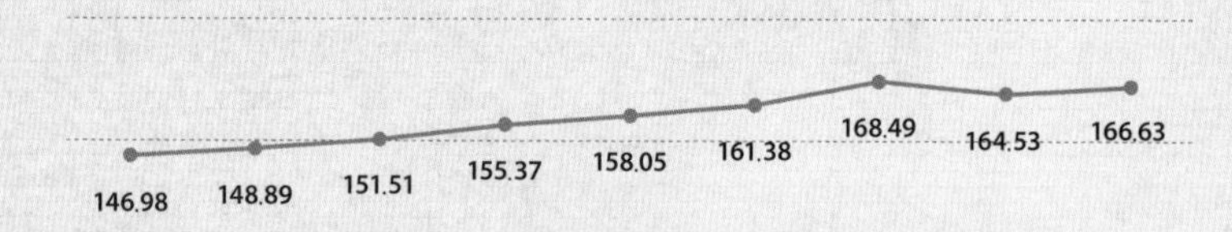

2012/13 2013/14 2014/15 2015/16 2016/17 2017/18 2018/19 2019/20 2020/21

출처: statista

리하여 스타벅스 같은 다국적 커피 기업들은 엄청난 이윤을 냈다. 1998년 이후 세계 커피 원두 가격이 70퍼센트 이상 폭락하면서 농민들은 생산 비용조차 제대로 회수할 수 없는 상황에 놓였다. 결국 커피를 재배하는 농민들은 자식들을 학교에 보내지 않으면서까지 일손을 동원해 하루 종일 커피 재배에 매달렸지만 가난의 늪에서 벗어날 수 없었다.

선진국의 대형 수입업자들은 현지 계약 재배나 직접 경영 등의 방식으로 원두 가격을 낮춘다. 이들은 헐값에 원두를 생산·구입해, 입맛 까다로운 선진국 소비자들에게 비싼 값으로 커피를 판다. 커피 이외의 다른 수출품이 딱히 없는 가난한 나라들은 커피 생산에 매달리지 않을 수 없다. 커피 수출에 의존할수록 커피를 재배하는 농민과 국가는 가난해지는 것이다.

최근 곡물 가격 급등과 함께 커피 같은 열대 상품작물의 국제가격도 상승했다. 하지만 가격이 오른다고 해서 생산자의 경제 상황이 함께 나아지는 것은 아니다. 가격이 급격한 변동을 이용해 높은 수익을 얻을 수 있는 것은 중간에서 유통을 독점하고 있는 거대 다국적 기업들뿐이다(67쪽 원그래프 참고).

커피 생산은 농민들의 삶뿐만 아니라 생태계에도 큰 영향을 끼친다. 열대우림을 벌채해 대규모 커피 농장으로 만들면서 여러 환경 문제가 발생한다. 원래 전통적인 방식의 커피 재배는 좀 더 키 큰 나무의 그늘에서 이루어졌고, 커피나무는 여러 동물과 곤충에게 서식처를 제공해주었다. 그러나 20세기 중반 이후 대규모 커피 재배가 본격화되면서, 다른 나무들을 베어내고 줄지어 커피나무를 심어 양달에서 재배하는 방식을 취하게 되었다. 이렇게 하면 커피의 열매가 더 빨리 익고 수확량도 늘어나지만, 척박해진 토양을 농사짓기에 적합한 땅으로 만들고 토지 생산성을 끌어올리기 위해 화학비료와 농약을 사용하지 않으면 안 된다. 하지만 화학비료와 농약은 장기적으로는 땅을 더욱 척박하게 만들어 커피 수확량을 감소시키며, 이런 손실을 보전하기 위해 더 많은 화학비료와 농약을 사용하게 만든다. 환경을 더욱더 오염시키는 악순환을 불러오는 것이다. 선진국 소비자들이 생활 속의 여유를 찾으려 마시는 한 잔의 커피가 커피 재배 국가의 열대우림을 파괴하고, 궁극적으로는 지구온난화와 자연재해를 불러오게 된다. 선진국의 커피 소비자들은 아프리카와 라틴아메리카 열대 지역에 위치한 가난한 국가들의 농민과 자연생태계를 희생시키며 커피 향을 만끽하고 있는 셈이다.

그리하여 1990년대 들어오면서 정의(공정)와 환경에 대한 관심이 커피 경제에 영향을 주기 시작했다. 일부 소비자들은 자신이 마시는 커피가 농업노동자들이 공정한 임금을 지불받고, 살충제 사용을 하지 않으며, 인권·삼림·생물종 다양성이 보호되는 방식으로 재배된 것이기를 바란다. 그에 부응해 요즘 커피는 '공정무역 커피' '그늘재배shade-grown 커피' '조류 친화적bird-friendly 커피' '유기농 커피' '우츠 카페Utz Kappeh' 등 여러 인증마크가 부착되어 유통되고 소비된다. 이런 인증은 그 커피가 좋은 제품이라는 인식을 심어준다. 그러나 이런 인증은 역설적으로 작은 커피콩 하나에 우리가 알면 불편한 진실이 너무나 많이 담겨 있다는 것을 보여준다.

커피의 상품사슬: 콩에서 컵까지

커피는 우리 일상생활에서 매우 대중적인 상품의 하나다. 그런데 스타벅스의 로고가 새겨진 컵에 담긴 이 검은 액체 혹은 네스카페 캔에 담겨 편의점에 진열되는 이 액체는 어떤 과정을 거쳐 우리에게 도달한 것일까?

콩으로 시작해 우리가 사랑하는 맛있는 음료로 거듭나기 위해서 커피는 많은 단계를 거치게 된다. 커피 재배 농가는 자신의 농장에서 재배하고 가공한* 커피콩을 무역업자 혹은 직거래하는 커피 기업에 판매한다. 예를 들어, 스타벅스는 라틴아메리카, 아프리카 및 아시아 태평양 지역의 30만이 넘는 커피 농가로부터 아라비카 생두를 구입하여 로스팅하고, 그것으로 추출한 커피를 판매한다. 스타벅스는 코스타리카에 600에이커(약 2.4제곱킬로미터)의 커피 농장을 소유하고 있지만, 이것만으로는 전 세계 매장에 충분

---

* 커피나무의 열매(커피 체리coffee cherry)에서 과육을 벗긴 후 씨앗을 말리고 숙성시키는 과정을 거쳐 생두green bean가 되며, 커피 회사는 이 생두를 농장으로부터 구입한다.

커피의 상품사슬과 각 주체가 차지하는 몫

커피는 부피로 따졌을 때 세계에서
네 번째 많이 소비되는 음료이며,
전 세계에서 1분당 230만 컵의 커피가 소비된다.

아래 수치는 원두(로스팅한) 1파운드에서 추출한
커피 15컵의 가격에 기반해 산출한 것이다.
출처: Specialty Coffee Association의 자료를 재가공.

재배와 가공: 0.07달러 (커피 농가)

커피 생산량 상위 5개 국 (2018, 단위 %)

- 브라질 37.5
- 베트남 17.4
- 콜롬비아 8.0
- 인도네시아 5.6
- 에티오피아 4.4
- 기타 27.1

전 세계 생두 유통: 0.16달러
(수출·수입·통관·창고업자)
2018년 기준, 720만 톤의 생두가 생산국에서
전 세계에 수출되었고,
그 가치는 192억 달러에 달한다.

로스팅: 0.35달러
로스팅한 커피 자체가 상품이 되기도 하므로
포장, 운송, 선적, 마케팅이 이 과정에 포함된다.

순위	국가	수출액
1	스위스	2.5
2	이탈리아	1.6
3	독일	1.5
4	프랑스	1.0
5	네덜란드	0.7

원두(로스팅된 커피) 수출 상위 5개 국
(2018, 단위 10억 달러)

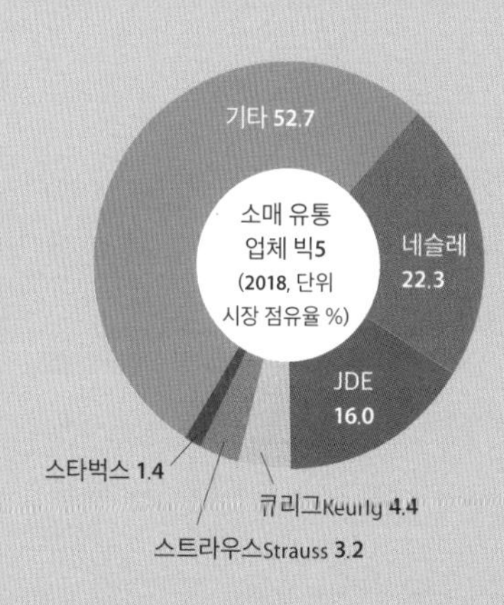

유통: 0.04달러
로스터는 원두를 두 곳으로 보낸다.
한 쪽은 소비자(소매점retail store)이며, 다른 하나는
사업자(커피숍retail coffee shop)이다.

소매: 2.17달러
소매로 유통된 커피는
2017년에 전 세계에서 830억 달러의
매출을 보였고, 이는 평균 연간
지출 1인당 11달러에 해당한다.

한 커피를 공급할 수 없기에 전 세계의 커피 농가가 생산한 생두를 구매한다.

식품 회사와 커피 회사는 생두(그린빈green bean)를 수입해 로스팅한다. 생두는 로스팅되면서 크기가 두 배로 부풀어 오르며 커피 특유의 갈색을 띠게 된다. 생두는 네슬레Nestlé 같은 식품업체에서 상품으로 유통되어 소매점에서 팔리기 위해 로스팅되기도 하고, 스타벅스 같은 프랜차이즈 커피숍에서 전 세계에 분포한 자신의 매장에 공급하기 위해 로스팅되기도 하며, 로스팅 전문 업체가 여러 커피숍에 판매하기 위해 로스팅되기도 한다.

다시 한 번 스타벅스를 예로 들면, 생두는 미국과 유럽에 있는 스타벅스 소유의 5개의 제조/로스팅 공장으로 배송되어 균일한 갈색의 원두가 될 때까지 로스팅된다. 로스팅된 원두는 스타벅스 특유의 커피를 만들기 위해 블렌딩된다. 그러고 나서 이 원두를 포장해 전 세계의 물류센터로 보내고, 물류센터에서는 선박이나 트럭에 실어 각지의 점포로 보낸다. 스타벅스는 미국과 다른 국가에 수많은 물류센터를 보유해 운송비를 절감하고 매장으로 커피를 신속하게 공급하고 있다. 사실 이러한 글로벌 물류 시스템은 지구 온난화 등 환경에 큰 영향을 미친다.

스타벅스의 '커피와 농부 자산' 프로그램

다국적 기업이 제3세계 커피 재배 농가를 일방적으로 착취한다는 비판은 전 세계 소비자들을 상대해야 하는 다국적 기업에게도 큰 부담이 된다. 이에, 스타벅스는 환경 보전과 사회적 자본을 강조하는 '커피와 농부 자산Coffee and Farmer Equity, C.A.F.E.' 프로그램을 통해 윤리적 커피콩 구매와 환경 보호 원칙을 실행하게 되었다.

스타벅스는 자신에게 생두를 제공하는 4개 대륙 20개 국에 있는 커피 농가들이 C.A.F.E.의 가이드라인을 준수하도록 장려하고 있으며, 이를 준수한 커피 농가에게는 이를 인증해주고 있다. 이 인증을 받기 위해서 재배 농가들은 환경을 보전하고 그 밖의 지속가능한 방식으로 커피를 재배해야 한다. 또한 커피를 생산하는 과정에서 나오는 폐수는 오염을 방지하는 방식으로 처리해야 한다.

스타벅스에 생두를 제공하는 커피 농가는 대개 개발도상국에 있다. 그리하여 스타벅스는 공정한 가격을 보장하고 농민과 농업노동자에게 건강 관리 및 교육받을 기회를 제공함으로써 전 세계 커피 농가의 삶을 개선하는 데 도움을 주고 있다고 자평한다.

또한 스타벅스는 개발도상국 커피 농가의 경제 및 사회 개발에 도움이 되는 농업 프로그램(예를 들어, 농민 대출 프로그램, 농업지원센터 운영 등)을 지원한다. 그중 농업지원센터는 스타벅스의 원예사와 품질 관리 전문가가 지속가능한 커피 재배를 장려하고 커피의 품질을 향상시키기 위해 농가와 직접 협력할 수 있도록 설계되었다. 현재 스타벅스는 중앙아메리카와 동아프리카, 아시아에 커피 농가를 지원하는 농업지원센터를 두고 있다.

2장

사탕수수와 설탕

설탕, 참을 수 없는 달콤함의 유혹

나는 커피나 설탕이 유럽의 행복을 위해서 꼭 있어야 하는 것인지는 잘 모르겠다. 그러나 이것들이 지구상의 커다란 두 지역의 불행에 대해서 책임이 있다는 것은 잘 알고 있다. 아메리카는 경작할 땅으로 충당되느라 인구가 줄었으며, 아프리카는 그것들을 재배할 인력에 충당되느라 허덕였다.

— 시드니 민츠, 《설탕과 권력》 서장

인간의 식생활에 설탕이 끼친 역사적·지리적 영향은 매우 크다. 현대인의 식사에서 설탕만큼 중요한 것도 없다. 오늘날 어린이를 비롯한 많은 사람이 콜라와 사이다 같은 탄산음료, 알코올이 함유된 드링크류, 캔디와 캐러멜을 포함한 사탕류는 물론, 빵과 아이스크림 그리고 가공식품에 들어가는 첨가제를 통해 거의 중독에 가까울 정도로 설탕을 탐닉하고 있다. 특히 12세에서 18세까지 청소년의 하루 평균 당분 섭취량은 72.8그램으로 한국인 평균(58.9그램)보다 14그램이나 많으며, 전체 연령대 중 가장 높다(식품의약품안전처, 2018). 그 주된 이유는 음료수를 통한 섭취라고 한다.

선사 시대부터 인간은 단맛 나는 식물과 각종 열매를 채집해 당분을 섭취했다. 왜냐하면 단맛을 내는 음식이 경험적으로 생존 확률을 높여준다고 각인되어 있었기 때문이다. 문제는, 더 이상 인류가 수렵, 채집에 에너지를 쓸 일이 없는데도 오히려 단것을 더 쉽게, 더 많이 섭취하고 있다는 사실이다. 우리는 설탕을 농축해 입힌 간식이 형형색색 포장되어 진열된 쾌락의 시대에 살고 있다.

인간이 설탕범벅 식품을 만들고 먹을 수 있게 된 것은 불과 한 세기 전부터다. 설탕은 중세 시대까지만 해도 구하기 힘든 사치품이었다. 이때까지만 해도 당분은 대개 채집하거나 재배한 과일과 곡물 그리고 꿀을 통해 섭취했다. 그러나 사탕수수나 사탕무로부터 정제한 설탕이 널리 확대되면서, 그리고 커피와 차, 초콜릿과 같은 기호식품이 유행하면서 설탕 수요가 급격히 늘어났다.

그렇다면, 인간은 왜 설탕에 탐닉하는 걸까? 인간을 비롯한 동물은 본질적으로 단맛에 끌린다. 단맛은 뇌의 쾌락중추를 자극해 기분을 좋게 하는 세로토닌serotonin을 분비시킨다. 연인들이 사랑을 고백할 때 사탕과 초콜릿을 주고받는 것도 이런 이유 때문이다. 매운맛과 쓴맛, 신맛, 짠맛은 농도가 어느 선을 넘으면 쾌감이 불쾌감으로 바뀌지만, 단맛은 농도에 상관없이 쾌감을 주기 때문에 유혹에서 벗어나기 어렵다. 우리 인간은 육체를 움직일 일이 없는데도 초코바를 먹고 싶어한다. 농축된 당분이 만드는 엔도르핀

우리가 마시는 콜라, 사이다 같은 음료수는 물을 제외하면 90퍼센트 정도가 설탕이며, 사탕, 빵, 아이스크림, 초콜릿 등에도 다량의 설탕이 함유되어 있다.

endorphin이 안락함을 가져다주기 때문이다.

설탕에 대한 인간의 집착은 이처럼 자연적 현상이기도 하지만, 마케팅 등을 통해 사회적으로 조건화된 탓이기도 하다. 크리스마스, 밸런타인데이, 화이트데이, 빼빼로데이, 생일 등에 먹는 사탕, 초콜릿, 케이크가 그 예다. 이런 특정한 날에는 으레 단것을 먹어야 한다는 대전제가 마케팅을 통해 사회화된다. 한동안 어떤 요리 프로그램이 "음식 맛이 없으면 설탕을 듬뿍 넣으라."는 조언을 하며 설탕에 대한 탐닉을 더욱 자극하기도 했다.

단맛에 대한 이런 집착은 어떤 문제를 일으킬까? 적당한 당분은 우리 몸에 꼭 필요하지만, 설탕의 과다 섭취는 당뇨병, 고혈압, 심장질환, 비만 등의 만성질환 및 충치 같은 건강 문제의 원인이다. 설탕은 단맛 때문에 절제력 없이 많이 먹게 되고, 흡수가 빠르며, 에너지원으로 사용하고 남은 당분은 몸속에 쌓여 각종 만성질환을 유발한다. 국민의 건강과 안전한 먹거리를 책임지는 식품의약품안전처는 설탕 섭취의 상한선을 하루 열량의 10퍼센트 이내로 정하고, '설탕과의 전쟁'에 돌입하겠다는 계획을 발표했다(2016년 4월 7일). 우리의 당류 섭취량은 2007년 13.3퍼센트에서 2013년 14.7퍼센트로 증가 추세에 있으면서 세계보건기구WHO와 미국식품의약국FDA이 정한 권고량 10퍼센트를 초과하고 있기 때문이다.

사탕수수의 기원, 그리고 설탕 생산과 소비의 지리

설탕의 원료, 사탕수수와 사탕무

설탕雪糖은 눈같이 하얀 당분이라는 뜻으로, 정제된 탄수화물에 속하는 유기화학물의 하나다. 설탕의 가장 중요한 두 가지 원료는 사탕수수와 사탕무다. 18세기에 이르러 사탕무를 통해서도 원당原糖*을 얻을 수 있게 되었는데, 19세기 중엽에 사탕무가 비로소 경제적 이익을 내면서 설탕의 원료로 부각되었다. 그러나 그 시기를 포함해도, 설탕을 만들어내는 가장 중요한 원료는 사탕수수였다. 현재 설탕의 거의 60퍼센트는 열대 지역에서 자라는 사탕수수로 생산하고, 나머지를 세계의 온대 지역에서 재배되는 사탕무로부터 얻는다.

사탕수수로부터 설탕을 처음 제조한 곳은 인도이지만, 사탕수수의 원산지는 태평양 남서부의 뉴기니 섬이다. 오스트레일리아 바로 위에 위치해 오세아니아로 분류되는 이 섬은, 현재 서부는 아시아 국가인 인도네시아에 속하고, 동부는 1975년에 오스트레일리아로부터 독립한 파푸아뉴기니다. 뉴기니 섬에서의 사탕수수 경작은 기원전 8000년경에 시작된 것으로 알려져 있다. 사탕수수는 뉴기니 섬 바로 동쪽에 자리 잡은 솔로몬 제도로, 다시 동남쪽의 뉴헤브리디스와 뉴칼레도니아로 퍼져나갔다. 기원전 6000년경에는 서쪽으로 이동하기 시작해 인도네시아와 필리핀을 거쳐서 마침내 설탕 생산의 원조국인 인도에 도착했다.

처음에 사람들은 사탕수수 자체를 씹어서 단맛을 즐기고 당을 빨아 먹었지만, 서기 350년경 인도 굽타 왕조(320~550) 때 사탕수수 즙을 졸여 설탕 결정을 얻는 방법을 알아냈다. 기원전 4세기에

---

* 사탕수수나 사탕무 즙액을 졸여 얻은 당액은 원심분리기를 이용해 결정과 당밀로 분리하는데, 이때 얻은 결정이 설탕(원당, 원료당)이다. 이 설탕을 그대로 사용하기도 하고 한 번 더 당밀을 제거해 흰 설탕(정제당)을 만들기도 한다.

는 알렉산드로스 대왕의 동방 원정을 계기로 유럽인도 사탕수수의 단맛을 접했고, 이후 이슬람과 베네치아 상인을 통해 인도의 설탕을 수입해 상류층의 사치품으로 즐겼다.

사탕수수는 볏과에 속하는 키 큰 다년생 식물(학명 *Saccharum officinarum*)로서, 연평균 기온이 20℃ 이상이고 연강수량은 1,000밀리미터 이상인 다우 지역이지만 수확기에는 건조한 열대 및 아열대 지역*에서 재배된다. 필리핀, 인도, 인도네시아, 타이, 쿠바, 오스트레일리아 등이 이런 지역으로 꼽힌다. 사탕수수 줄기는 대나무나 갈대처럼 20~30개의 마디가 있으며, 길이 2~4미터, 직경 3~4센티미터다. 이 줄기에 10~20퍼센트의 당분이 들어 있는데, 줄기를 잘라 즙을 짜낸 후 그것을 졸여 설탕으로 정제한다.

열대 지역에서만 자라는 사탕수수와 달리, 사탕무는 온대 지역에서 자라는 작물로, 명아줏과의 한해살이 또는 두해살이 풀이다(학명 *Beta vulgaris var. saccharifera*). 사탕무는 유럽의 혼합농업**에서 오랫동안 채소나 가축의 사료로만 이용되었다. 하지만 1747년 독일의 화학자 안드레아스 마르그라프Andreas Sigismund Marggraf가 사탕무에서 설탕을 정제해내면서 19세기에는 사탕무를 가공해 설탕

---

* 사바나 기후와 열대 몬순 기후가 나타나는데, 이 기후에서는 사탕수수, 바나나, 커피, 차 등의 상품작물의 플랜테이션이 성하다.

** 북서부유럽에서 행해지던, 농작물 재배와 가축 사육을 동시에 하는 농업 형태. 중세 유럽의 삼포식 농업에서 기원한다.

사탕수수(위)와 사탕무(아래)

을 만드는 공장까지 등장했다.*

지중해 연안 및 중앙아시아가 원산지인 사탕무는 사탕수수와 달리 북위 33~65도의 온대와 냉대 기후 지역에서 재배할 수 있다. 이처럼 재배 범위가 비교적 넓은 편이어서, 한때는 사탕수수보다 더 많은 양의 설탕을 사탕무로 생산하기도 했다. 현재 사탕무의 주요 재배지는 러시아, 프랑스, 미국 등이며, 이들 지역에서 주로 소비된다.

아시아에서는 일본에서 사탕무 재배가 이루어지고 있으며, 한반도에서도 냉·온대 기후의 장점을 살려 1906년 사탕무 재배가 이루어졌다. 그러나 수입 원당 가격의 하락으로 경제성이 떨어져 사탕무 재배가 지속되지는 못했다. 해방 이후에도 사탕무 재배를 시도한 적이 있으나 경제성 분석 결과에 따라 사탕무를 대량으로 재배하지는 않는다. 사탕무를 통해 일정량의 설탕을 얻기 위해서는 기존의 농토를 뒤엎고 대규모로 사탕무를 재배해야 하는데, 이와 같은 방법보다는 설탕을 수입하는 것이 더 경제적이기 때문이다.

사탕수수는 특성상 주위에 물이 없는 곳에서 자라야 당도가 높

---

* 이 당시 영국, 포르투갈, 에스파냐 등에 비해 식민지가 거의 없었던 독일에서는 사탕수수 대체식물을 찾았는데, 1747년 화학자 안드레아스 마르그라프가 자당을 다량 함유한 사탕무에서 설탕을 정제함으로써 사탕수수를 대체할 수 있게 되었다. 그때까지 사탕무는 채소로 먹거나 콧병, 인후염, 변비 등의 치료제로 사용되었고, 설탕으로의 정제 방법을 찾아냈음에도 경제성 문제로 설탕을 생산하는 데 활용되지 못하다가 1801년에 이르러서야 프러시아가 대량 생산에 성공했다.

사탕수수에서 설탕으로

사탕수수는 심어놓고 1년이 지나면 바로 수확이 가능하다.

옛날에는 농민이 '마체테'라는 납작한 칼로 사탕수수를 수확하여 달구지로 운반했지만, 이제는 대형 기계가 모두 쓸어 담아 트럭으로 운반한다.

수확한 사탕수수는 기계를 사용하여 즙을 짜낸다.

남은 줄기는 자연비료로 일부 사용되고 화력 발전의 연료로 쓰인다. 일부 대규모 농장에서는 발전소를 직접 돌려 여기서 생산되는 전기를 설탕 제조에 쓰고, 남는 것은 전력 회사에게 팔기도 한다.

사탕수수 즙을 끓이면 당도만 남는 당액이 되는데, 이를 정제해 설탕을 만든다.

아진다. 수확도 건기인 겨울에 시작하여 봄이 오기 전에 끝난다. 우기에 수확한 사탕수수로는 생산할 수 있는 설탕의 양도 적고 맛도 떨어진다. 예전에는 사탕수수가 다 자라 수확 시기가 되면 넓은 대지에 불을 놓았다. 일단 잡초와 사탕수수 이파리를 태워버리면 줄기를 베어내기가 쉽고 고온이 되면서 사탕수수의 당도가 올라가 맛이 좋아지기 때문이다. 그러나 이것이 엄청난 공해를 유발해 지금은 법으로 금지되었다. 또한, 이제는 사탕수수 이파리를 땅에 버리면 자연비료가 되고 햇빛이나 바람으로부터 땅을 보호해준다는 사실을 알게 되었기에 더 이상 불을 놓지 않는다.

사탕수수에서 설탕을 추출하기 위해서는 여러 공정이 필요하다. 크게, 사탕수수 섬유질(줄기)을 분쇄해 즙을 얻고, 이 즙을 끓이고, 위에 뜬 찌꺼기를 걷어내며 졸이는 과정을 거쳐야 한다. 열을 통제하면서 설탕을 고체화하는 것은 매우 까다로운 기술이 필요한 작업이다. 사탕수수 농장에서는 사탕수수를 재배하는 작업에 더해 줄기 베어내기, 분쇄하기, 즙 끓이기, 정제한 원당을 항아리에 담기 등의 작업을 동시에 해야 한다. 사탕수수는 부패하기 쉬워 베는 즉시 착즙해야 하고, 즙액 역시 상하기 쉬워 신속하게 가공해야 하기 때문이다. 이처럼 설탕 생산업은 교대 근무를 하며 노동력을 집중적으로 투입해야 하는 노동집약적 산업이다. 현재는 기계의 힘을 빌려 사탕수수를 대량으로 재배·수확하고 있으며, 설탕을 만드는 공정 역시 그러하다.

사탕수수와 설탕, 어디에서 생산되고 소비될까

사탕수수와 설탕의 주요 생산국: 브라질과 인도

2018년 기준으로, 설탕 원료인 사탕수수를 가장 많이 재배하는 나라는 브라질과 인도다. 이 두 국가는 세계 사탕수수 생산량의 절반 이상을 차지하고 있다. 타이와 중국이 그 뒤를 잇고 있으며, 열대 및 아열대 기후 지역에서 주로 생산된다.

사탕수수와 마찬가지로, 설탕 역시 인도와 브라질이 세계 생산량의 거의 34퍼센트를 차지하며, 타이와 중국이 그 뒤를 잇고 있다. 사탕수수 생산량은 남아메리카가 아시아보다 좀 더 많은 반면, 설탕(원당) 생산량은 아시아가 남아메리카보다 좀 더 많다.

대륙별 사탕수수 생산 비율(2018)

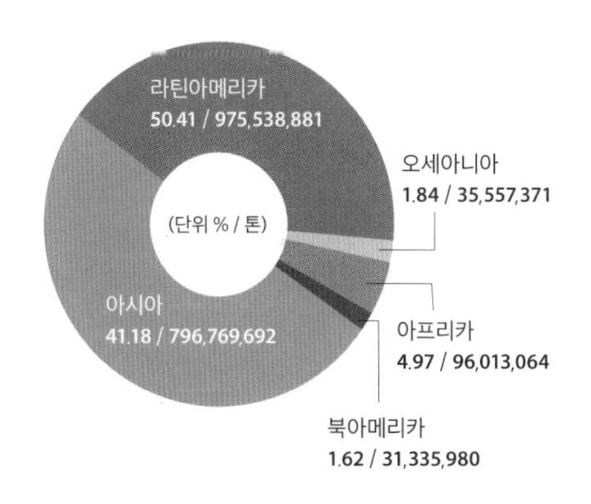

대륙별 원당 생산 비율(2018)

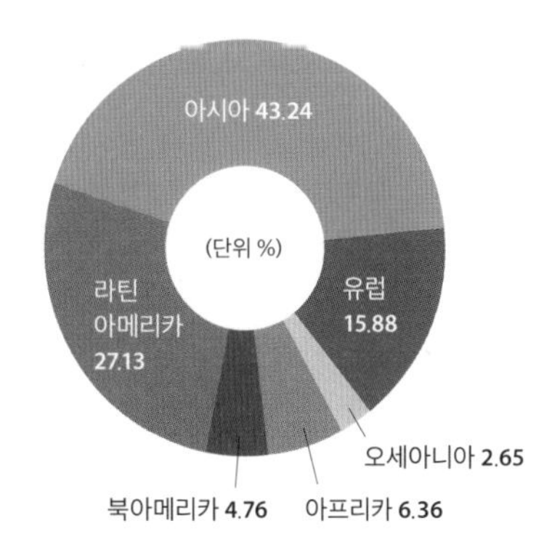

사탕수수 생산량 상위 10개 국(2018, 단위 톤)	세계 총량 1,935,214,988톤
1 브라질	747,556,774
2 인도	379,904,850
3 타이	135,073,799
4 중국	108,097,100
5 파키스탄	67,173,975
6 멕시코	56,841,523
7 오스트레일리아	33,506,830
8 콜롬비아	33,454,409
9 미국	31,335,980
10 인도네시아	29,500,000

사탕무 생산량 상위 10개 국(2018, 단위 톤)	세계 총량 273,416,596톤
1 러시아	42,065,957
2 프랑스	39,914,030
3 미국	30,192,920
4 독일	26,191,400
5 튀르키예	17,436,100
6 폴란드	14,302,910
7 우크라이나	13,967,700
8 중국	11,276,600
9 이집트	10,377,371
10 영국	7,600,000

2018년 설탕(원당) 생산량 상위 10개 국(2018, 단위 톤)	세계 총량 180,484,914톤
1 인도	34,309,000
2 브라질	28,001,060
3 타이	15,435,456
4 중국	11,387,000
5 미국	8,505,352
6 러시아	6,272,713
7 멕시코	6,225,769
8 프랑스	5,801,000
9 파키스탄	5,462,000
10 오스트레일리아	4,605,000

브라질은 세계 1위(약 39퍼센트)의 사탕수수 생산국이다. 상파울루 주에서 대부분의 사탕수수가 재배되는데, 브라질 남중부 지역의 사바나 기후와 상파울루 주의 비옥한 토양은 사탕수수 재배에 이상적이다. 인도는 브라질에 이어 세계 2위(약 20퍼센트)의 사탕수수 생산국이다. 앞에서도 언급했듯이, 인도는 가장 먼저 설탕을 정제한 곳이다. 일찍이 마케도니아 왕국의 알렉산드로스 왕이 인도 북부까지 정복 활동을 왔다가 옛 인도인들이 사탕수수를 재배하는 광경을 목격했다는 기록이 있는데, 실제로 인도 북부의 우타르프라데시 주 일대에서 사탕수수가 많이 생산된다.

사탕수수를 설탕으로 가공하는 과정에서 많은 무게 감소가 있기도 하고, 사탕무로도 설탕을 만들기 때문에 사탕수수 생산량과 설탕 생산량이 정비례하지는 않지만, 설탕 생산량 또한 인도와 브라질이 세계 1, 2위를 차지한다.

브라질과 인도, 두 나라는 사탕수수 생산 시기가 다르다. 각각 남반구와 북반구에 위치해 계절이 정반대이기 때문이다. 브라질의 수확기는 5월부터 6~7개월 동안이다. 인도의 사탕수수 수확기는 10월부터 6~7개월간이다. 다년생인 사탕수수는 1년 반 정도 자란 것을 수확한다. 사탕수수 뿌리를 5월에 심으면 다음 해 10월에 수확을 시작할 수 있다. 5년 정도 수확하면 휴경이 필요한데, 지력地力이 고갈되기 때문이다.

사탕수수의 작황에 따라 설탕 값은 심하게 변동한다. 이런 점에서 브라질과 인도의 대비는 극명하다. 브라질의 경우 관개시설을 잘 갖춘 대규모 영농을 하므로, 강수량에 그다지 민감하지 않다. 반면 인도의 사탕수수 재배지에는 관개시설이 되어 있지 않다. 즉 천수답이나 다름없다. 따라서 인도의 사탕수수 생산량은 강수량 및 재배면적 변화에 결정적인 영향을 받는다. 6~8월에 엘니뇨 현상이 발생해 비가 적게 내리면 사탕수수 성장에 문제가 생기며, 수확기에 비가 많이 오면 사탕수수 품질이 떨어져 설탕 생산에 문제가 발생하는 것이다. 뿐만 아니라 인도의 사탕수수 재배면적은 점차 줄어들고 있다. 2009년 10월, 인도 정부가 다른 작물에 대해서는 수매 가격을 70퍼센트 정도 올려주었지만, 사탕수수에 대해서는 20퍼센트 정도밖에 올려주지 않았기 때문이다. 이로 인해 다른 작물에 비해 사탕수수의 수익성이 떨어지게 되어 농민들은 재배를 꺼리게 되었다.

인도보다 더 많은 사탕수수를 재배하는 브라질은 생산량의 변동 폭이 크지 않다. 앞서 말한 것처럼, 관개시설을 갖추고 대규모 영농을 하기 때문이다. 그럼에도 브라질은 설탕 생산량에서 인도에 밀려 2위인데, 그것은 에탄올 때문이다. 사탕수수로 설탕뿐 아니라 에탄올(에틸알코올)을 만들 수도 있는데, 브라질에서 에탄올 생산과 설탕 생산에 각각 투입하는 사탕수수 비율은 종전에는 1:1이었으나 2008년에는 2:1로 역전됐다. 국제 유가가 크게 오른 데다 브라질 내 에탄올 차량의 보급이 늘어났기 때문이다.

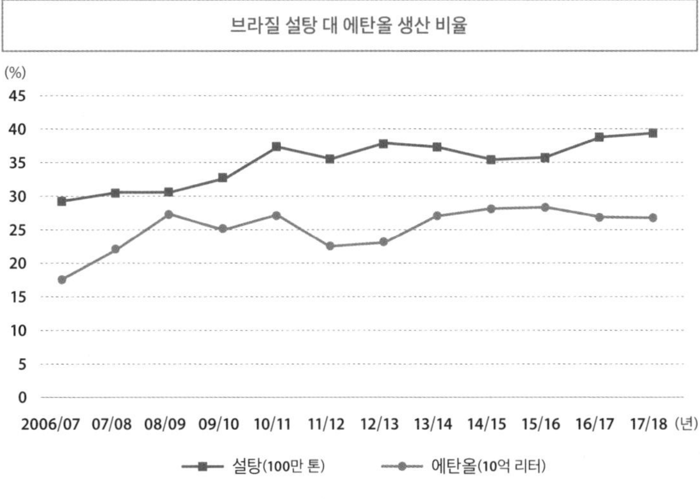

출처: 김학수, 〈미국·브라질의 바이오에탄올 산업〉, 《세계농업》 2018. 2월호. p. 21.

브라질은 이미 투자한 에탄올 시설을 가동하느라 설탕 생산을 크게 늘릴 형편이 못 된다. 사탕수수는 원래 설탕 생산을 목적으로 재배되기 시작했다가 지금은 에탄올을 더 많이 생산하게 된 것이다. 가끔 국제 설탕 가격이 오르면 에탄올보다 설탕을 더 많이 생산하기에 시중 에탄올 가격이 상승하기도 한다.

브라질, 타이, 독일에는 세계 설탕 생산에서 큰 역할을 하는 기업이 있다. 먼저, 브라질의 코페르수카르Copersucar는 세계 최대의 설탕 및 에탄올 제조 회사다. 코페르수카르는 상파울루 주 피라시카바에 위치하고 있으며, 피라시카바의 경제는 사탕수수에서 추출하는 설탕, 오일, 에탄올, 럼주 생산에 기반을 두고 있다. 코페르

원당 수출 상위 10개 국(2018, 단위 톤)

순위	국가	수출량
1	브라질	18,205,045
2	타이	4,373,367
3	오스트레일리아	3,465,241
4	멕시코	967,326
5	과테말라	782,671
6	남아프리카공화국	645,335
7	쿠바	574,872
8	에스와티니(전 스와질랜드)	570,227
9	엘살바도르	391,800
10	니카라과	305,002

원당 수입 상위 10개 국(2018, 단위 톤)

순위	국가	수입량
1	인도네시아	4,937,370
2	알제리	2,280,772
3	중국	2,265,273
4	미국	2,186,036
5	말레이시아	1,944,765
6	방글라데시	1,867,197
7	인도	1,826,178
8	한국	1,799,575
9	아랍에미리트	1,449,648
10	나이지리아	1,276,465

정제당 수출 상위 10개 국(2018, 단위 톤)

순위	국가	수출량
1	타이	3,930,716
2	브라질	3,100,649
3	프랑스	3,090,711
4	인도	2,412,431
5	독일	1,767,745
6	미얀마	1,291,773
7	파키스탄	1,245,446
8	벨기에	1,162,055
9	네덜란드	965,336
10	과테말라	877,707

정제당 수입 상위 10개 국(2018, 단위 톤)

순위	국가	수입량
1	이탈리아	1,375,494
2	미얀마	1,313,546
3	수단	1,140,672
4	에스파냐	877,257
5	벨기에	843,032
6	우즈베키스탄	717,203
7	미국	671,480
8	캄보디아	623,818
9	타이완	592,234
10	중국	534,792

수카르에서 만든 설탕을 수출하는 터미널은 상파울루 주 산토스 항구 근처에 있는데, 산토스 항은 세계 최대 규모의 설탕 수출항이다. 브라질 전체 설탕 수출량의 60퍼센트가 산토스 항을 통해 이루어지며 산토스 항의 수출량 가운데 코페르수카르 터미널을 이용하는 물동량은 25퍼센트 정도다.

다음으로, 타이에서는 미티폴MITR PHOL이라는 회사가 사탕수수 재배부터 가공까지 일괄 진행한다. 2014년, 세계 최대 설탕 생산국인 브라질의 가뭄으로 국제 설탕 가격이 오르자, 한국의 대형 유통업체 홈플러스가 이 회사의 설탕을 수입해 국산 설탕 가격의 반값에 판매한 바 있다(여기서 '국산 설탕'은 원당을 수입해 국내에서 정제한 설탕을 가리킨다). 마지막으로, 유럽 최대의 설탕 회사는 독일의 쥐드추커Südzucker다. 이 회사는 오스트리아, 벨기에, 체첸공화국, 프랑스, 독일, 헝가리, 몰도바, 폴란드, 루마니아, 슬로바키아, 보스니아-헤르체고비나에 30개의 설탕 공장을 가지고 있다.

설탕의 주요 소비국

세계적으로 설탕 생산은 감소하는 추세인 반면, 설탕 수요는 꾸준히 늘고 있다. 설탕 소비가 가장 급격히 늘어난 국가는 '자원의 블랙홀' 중국으로, 자국에서 꽤 많은 양의 설탕을 생산함에도 정제당 수입 순위 10위에 올라 있다(2018년 기준). 말레이시아, 인

1인당 설탕 소비량 상위 10개 국(연간, kg)

순위	국가	소비량
1	말레이시아	58.2
2	브라질	48.9
3	뉴질랜드	47.0
4	타이	43.9
5	페루	42.4
6	러시아	40.5
7	칠레	39.5
8	오스트레일리아	39.1
9	유럽연합	37.6
10	사우디아라비아	36.8

출처: OECD(2018~2020)

도네시아, 아랍에미리트 등 이슬람권 국가들의 금식월인 라마단에는 설탕 소비가 더욱 늘어난다. 음식으로 섭취하지 못한 열량을 가장 싸게, 가장 신속히 설탕 녹인 물로 보충할 수 있기 때문이다.

OECD에 따르면, 인구 1인당 최대 설탕 소비 국가는 말레이시아이며, 1인당 연간 60킬로그램에 육박하는 설탕을 소비한다. 다음은 브라질로, 1인당 약 50킬로그램의 설탕을 소비한다. 초콜릿으로 유명한 스위스와 벨기에 등이 있는 유럽연합EU이 평균 37.6킬로그램을 섭취하며, 오세아니아의 뉴질랜드와 오스트레일리아가 각각 47킬로그램, 39킬로그램을 섭취한다. 이처럼 설탕 소비는 설

사탕수수에서 설탕까지, 브라질을 사례로 본 설탕의 상품사슬

브라질은 세계에서 사탕수수를 가장 많이 생산하는 국가다.
세계 사탕수수의 약 39퍼센트를 브라질이 생산한다.
따라서 사탕수수/설탕의 상품사슬은 브라질에 많이 의존한다.
최근, 브라질은 친환경적인 사탕수수 재배에 심혈을 기울이고 있다.

브라질의 사탕수수 가공 공장

① 수확

사탕수수의 수확 시기가 되면 기계를 사용해 수확한다. 수확한 사탕수수는 즉시 설탕 가공 공장으로 운반된다. 사탕수수는 가공 공장에서 즙으로 추출되어 설탕 생산을 위한 결정체로 가공된다. 수확한 사탕수수 줄기를 재빨리 가공해야 하므로 가공 공장으로의 운송이 빈번하게 발생하고, 그에 따라 오염물질이 대기 중으로 흘러드는 일도 잦다.

② 가공

사탕수수가 가공 공장에 도달하면, 사탕수수는 컨베이어벨트를 따라 분쇄기로 흘러 들어가며, 사탕수수 줄기는 즙을 토해내기 시작한다. 이 즙은 설탕을 만들기 위해 원심분리기를 통한 결정화 과정을 거치거나 에탄올을 만들기 위한 발효 과정을 거친다. 설탕과 에탄올을 생산하는 공장은 세 가지 유형이 있다. 설탕 공장, 에탄올만을 생산하는 증류 공장, 그리고 설탕과 에탄올을 함께 생산하는 통합 공장이다.

설탕 가공 공장에서 사탕수수를 씻는 데 사용되는 물은 재활용·재사용된다. 또한 '버개스bagasse'로 불리는 사탕수수 잔여물은 바이오전기 생산을 위해 사용된다.

버개스

③ 유통

브라질에서 사탕수수로부터 가공된 원료당은 100개국 이상으로 수출되며 각국의 제당 회사에서 여러 가지 형태의 설탕 제품으로 가공된다. 또한 브라질에서 생산한 설탕의 3분의 2도 외국 시장으로 수출된다.

④ 소비

설탕 회사들은 판매량을 늘리기 위한 마케팅에 사활을 걸고 있다. 최근 용설란의 즙agave nectar과 스테비아stevia 같은 대안 감미료 시장이 새로 성장하고 있으며, 세계적으로 건강의 측면에서 설탕 소비를 둘러싼 논란이 커지는 것이 사탕수수/설탕 산업에 영향을 끼치기 때문이다.

탕 생산국인 라틴아메리카와 아시아뿐 아니라 선진국에서도 골고루 많이 이루어지는 편이다(2018~19년 기준).

브라질은 최대 설탕 소비국이기는 하지만 설탕 수출도 매우 많이 하는 나라다. 반면 인도의 사탕수수는 대부분 설탕으로 가공되어 자국 내에서 소비된다. 2018년 기준, 설탕 생산량은 브라질(약 2,800만 톤)보다 인도(약 3,400만 톤)가 많지만, 설탕 수출량에서는 브라질(1,800만 톤)과 인도(13만 톤)가 비교할 수 없을 만큼 큰 차이를 보이는 이유다. 즉 브라질은 국내 소비뿐만 아니라 수출에, 인도는 국내 소비에 치중하고 있다. 인도에서 설탕 소비량이 큰 이유는 매운 향신료 맛이 강한 음식을 많이 먹기에 단맛이 나는 후식을 선호하기 때문이다.

건강을 생각하는 새로운 음식 문화의 등장으로 선진국을 중심으로 설탕 수요가 한동안 감소했고, 이 때문에 설탕 가격이 계속 떨어졌다. 이에 대한 대응으로, 브라질은 사탕수수로부터 추출하는 에탄올을 포함해 바이오매스biomass*로부터 만들어지는 연료에 새로운 관심을 보였다. 브라질은 사탕수수로 세계 에탄올의 30퍼센트를 생산하며, 그중 80퍼센트를 자국 내에서 사용한다.

---

* 태양에너지를 받아 자라는 식물, 이 식물을 먹고 자라는 동물, 동식물의 사체를 분해하며 번식하는 미생물 등 한 생태계 순환 과정을 구성하는 생물bio의 총 덩어리mass.

설탕의 상품사슬

누가 설탕의 상품사슬을 지배하는가

설탕의 상품사슬에는 사탕수수 생산자, 가공 공장, 무역업자, 도매업자, 소매업자를 포함하여 전 세계 수천 개의 회사가 관여한다. 소규모 사탕수수 재배 농민의 역할은 상품사슬의 시작에 불과하다. 농민들이 수확한 사탕수수는 하루 이틀 안에 가공 공장으로 보내진다.

사탕수수를 가공해 얻은 원료당은 생산국의 항구로 옮겨지고, 배와 트럭을 통해 소비국들의 항구를 거쳐 정제 공장(한국의 경우, 대한제당, CJ제일제당, 삼양사 등)으로 운송된다. 원료당은 그곳에서 정제된 백설탕과 황설탕, 또는 과립당 등으로 더 가공된다. 정제당은 소매 시장을 통해 소비자에게 판매되는 양도 많지만, 그 대부분은 네슬레, 유니레버 같은 다국적 식품 기업에 팔린다. 그들은 국제적인 시장을 겨냥해 설탕이 든 다양한 식품을 만든다.

설탕 무역은 소수의 다국적 기업이 지배하고 있다. 차르니코우, 석덴, 루이드레퓌스, 카길, ED&F Man, 번지 등 6개의 설탕 중개회사가 전 세계 설탕 무역의 3분의 2를 차지한다. 런던에 기반을 둔 차르니코우Czarnikow는 영국의 브리티시슈거British Sugar가 42.5퍼센트의 지분을 가지고 있는데, 세계 설탕 무역의 18퍼센트(연간 800만 톤)를 차지한다. 프랑스에 기반을 둔 중개 회사 석덴Sucden은 세계 설탕 무역의 10퍼센트 이상(연간 400만~500만 톤)을 차지하는데, 주로 브라질, 쿠바, 타이에서 설탕을 사며 설탕 정제 공장도 운영하고 있다. 프랑스에 기반을 둔 루이드레퓌스Louis Dreyfus는 세계에서 가장 큰 식품 무역업자 중의 하나다. 이 회사는 매년 250만 톤의 설탕을 취급하는데, 브라질(브라질에 3개의 설탕 공장 소유)과 멕시코에서 가장 큰 설탕 수출업자다. 다양한 곡물의 유통 및 마케팅을 담당하는 미국의 거대 농기업 카길Cargill은 연간 수백만 톤의 설탕을 무역하는데, 설탕 수출 터미널, 사탕수수 공장과 증류주 공장을 가지고 있다. 런던에 기반을 둔 무역업체인 ED&F Man은 40개국에 설탕 기업을 두고 있는데, 원료당 및 정제당의 운송 및 창고업과 함께 많은 국가에서 설탕을 정제·가공하는 일도 한다. 미국의 다국적 기업 번지Bunge는 세계 설탕 무역의 약 10퍼센트를 차지한다(연간 450만 톤, 그중 350만 톤은 브라질에서 오며, 현재 브라질에 8개의 공장을 가동하고 있다).

현재 설탕 가공 및 판매 시장을 지배하는 것은 대부분 유럽의 기업이다. 예를 들면, 영국 런던에 본사를 둔 다국적 식품 가공 및 소매 기업인 영국연합식품Associated British Foods, 공정무역 설탕을 판매하는 데 앞장서고 있는 테이트앤드라일Tate & Lyle Sugars, 프랑스 시장의 40퍼센트를 점유하고 있는 테레오스Tereos, 유럽에서 가장 큰 설탕 가공 기업인 독일의 쥐드추커와 유럽에서 두 번째로 큰 설탕 가공 기업인 독일의 노드추커Nordzucker 등 5개 회사가 유럽연합 사

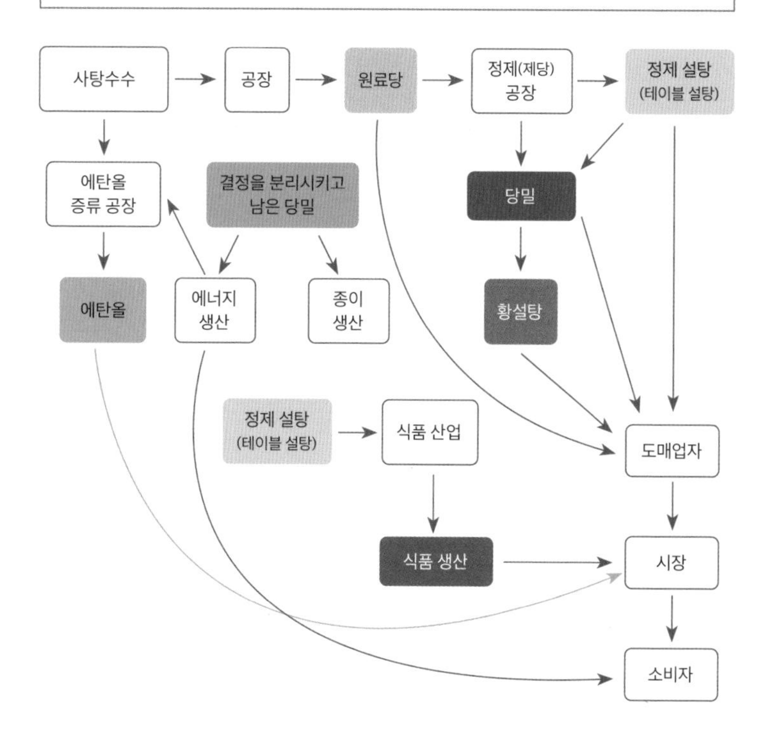

탕수수 가공량의 약 80퍼센트, 유럽연합 설탕 시장의 72퍼센트를 차지하고 있다. 일부 회사는 사탕수수가 생산되는 개발도상국에 자회사를 두고 있다. 이들은 사탕수수를 재배·분쇄·가공하고, 원당을 정제하며, 때로는 사탕수수 자체를 포장해 팔기도 한다.

사탕수수 농민은 얼마나 벌까

설탕을 가공하고 유통하는 다국적 기업들이 천문학적인 이익을 올리는 반면, 아프리카와 라틴아메리카에서 사탕수수를 재배하는 농민과 농업노동자들은 빈곤에 시달리고 있다. 카리브 해의 벨리즈는 농수산업과 관광 산업에 의존하는 가난한 나라다. 사탕수수 재배와 원당 수출이 벨리즈의 국가경제에서 차지하는 비중이 크지만, 인구의 46퍼센트가 빈곤에 시달리고 있으며 이들 중 15.7퍼센트가 극빈층이다. 아프리카 남동부에 위치한 말라위의 주식은 옥수수다. 이 나라의 사탕수수 재배 지역 주민 중 85퍼센트는 굶주림에 시달린다. 수출을 위한 사탕수수 재배면적이 옥수수의 재배면적을 잠식하면서, 생산량이 줄어든 옥수수가 너무 비싸지는 바람에 대부분의 농민들은 살 수 없기 때문이다.

세계 설탕 산업은 광범위하고 복잡한 시스템이다. 아시아, 아프리카, 라틴아메리카의 수백만 사탕수수 농민과 농업노동자는 이 산업에 원료를 제공하지만, 설탕 무역이 작동하는 방식에는 거의 영향을 주지 못한다. 그들은 노동에 대한 정당한 대가를 받는 데 실패해 가난과 굶주림에 시달리고 있다.

현재의 세계 무역 시스템은 사탕수수 생산자들을 가난하게 만든다. 그 원인은 국제무역 정책과 설탕 부문에 대한 보조금이다. 설탕 수입을 통제하는 국제무역법은 소규모 자작농이 더 수익성이 좋은 유럽과 북아메리카의 시장에 접근하는 것을 어렵게 만든다.

국제무역법은 소규모 자작농들로 하여금 설탕을 생산하는 데 더 많은 재정 지원과 보조금을 받는 부유한 국가들의 농민들과 경쟁하도록 만들기 때문이다.

사탕수수 생산자를 빈곤으로 몰아넣는 또 하나의 원인은 설탕 가격이 변덕스러운 데다 장기적으로 하락하고 있다는 것이다. 1980년에서 2000년 사이에 설탕 가격은 80퍼센트 급락했으며, 2007년 이후에야 어느 정도 개선이 이루어지고 있다. 세계 최대 사탕수수 생산국인 브라질의 작황에 따라 세계 설탕 가격이 높게 형성되는 해가 있지만, 역사적으로 세계 설탕 가격은 공급 과잉으로 인해 지속적으로 하락하고 있다.

낮은 설탕 가격은 농민들로 하여금 빚에 시달리게 해 자신의 농장에 투자할 수 없게 한다. 이런 상황은 그들이 살고 있는 공동체 전체에 영향을 준다. 사탕수수 농민들은 대부분 가족노동에 의존하고 있는데, 이런 상황은 농민의 자녀에게 교육의 기회를 제한하고 빈곤을 영속화하기 때문이다. 사탕수수 재배 농민들은 대부분 소규모 농가로서, 대개 하루에 2달러 이하로 살고 있다. 그런 반면, 이들이 음식, 에너지, 운송, 교육, 의료와 같은 필수적인 재화와 서비스를 구입하는 데 들어가는 비용은 계속해서 증가하고 있다. 2008년 금융위기 이후 밀, 옥수수, 쌀, 기타 곡물의 가격이 매우 상승했는데, 이는 일부 개발도상국에서 저항과 폭동을 유발했다.

사탕수수 생산자에는 세계의 소농뿐 아니라 대규모 플랜테이션에서 일하는 농업노동자도 있다. 이들은 낮은 임금뿐만 아니라 위험하고 심각한 노동환경에 의해서도 위협받는다. 이들은 안전한 도구를 제공받지 못하여 마체테로 인한 부상을 자주 입는다. 무거운 마체테로 사탕수수 줄기를 치는 동작을 반복함으로써 근골격 부상에 시달리며, 보안경을 쓰지 않아 눈은 사탕수수 줄기에 긁혀 상처를 입기도 한다. 또한 과거에는 사탕수수를 수확하기 전 사탕수수 밭을 태우는 작업을 했기에 호흡기질환 등의 건강 문제에 빈번히 노출되었다(현재 밭을 태우는 것은 환경 문제를 유발해 불법이 되었으나 여전히 이런 작업을 하는 농장도 있다).

뿐만 아니라, 사탕수수 농장에는 아동노동과 강제노동이 만연해 있다. 라틴아메리카, 아시아, 아프리카의 수많은 사탕수수 농장에서 아동노동을 사용하고 있으며, 볼리비아, 미얀마, 브라질, 도미니카공화국, 파키스탄에서는 강제노동이 행해지고 있다.

사탕수수 플랜테이션에서 아동들은 오랜 시간 동안 과도한 노동에 시달린다. 그들은 햇볕과 열에 과다하게 노출되어 열소모와 피부 손상으로 고통받으며, 피부암에 걸리기도 한다. 사탕수수를 수확하는 데 사용되는 무거운 도구들과 날카로운 마체테로 인한 사고는 심각한 부상과 후유증을 남긴다. 어린이들은 사탕수수 밭을 태울 때 나오는 연기로 인해 호흡기질환에 시달리며, 살충제로 인해 피부와 눈에 손상을 입기도 한다. 그러나 부모들은 아동노동의 심각성에 대해 무지하다. 그들의 수입은 적고 학교 교육은 비싸기 때문이다.

개발도상국에서의 사탕수수 재배는 먹거리보장food security*에도 문제를 야기한다. 사탕수수 재배면적이 늘어난다는 것은 원래 식량 생산을 위해 사용되던 땅에 사탕수수를 심는다는 뜻이다. 따라서 농촌 지역의 농민들이 먹어야 할 식량을 제대로 생산하지 못해 과거에는 직접 키워 먹던 식량을 비싼 값을 치르고 사 먹어야 하게 되었으며, 이로 인해 굶주림에 시달리게 된다.

사탕수수 생산은 또한 삼림 벌채, 동식물의 서식지 파괴, 물 부족, 수질오염 등을 포함한 환경 문제를 초래한다. 화학비료와 살충제, 관개의 남용은 토양 비옥도를 파괴하고, 토양과 물을 오염시키며, 물을 부족하게 해 농민과 농업노동자의 생계에 영향을 끼친다. 기후변화도 농민의 삶을 악화시킨다. 사탕수수가 재배되는 많은 지역의 농민들은 예기치 못한 기후변화의 영향과 씨름하고 있다. 피지의 사탕수수 농민들은 열대 사이클론, 엘니뇨 현상과 연계된 홍수와 가뭄 등 이상기후를 경험하고 있다. 예를 들면, 1994년의 이상적인 기후환경에서는 51만 6,500톤이라는 기록적인 설탕 생산이 이루어졌지만, 1997년, 1998년, 2003년에는 가뭄과 열대 사이클론으로 인해 27만 5,000~29만 3,000톤으로 생산량이 떨어졌다. 이는 농민의 수입을 심각하게 감소시켰다.

---

* food security는 식량안보, 식량보장 등으로도 번역된다.

신대륙에서의
사탕수수 플랜테이션과 노예무역

사탕수수 플랜테이션과 노예무역

오래전부터 설탕은 높은 가치 때문에 하얀 금, '화이트 골드white gold'로 불렸다. 이런 이유로, 노예노동에 기반한 플랜테이션 작물의 대표 주자가 되었다.

설탕은 7세기에 아라비아 상인에 의해 지중해로 전파되었으며, 십자군 원정으로 11세기에 서유럽에도 전해졌다. 15세기 중엽에는 포르투갈과 에스파냐가 아프리카 서해안의 섬들에서 사탕수수를 재배했다. 1492년 콜럼버스의 신대륙 발견 이후에는 라틴아메리카에도 사탕수수 재배법이 전파되었다. 당시 포르투갈인 페드로 카브랄Pedro Cabral(1467~1520)은 본국에 공급할 향신료를 구하기 위해 아프리카를 돌아 아시아로 항해하려고 고군분투하고 있었다. 그러나 적도 해류는 그를 브라질로 이끌었다. 이후 포르투갈인들이 브라질 북동 해안을 따라 사탕수수 플랜테이션을 만들었다.

17세기가 되자 아이티 섬을 시작으로 쿠바, 자메이카, 페루, 브라질, 콜롬비아, 베네수엘라 등 카리브 해 연안 지역 전체가 사탕수수 밭으로 변하는 '설탕 혁명'이 일어났다. 카리브 해 지역은 고온다습한 기후를 가져 사탕수수 재배에 매우 적합한 곳이었다. 카리브 해 지역은 또한 아프리카에서 온 노예들이 처음으로 도착한 곳이었다.

사탕수수는 수확하자마자 늦어도 이틀 안에 가공해야 한다. 그러지 않으면 줄기가 금세 말라버리거나 발효가 진행돼 즙을 짜낼 수 없기 때문이다. 수확한 사탕수수는 압착기에 넣어 즙을 짜낸 후 이를 끓여 설탕으로 정제하는데, 이러한 설탕 가공 공정은 많은 노동력을 필요로 했다. 처음에는 사탕수수 플랜테이션에 필요한 노동력을 아메리카 원주민으로 충당했다. 이때 많은 원주민이 과도한 노동과 영양실조 그리고 질병 등으로 사망했다.

노동력 부족 문제를 해결하기 위해, 유럽인들은 아프리카 노예들을 신대륙으로 데려와 사탕수수를 재배했다. 신대륙으로 끌려온 아프리카 노예들은 사탕수수를 베고 공장으로 운반하고 압착하여 즙을 만들고 정제해 설탕을 만드는 데 동원되었다. 카브랄을 브라질로 이끈 강력한 적도 해류가 대서양을 넘어 브라질로 노예를 쉽게 데려올 수 있게 했고, 400여 년 동안 수백만 명에 달하는 아프리카인들이 브라질로 끌려왔다. 설탕이 없었다면 브라질이, 노예가 없었다면 설탕이, 포르투갈의 브라질 식민지 개척에 필요한 노예 인력 공급지로 이용된 앙골라가 없었다면 노예가 없었을 것이다. 오늘날 이들 플랜테이션에서 일했던 아프리카 노예의 후손들이 브라질의 대규모 혼혈인종인 아프로 브라질리언Afro-Brazilian으로, 그들 특유의 역동적인 문화를 형성하고 있다.

19세기 중반까지 브라질과 카리브 해의 사탕수수 재배 및
설탕 가공을 위해 수백만 명의 아프리카인들이 노예로 수입되었다.
라틴아메리카와 카리브 해 지역에 노예로 끌려온
'아프리카 디아스포라'는 자메이카, 쿠바, 아이티 그리고 브라질과 같은
국가의 혼혈인종에 뚜렷하게 남아 있다.

서인도회사 소속의 사탕수수 농장에서 가공 작업 중인 노예들(1667년경)

자메이카의 사탕수수 농장에서 일하던 노예들(1880년경)

카리브 해 지역 대부분은 1800년경 영국과 네덜란드의 식민지가 되었다. 또한 세계에서 가장 중요한 설탕 생산 지역으로, 설탕 생산량의 80퍼센트를 유럽에 제공했다. 선진국 자본가들은 정치 권력으로 설탕 생산을 통제해 막대한 이윤을 얻었다. 예를 들면, 미국의 조지 워싱턴과 토머스 제퍼슨은 영국령 바베이도스 섬에 사탕수수 플랜테이션을 소유했다. 노예를 활용한 신대륙의 사탕수수 플랜테이션은 유럽의 산업자본주의와 밀접하면서도 복잡한 관계를 형성했다.

유럽 제국이 필요로 하는 설탕의 양이 계속 많아지자 사탕수수 재배지 또한 카리브 해와 서인도 제도 등지로 확대되었고, 노예무역의 규모도 점점 더 커졌다. 이에 따라 17세기 이후 유럽과 아프리카 그리고 아메리카 사이의 삼각무역이 활성화되었다.

유럽에서 생산된 면직물, 총기류, 유리구슬 등 공산품을 실은 유럽의 배가 카나리아 해류를 따라 아프리카 해안에 도착한다. 유럽 상인들이 가져온 공산품은 이곳에서 노예들과 교환된다. 다음으로 유럽 상인들은 아프리카인 노예들을 배에 가득 싣고 적도 해류를 타고 카리브 해의 노예 시장에 도착한다. 카리브 해의 노예 시장에 아프리카 노예들을 내려놓은 배는, 그곳에서 설탕이나 럼주를 사서 싣거나 혹은 북아메리카 해안 지역에서 그것들을 구입해 유럽으로 돌아간다.

이것이 유럽, 아프리카, 아메리카 간의 그 유명한 삼각무역이다.

출처: 미 위스콘신대 자료를 통해 《경향신문》
(2013. 07. 29. 법의 심판대에 오른 '대서양 노예무역'… 이주·착취에 황폐, 발전의 '씨앗'은 없었다)

카리브 해는 대서양 노예무역의 중심지였다. 유럽인들은 카리브 해의 유리한 기후와 비옥한 땅을 이용해 사탕수수를 재배하고 그것을 설탕으로 가공해 유럽에 팔았다. 이 돈으로 유럽의 공산품을 사서 아프리카에서 흑인 노예와 맞바꾸고, 노예를 채운 배는 다시 카리브 해에 도착해 노예들을 내려놓았다. 이를 '삼각무역'이라 하며 17세기부터 19세기까지 지속됐다. 현재 앙골라, 나이지리아, 세네갈 등이 있는 서아프리카의 흑인들은 이 시기 대서양을 따라 900만 명 이상이 카리브 해로 온 것으로 추정된다.

삼각무역의 가장 큰 특징이자 잔인한 사실은, 인간이 사고팔 수 있는 상품이 되었다는 점, 그리고 상품을 생산하는 지역과 소비하는 지역이 분리되었다는 점이다. 이러한 노예무역은 유럽 국가들이 노예무역을 법으로 금지한 1800년대 초까지 왕성하게 이루어졌다.

여기서 하나 짚고 넘어갈 것은 노예무역선의 처참한 광경이다. 노예를 되도록 많이 싣기 위해 무역선을 여러 층과 여러 칸으로 나누어 노예들을 일렬로 눕혔는데, 한 사람에게 주어진 공간의 너비는 고작 40센티미터 정도에 불과했다. 또한 남자 노예들의 경우 폭동 방지를 위해 여러 명씩 짝을 지어 족쇄를 채웠다. 노예들은 몸을 돌릴 수조차 없는 좁은 공간에서 수개월을 견뎌내야 했기에 아메리카에 도착할 때까지 생존하는 것 자체가 기적이었다. 아프리카에서 아메리카로 출발한 노예들 중 상당수가 질병, 학대, 자살, 폭동 등으로 사망해 대서양에 버려졌다. 무사히 신대륙에 도착한 노예들도 혹독한 노동을 강요받으며 마치 가축이나 다름없는 삶을 살았다.

17~19세기 라틴아메리카의 플랜테이션에서 노예가 생산한 사탕수수(설탕)와 커피 같은 열대 상품작물은 유럽의 식탁 문화를 바꾸었을 뿐만 아니라 유럽 여러 국가에서 부르주아 계급과 부를 창출했다. 1800년대 후반이 되어 카리브 해 국가들은 해방을 맞았지만 황폐해진 땅 위에 남겨진 것이라고는 가난뿐이었다.

노예무역선은 떠다니는 지옥이었다. 노예들은 배 밑바닥에
눕혀져 대여섯 명씩 사슬로 묶이고 다시 두 명씩 족쇄가 채워졌다.
하루에 한 번 옥수수죽을 먹고 누운 채 용변을 봐야 했다.
한 사람이 관 하나만큼도 되지 않는 공간에 포개져
3~4개월을 항해해야 했다. 항해 중 사망률은 45.8퍼센트에 이르렀다.

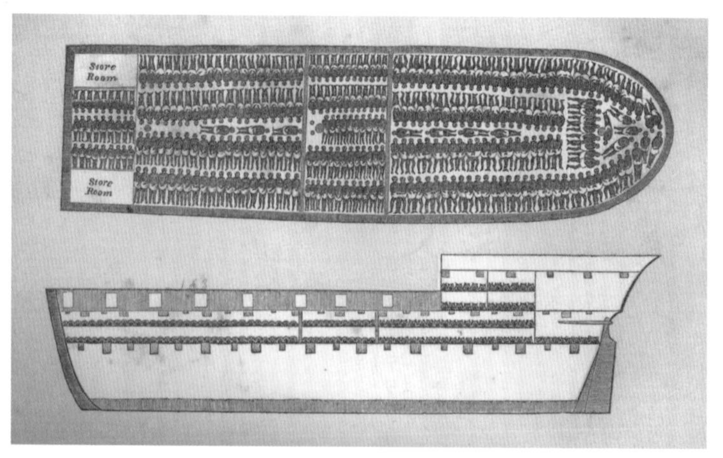

노예 제도는 에스파냐가 통치하는 쿠바에서 가장 오래 지속되었다. 라틴아메리카의 다른 국가들에서 더 이상 노예노동에 의지해 플랜테이션을 경영할 수 없게 된 설탕 부호들은 19세기에 쿠바로 자신들의 사업체를 이동시켰다. 그들에게는 다행히도, 쿠바 사탕수수는 품질이 매우 우수했으므로 거대한 섬 전체가 곧 사탕수수 밭으로 뒤덮였다. 20세기 중반, 설탕은 세계경제를 지배했고 쿠바의 사탕수수 플랜테이션 대부분은 자본을 가진 외국인, 특히 미국인이 소유했다. 1959년 쿠바혁명 이후, 설탕 산업은 피델 카스트로 정부에 의해 국유화되었으며, 구소련 시장을 겨냥해 생산·수출되었다.

카리브 해와 라틴아메리카 지역에서는 주로 수출용으로 사탕수수를 재배했다. 그러나 중위도 지역에서 재배되는 옥수수 및 사탕무와의 경쟁이 치열해짐에 따라 그 경제적 중요도는 점차 감소했다. 그러나 카리브 해 지역과 브라질은 여전히 세계적으로 가장 중요한 설탕 수출 지역이다.

인류학자 찰스 웨글리Charles Wagley는 브라질 해안의 중간부터 기아나 지역*과 카리브 해를 거쳐 미국의 남동부에 이르는 지역을 '플랜테이션 아메리카Planation America'라고 부른다. 이 지역은 주로 해안에 위치하고, 유럽의 엘리트들이 아프리카 노예를 이용하여

* 남아메리카 대륙 북부, 베네수엘라와 브라질 사이의 대서양 연안 지역을 일컫는 말.

쿠바의 사탕수수 농장을 묘사한 엽서(1914)

수출용 상품작품을 생산했던 곳이다. 사탕수수같이 단일 작물을 재배했으며 토지는 소수의 엘리트가 차지했다. 이들 지역에서는 백인이 특권층을 구성하는 엄격한 계급 구조에 기반한 다인종사회가 형성되었다. 그러나 '플랜테이션 아메리카'라는 규정은 아메리카 대륙의 인종에 기반한 구분만을 의미하는 것이 아니다. 특유의 생태학적·사회학적·경제적 관계를 형성하게 한 생산 시스템을 의미하는 것이기도 하다.

설탕의 달콤함 뒤에 숨겨진 원주민과 노예의 처참한 삶

유럽인에 의한 신대륙에서의 사탕수수 플랜테이션은 설탕 생산과 소비를 촉진했다. 설탕의 소비가 급격하게 늘어날 수 있었던 것은 대량 생산으로 인한 가격 경쟁력뿐만 아니라 차, 커피 등 다양한 기호식품의 소비가 증가했기 때문이었다. 영국에서는 차가 맥주를 대신했고 프랑스에서는 커피가 와인을 대신했을 정도다. 그 덕에 설탕을 넣은 차는 더 이상 부자들의 사치품이 아니라 서민들이 빵이나 케이크에 곁들여 마시는 음료이자 열량 공급원이 되었다.

설탕의 달콤함은 인간으로 하여금 음식에서 영양소 외에 또 다른 즐거움을 얻게 했다. 설탕은 차와 커피의 맛을 달게 만들어 이 음료의 소비가 더욱 커지게 만들었다. 설탕은 중산층의 식단을 한층 맛깔나게 하고, 필수적인 열량을 제공했다. 1장에서 보았듯이,

설탕은 영국의 홍차 소비를 더욱 촉진함으로써 하와이와 피지 같은 태평양의 섬들과 아프리카, 오스트레일리아, 동남아시아 등지에서 차 플랜테이션을 건설하는 데 영향을 끼쳤다.

그러나 이 달콤함은 유럽의 식민지였던 카리브 해 지역과 남아메리카로 강제로 이주시킨 아프리카인들이 사탕수수 플랜테이션과 설탕 공장에서 잔혹한 노예노동에 시달린 결과 얻은 것이었다. 당시 아프리카에서 건너온 노예들의 삶은 처참했다. 하루 종일 사탕수수 농장의 따가운 햇살 아래에서 구슬땀을 흘리면서 일했고, 일하는 동안에는 채찍을 든 감독관들에 의한 가혹행위와 폭력에 시달리곤 했다. 더 빠른 작업을 강요당하다가 사탕수수를 으깨는 기계에 팔이 끼여 절단되는 일도 잦았다. 잠시 눈을 붙이는 숙소조차도 습하고 불결해서 제대로 휴식을 취할 수 없었다. 이런 생활환경 때문에 그들은 온갖 질병에 걸려 평균 30세 전후로 사망하기 일쑤였다.

1800년대 중반에 접어들면서 노예 제도에 대한 인식이 바뀌었다. 사람을 사고팔며 재산으로 소유하는 게 도덕적으로 가능한 일인가 하는 물음이 터져 나오기 시작했다. 이런 흐름 속에 사탕수수 플랜테이션에서도 노예 대신 계약노동자를 고용하기 시작했다. 노예무역이 끝난 후, 설탕은 아시아에서 온 계약노동자라는 또 다른 디아스포라를 촉발했다. 그들은 트리니다드토바고와 자메이카 같은 카리브 해 섬들로 유입되었다. 그러나 그들 역시 노동시

사탕수수로 만든 농민과 노예들의 음료, 럼주

사탕수수는 럼rum이라는 술을 만드는 데 사용되어 대중을 취하게 하기도 했다. 오늘날에는 상상하기 힘들지만, 1800년대의 사탕수수 재배지에서는 1인당 하루에 약 0.55리터의 럼주를 소비하는 것이 일반적이었다. 럼주는 영국과 프랑스 해군을 전쟁과 아시아·태평양의 식민지 개척으로 나아가게 한 마약과도 같은 존재였다.

일찍이 유럽에서는 맥주와 와인이 음료로 발달했다. 맥주는 대개 밀과 보리, 홉이 재배되는 냉량한 북서유럽 및 중부유럽 그리고 동부유럽을 중심으로, 와인은 포도 재배가 가능한 지중해성 기후를 보이는 남부유럽을 중심으로 만들어지고 소비되었다. 유럽 여러 나라가 식민지로 개척한 신대륙에서는 유럽에서 생산한 와인과 맥주를 비싼 값으로 수입했다. 문제는 발효주인 맥주와 와인은 신대륙으로 옮겨 가는 동안 변질되거나 부패하기 쉽다는 것이었다. 그리하여 증류주에 대한 유럽인의 관심이 커졌다. 이때 술, 노예, 설탕의 연관성이 낳은 강력하고도 새로운 음료가 바로 럼주다.

럼주는 카리브 해 섬들(특히 바베이도스)에서 재배된 사탕수수에서 설탕을 추출하는 과정에서 나오는 부산물을 발효시켜 증류한 강한 알코올음료다. 포르투갈인들은 그것을 '사탕수수 브랜디'라고 불렀다(브랜디는 와인 등 과실주를 증류시킨 술로, 코냑, 알마냑 등이 잘 알려진 브랜디 종류다). 사탕수수 즙을 끓일 때 걷어낸 거품 혹은 즙 자체를 걸러내면서 나온 거품으로 만든 것이 럼주다. 이 때문에 럼주는 매우 저렴했다. 사탕수수 재배 농민들은 사탕수수를 이용해 설탕도 생산하고 음료도 만들어 마셨다.

설탕 가공에서 나온 폐기물을 발효하고 증류해 뽑아낸 독하고 값싼 럼주는 노예들도 마실 수 있는 술이었다. 심지어 럼주는 나약한 성격을 단련하고 제멋대로인 태도를 온순하게 길들인다는 명목으로 카리브 해에 도착한 노예들에게 제공되기도 했다. 노예무역의 잔혹함이 없었더라면 럼주는 존재할 수 없었을지 모른다. 럼주는 최초로 맞이한 글로벌 시대 유럽의 승리와 아프리카 노예에 대한 압박을 모두 구현한 액체라고 할 수 있다.

한편, 럼주는 부패하지 않고 빨리 취하게 하여 선원들 사이에서 인기가 있어, 1655년부터 카리브 해에 주둔한 영국 해군에서 전통적으로 병사들에게 지급하던 맥주 대용품으로서 제공되었다. 그 후 1세기 만에 럼주는 오랜 항해 기간 동안 해군이 가장 선호하는 음료가 되었다.

17세기 후반에 접어들면서 럼주는 카리브 해와 서인도 제도 이외의 지역으로도 퍼져나갔다. 가격이 저렴할 뿐만 아니라 알코올 도수도 훨씬 높았던 럼주는, 아메리카 식민지 거주자들이 가장 즐겨 마시는 음료로서 짧은 시간 안에 자리를 잡았다.

1893년에 게재된 럼주 광고

럼주가 처음 발명되었을 때만 해도 이 정도로 인기가 높아질 줄은 아무도 몰랐을 것이다. 럼주는 술과 노예 그리고 설탕의 삼각관계를 완성시키는 매개체로서 중요한 위치를 차지했으며, 통화로써 사용되기도 했다. 럼주가 노예를 거래하는 아프리카 해안에서 주된 물물교환 항목이 된 것이었다. 심지어는 금과도 바꿀 정도였다.

럼주와 사촌관계에 있는 술로, 세계에서 사탕수수를 가장 많이 생산하는 브라질에는 사탕수수로 만든 전통주 카샤사cachaca가 있다. 사탕수수로 만든 카샤사는 알코올 도수가 38도에서 50도 사이다. 마찬가지로 증류주인 보드카와 달리 특유의 향이 있고 맛은 럼주와 비슷하다. 스트레이트로 한 잔 마시기도 하지만, 레몬을 설탕에 짓이겨 즙을 짠 후 여기에 얼음과 술을 함께 섞어 칵테일로 만든 것이 유명하다. 이 칵테일은 '카이피리냐caipirinha'라고 불리는데, 브라질을 찾는 사람들은 이 술 한 잔을 걸치고 나서야 진정 브라질에 온 것을 느낄 수 있다.

브라질의 카샤사

간은 길고 임금은 낮으면서 이동과 행동에 큰 제약을 받는 등 노예와 별 차이 없는 열악한 노동조건에 시달렸다. 아프리카인의 후손들이 카리브 해 지역과 브라질, 미국, 캐나다에 살고 있고, 고용계약을 맺고 노동자로 온 인도인의 손자·손녀들이 카리브 해 섬들과 남아메리카 도시들에서 다문화 공간을 형성하고 있다. 중국인, 필리핀인, 한국인 또한 하와이 인구를 구성하고 있다.

사탕수수 플랜테이션은 아프리카인 수백만 명을 노예제의 수렁으로 밀어 넣었지만, 노예무역을 폐지시키기 위한 운동을 촉발시키기도 했다. 사탕수수 플랜테이션의 수와 규모가 계속 증가하면서 노예제 폐지와 평등사상을 퍼뜨리는 시발점이 된 것이었다. 설탕은 노예제가 확산되는 직접적인 원인이었지만, 그것으로 야기된 전 지구적 규모의 연결은 또한 인간의 자유와 평등 그리고 인권의식을 키웠다.

이제 우리는 설탕 없는 삶을 상상할 수 없는 현실 속에 살고 있다. 설탕은 우리의 식탁과 입맛을 풍요롭고 달콤하게 했지만, 설탕의 달콤함 뒤에는 여전히 씁쓸함이 숨어 있다. 노예를 이용한 사탕수수 플랜테이션은 역사 속으로 사라졌지만, 여전히 라틴아메리카의 많은 나라에서는 수많은 설탕 노동자들이 혹독한 상황에 놓여 있다.

사탕수수 최대 생산국 브라질에 알코올 차가 즐비한 이유

브라질, 사탕수수로 설탕 대신 알코올을 생산하다

전 세계가 화석연료의 대안 찾기에 골몰하고 있다. 화석연료는 언젠가 고갈될 것이고, 탄소 배출로 인해 지구온난화의 주범으로 지목되기 때문이다. 이런 대안 에너지 중 첫 번째로 꼽히는 것은 태양광, 조력, 풍력 등 자연으로부터 얻는 에너지다. 이외에 주목받는 또 하나의 대안 에너지가 바로 바이오매스다.

바이오매스 에너지는 나무, 곡물과 같은 식물 자원과 동물 노폐물 등 유기체로부터 만들어지는 연료다. 삼림에서 채취되는 나무는 전기와 열을 생성할 수 있는 재생가능한 자원이며, 곡물은 식용뿐만 아니라 산업용 수요도 있다. 최근 산업용 수요 중에서 가장 크게 증가한 것이 석유를 대체할 바이오연료* 분야다. 바이오연료의 주원료는 옥수수, 대두(콩), 사탕수수, 유채 등이며(이 중에서 옥수수의 수요가 절대적으로 많다), 이 때문에 전 세계적으로 이들 식물에 대한 수요가 폭발적으로 증가하고 있다. 바이오에탄올 역시 사탕수수, 옥수수, 대두와 같은 식물에서 추출하는 친환경 에너지

---

* 바이오연료는 농산연료agro-fuel라고도 부른다. 크게 휘발유를 대체하는 바이오에탄올(옥수수, 사탕수수 등에서 추출하며 미국과 브라질이 주 생산국이다)과 경유를 대체하는 바이오디젤(대두, 팜유 등 유지류에서 추출하며 유럽이 선호한다)로 나뉜다.

브라질의 에탄올 정유소

로서 자동차 연료로 사용된다.

브라질은 특히 승용차와 트럭의 연료로 바이오매스 에너지를 사용하는 비율이 매우 높은 국가다. 브라질은 에너지의 약 45퍼센트를 재생가능한 자원으로부터 생산하여, 지속가능한 에너지 소비량이 상당히 크다. 일부 전문가는 브라질이 세계에서 가장 큰 규모의 지속가능한 경제가 될 것이라고 말한다. 여기에는 수력발전이 부분적으로 기여하고 있지만, 바이오매스 연료가 29퍼센트로 가장 큰 비율을 차지한다. 이는 미국과 매우 대조적이다. 미국에서 사용하는 에너지의 7퍼센트만이 재생가능한 자원으로 생산된 것이며, 바이오매스 에너지 사용률은 1퍼센트 이하다.

바이오에탄올 지역별/연도별 생산량 추이(2001~2016, 단위 10억 갤런)

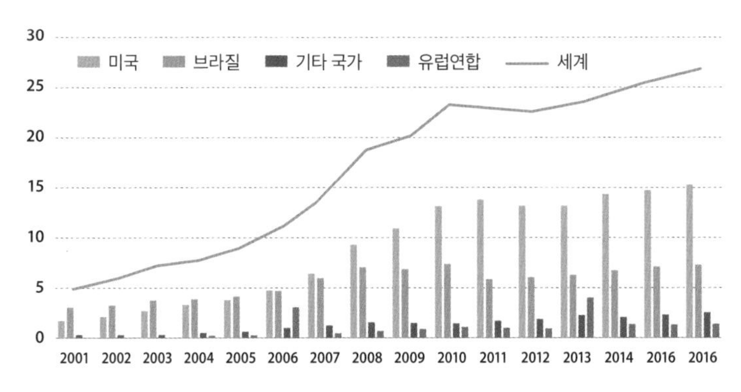

출처: Renewable Fuels Association(RFA)

브라질에서 생산되는 바이오연료의 대부분은 에탄올이다. 브라질에서 바이오에탄올은 대개 자동차 연료로 사용되며, 가솔린과 혼합해 사용되기도 한다. 바이오에탄올은 다양한 식물로 만들 수 있지만, 브라질에서는 거의 사탕수수로 만든다. 앞서 살펴봤듯이, 브라질은 세계 사탕수수 생산량의 3분의 1 이상을 차지한다. 브라질 남중부의 상파울루 주에서 대부분 생산되는데, 사탕수수 재배 면적이 거의 900만 헥타르다. 생산된 사탕수수의 절반 이상(약 60퍼센트)이 에탄올로 전환되며, 총 270억 리터 이상을 생산한다. 브라질은 세계에서 두 번째로 많은 에탄올을 생산하는 국가이면서, 세계에서 가장 많이 수출하는 국가다.

사탕수수로 생산하는 설탕/에탄올 산업은 브라질 경제의 중요한 부분을 차지하며, 100만 명 이상의 고용을 담당하고 있다. 에탄올은 브라질 가솔린 시장의 절반을 차지한다(반면 미국은 10퍼센트 정도다). 실제로 오늘날 브라질에서 팔리는 대부분의 차는 가솔린(휘발유)과 에탄올을 모두 사용할 수 있는 플렉스 차량flex fuel vehicle이다.* 돈이 있으면 가솔린을 넣고, 돈이 없으면 알코올을 넣거나 아니면 두 개를 혼합해서 사용할 수 있다. 브라질에서 바이오연료의 가장 중요한 기여 중의 하나는 가솔린 사용과 비교해 온실가스 배출을 80~90퍼센트를 줄이고 있다는 것이다.

그렇다면, 브라질은 가솔린을 재생가능한 에너지인 바이오에탄올로 대체하는 데 어떻게 성공할 수 있었을까? 브라질 남중부의 광대한 재배지에서 생산된 사탕수수는 설탕으로 가공하는 것보다 에탄올로 가공하는 것이 더 효율적이다. 또한 미국에서 주로 에탄올로 전환하는 옥수수보다 사탕수수를 에탄올로 전환하는 것이 일곱 배나 더 효율적이다.**

---

* 2003년부터 나오기 시작한 플렉스 엔진은 가솔린이나 에탄올, 또는 둘을 혼합해서 연료로 사용한다. 현재 브라질 내수 시장에서 출시되는 새 차의 90퍼센트가 플렉스 엔진을 장착하고 있다. 그러나 선진국에서 차세대 엔진으로 물 또는 전기로 가는 차량을 출시하는 상황에서, 플렉스 엔진 개발은 뒤떨어진 기술이라는 지적도 있다.

** 최근 브라질에서는 사탕수수가 아니라 옥수수로 생산하는 에탄올의 양이 점점 늘어나고 있다. 브라질옥수수에탄올협회는 브라질의 2021년 옥수수 에탄올 생산량이 전체 에탄올 생산량의 10퍼센트에 이르렀으며, 점점 증가할 것이라고 예측했다. 브라질에서 옥수수 에탄올의 생산량이 증가하는 이유는 중서부 지역의 옥수수 생산량이 계속 증가해온 데다 사탕수수 비수기에도 에탄올 생산량을 유지하기 위해서라고 한다

브라질 정부는 석유 수입을 줄이고 사탕수수 농민과 에탄올 가공업자를 지원하기 위해 오래전부터 에탄올 생산과 소비를 지원해왔다. 1975년에 국가 알코올 프로그램Programa Nacional do Álcool을 도입한 것이 시작이었다.* 이 프로그램의 취지는 가솔린을 에탄올과 혼합하여 팔 수 있도록 한 것으로, 사탕수수로 설탕 대신 에탄올을 생산하도록 유도한 것이었다. 1993년경에는 가솔린과 에탄올 혼합 비율에서 적어도 22퍼센트의 에탄올이 들어가도록 요구했으며, 2003년에는 에탄올 비율을 25퍼센트로 올렸다. 브라질 정부는 또한 에탄올 시장을 활성화하기 위해 에탄올 산업에 보조금을 제공했고, 가솔린이 가솔린과 에탄올을 혼합한 연료보다 훨씬 더 비싸지도록 가솔린에 세금을 부가했다. 한편

바이오에탄올 생산을 기념해
1980년에 브라질에서 발행한 우표

---

* 1970년대의 유가 파동으로 석유 가격이 천정부지로 치솟았을 때 브라질에서 세계 최초로 알코올 엔진을 개발했다. 자체 개발한 알코올 차량은 알코올만 넣으면 운행이 가능했다. 정부의 알코올 보조금으로, 알코올은 가솔린의 3분의 1이라는 저렴한 가격에 판매되었다. 이 때문에 1980년대만 해도 전국 차량의 80퍼센트가 알코올 차였다. 이때에는 온 도시에 매연보다는 알코올 냄새가 진동했다. 1990년대 중반 정부의 보조금 철회로 알코올은 가솔린보다 40퍼센트 정도 싸다. 그러나 엔진이 약할 뿐만 아니라 가솔린보다 연료를 더 많이 소비하며, 차를 되팔 때 중고 가격이 아주 떨어진다는 단점으로 인해 거의 단종되다시피 했다.

2000년대 말 가솔린 가격이 하락하고 에탄올 가격이 상승하자, 브라질 정부는 에탄올 생산에 대한 지원금을 제공했다. 브라질 정부는 에탄올을 더 많이 수출하고 에탄올이 가솔린에 대해 경쟁력을 유지할 수 있도록 계속 노력하고 있다.

브라질은 넓은 땅덩어리에 인구가 널리 퍼져 살고 있다. 이 도시에서 저 도시로 이동하는 인구가 많고 거리는 먼데도, 국토 면적에 비해 차들은 거의 소형이다. 게다가 이 소형차들의 대부분은 가솔린보다 훨씬 저렴한 에탄올을 연료로 사용하거나 둘 다 사용할 수 있다. 석유도 나고 땅도 크지만 소형차를 많이 타는 브라질, 언뜻 보면 이상하게 보일 수 있다. 그러나 석유 한 방울 안 나오면서 큰 차를 선호하는 한국이 더 이상한 것은 아닌지 생각해보게 한다.

바이오에탄올은 과연 지구를 구할 친환경적인 연료일까

다량의 온실가스를 배출하는 화석연료인 석탄이나 석유와 달리, 바이오연료인 에탄올은 친환경적이고 지속가능한 에너지라고 불린다. 그러나 이에 대한 반론과 함께 '굶주리는 세계의 불청객'으로 불리기도 한다. 왜 그럴까?

바이오매스를 연료로 사용할 때 발생하는 몇몇 문제점이 있다. 첫째, 바이오매스는 이미 인간에게 음식, 옷, 거주지 등 많은 것을 제공하고 있다. 에너지 이상의 본질적 기여가 있는 것이다. 둘째, 나무가 숲을 이루는 대신 벌목되어 연료로 사용된다면 삼림의 비옥도가 줄어들 수 있다. 셋째, 사탕수수 등을 재배하기 위한 경작지 확대는 열대림의 벌채를 불러온다. 온실가스를 줄인다는 명목으로 더 심각한 환경 파괴가 일어나는 것이다.

그러나 가장 심각한 문제점은 바이오연료가 식량위기를 불러온다는 것이다. 바이오연료는 식량 가격을 올린다. 바이오연료는 밀, 옥수수, 대두, 기름야자, 사탕수수와 같은 작물에서 추출한다. 인간이 음식으로 섭취해야 할 작물이 연료로 전환되는 것이다. 게다가 바이오연료는 식량을 재배할 토지를 빼앗는다. 바이오연료 바람이 불자 선진국은 이를 재배할 값싼 토지를 찾아 해외로 눈을 돌렸다. 그 결과 개발도상국의 수많은 토지에 식량이 아니라 연료로 사용하기 위한 곡물을 재배하기 시작했다. 바이오연료에 대한 투자는 식량 가격의 상승으로 이어졌고, 2008년 식량위기의 원인 중 하나로 지목됐다. 바이오연료는 선진국의 기업에게는 희망일지 모르지만, 개발도상국 사람들에게는 악몽일 수 있다.

바이오연료를 가장 많이 사용하는 국가인 브라질에서도 바이오연료의 확대를 둘러싼 논쟁이 계속되고 있다. 바이오연료가 세계 식량위기의 직접적 원인이냐 아니냐는 브라질뿐만 아니라 미국에서도 뜨거운 논쟁거리다. 옥스팜Oxfam을 비롯한 여러 시민단체는 바이오연료의 팽창이 세계의 식품 가격을 상승시킨다고 주장한다. 그러나 브라질은 사탕수수 생산을 확대하는 것이 다른 곡물 재배를 막아 식품 가격을 상승시킨다는 명확한 증거는 없다고 주장한다. 사탕수수 재배면적은 브라질에서 경작할 수 있는 땅의 5퍼센트 이하를 차지할 뿐이며, 상파울루 주에서 확대된 대부분의 사탕수수 농지는 다른 곡물의 재배지를 대체한 것이 아니라 소를 위한 목초지를 대체했다는 것이다. 그러나 여기서 중요한 것은 사탕수수 농지의 확대가 토지 이용에 간접적인 효과를 가진다는 사실이다. 즉, 사탕수수 재배지의 확대가 소 방목지 및 다른 용도로 이용할 토지를 아마존 열대우림이 있는 북쪽으로 밀어냄으로써 열대림을 파괴하고 있기 때문이다.

미국과 유럽연합을 비롯한 선진국은 석유를 점차 바이오연료로 대체하려고 한다. 바이오연료가 화석연료인 석유보다 친환경적이며, 바이오연료의 원료가 되는 옥수수, 대두, 사탕수수 등에 대한 새로운 수요가 개발도상국 농민의 생계에 도움이 된다고 주장한다. 하지만 환경단체들과 농민단체들은 바이오연료의 상업화는 오히려 이에 뛰어들고 있는 다국적 기업의 배만 불린다고 반박한다. 역설적이게도, 거대 석유 메이저 기업들이 최근 적극적으로 바이오연료 시장에 뛰어들고 있다.

게다가 바이오연료의 원료가 되는 작물을 재배하려면 화석에너지를 필요로 한다. 화학비료와 농약은 결국 석유화학 제품이다. 즉, 바이오연료는 알려진 것만큼 친환경적인 에너지가 아니다. 또한 바이오연료용 작물을 재배하는 개발도상국의 농민들은 거대 다국적 식품 기업과 소수 석유 메이저에 종속되어 빈곤의 늪에서

헤어나지 못할 가능성이 높다. 바이오연료 시장의 확대는 곡물 가격 상승, 곡물을 원료로 하는 식품 가격의 상승으로 이어져 세계의 빈곤한 국가를 더 가난하게 만들 수 있다. 더욱이 사탕수수나 곡물을 개발도상국 사람들의 굶주린 배를 채우지 않고 선진국 소비자들의 자동차 연료로 사용한다는 것은 도덕적으로도 큰 문제다. 사탕수수나 옥수수가 자동차의 연료로 연소되는 순간, 가난한 사람은 더욱 굶주리게 되고 이익은 다국적 기업이 챙긴다.

3장

카카오와 초콜릿

카카오에서 초콜릿까지

카카오와 코코아

'카카오' 하면 가장 먼저 떠오르는 것은 무엇일까? 모바일 커뮤니케이션을 대표하는 단어 '카카오 톡(카톡)'을 빼놓을 수 없을 것이다. 카카오와 모바일, 전혀 어울릴 것 같지 않은데 왜 '카카오 톡'이라고 했을까? 이 회사에 따르면 모바일 커뮤니케이션이 주는 즐거움과 초콜릿의 달콤함이 잘 맞아떨어져 '카카오'를 브랜드로 삼았다고 한다.

매년 밸런타인데이가 다가오면 온 나라가 초콜릿 홍수에 잠긴다. 좋아하는 마음을 고백하고 확인하기 위해 많은 사람들이 초콜릿을 선물한다. 그런데 맛도 좋고 주고받는 뜻도 좋은 초콜릿의 원료를 아는 사람은 뜻밖에 적다. 우리는 으레 '초콜릿은 초콜릿'이라고 생각할 뿐 그것이 무엇으로 만들어지는지에 대한 관심은 적은 듯하다.

초콜릿의 원료가 되는 열매이자 그 열매를 맺는 나무의 이름이 바로 '카카오'다. 카카오Kakao는 원래 초콜릿 원료를 가리키는 독일어다. 카카오는 어원학적인 변형을 겪었다. 중앙아메리카 최초의 문명 중 하나인 올메크족Olmecs의 언어로 '카카오 물 또는 거품 많은 물'을 뜻하는 카카후아틀cacahuatle이 초코아틀chocoatle로 바뀌어 오늘날 널리 쓰이는 초콜릿의 어원이 된 것이다.

세계 카카오의 절반 가까이가 무더운 서아프리카 정글에서 생산되어, 세계 곳곳에서 초콜릿 애호가들의 입맛을 즐겁게 하는 달콤한 과자로 가공된다. 카카오는 봉봉bonbon(과일, 호두 따위를 넣은 과자나 사탕), 트뤼플truffle(코코아 파우더를 바른 둥근 초콜릿 과자), 쿠키, 케이크, 아이스크림 선디ice cream sundae(과일과 초콜릿, 시럽 등 갖가지 토핑을 얹은 아이스크림), 핫 초콜릿 같은 음료, 어디서나 볼 수 있는 판형 초콜릿 등으로 만들어진다.

이렇게 만들어진 달콤한 과자는 밸런타인데이뿐만 아니라 크리스마스, 생일, 핼러윈 선물이나 부활절 달걀로 쓰인다. 이 달콤한 과자들은 우리 입속으로 들어오기 훨씬 전, 열대 지역에서부터 긴 여행을 시작한다.

카카오 열매가 초콜릿이 되기까지

카카오나무의 열매 속에 들어 있는 씨앗을 카카오콩cacao bean이라고 하는데, 이것이 초콜릿을 만드는 원료가 된다. 카카오콩을 갈아 만든 분말은 대개 코코아cocoa라 하며, 이 분말을 물이나 우유에 타서 만드는 초콜릿 맛의 음료 역시 코코아라고 한다. 사실 카카오와 코코아는 문화권에 따라 동일한 의미로 사용되기도 하고,

약간 다르게 사용되기도 하는 용어다. 미국식 영어에서는 카카오나무와 카카오콩을 카카오라고 부르며, 분말과 따뜻한 초콜릿 음료는 코코아라고 한다. 반면 영국식 영어에서는 카카오라는 말을 쓰지 않으며, 코코아가 카카오를 뜻한다. 이외 가공 처리한 것은 모두 초콜릿이라고 부른다.

독일의 식물화가 루이스 판후이스가 그린 카카오나무와 열매

카카오나무

카카오나무는 라틴아메리카가 원산지로, 식물학상 분류로는 테오브로마속 카카오종*Theobroma cacao*에 속한다. 3,000가지 이상의 다양한 품종이 있지만, 주로 세 개의 품종이 초콜릿용으로 재배되고 있다. 맛과 향이 가장 뛰어난 크리오요종과 수확량이 많고 재배하기 쉬운 포라스테로종, 이 두 가지를 접붙여 얻은 잡종인 트리니타리오종이 그것이다. 일반 소비자는 어떤 카카오로 초콜릿을 만들었는지에 무관심하지만, 초콜릿 애호가들은 카카오 품종에도 큰 관심을 보인다.

크리오요종Criollos은 중앙아메리카가 원산지로, 식민지 시대 이전부터 재배되었던 오리지널 종이다. 포라스테로종과 비교하면 열

카카오 품종별 재배 지역

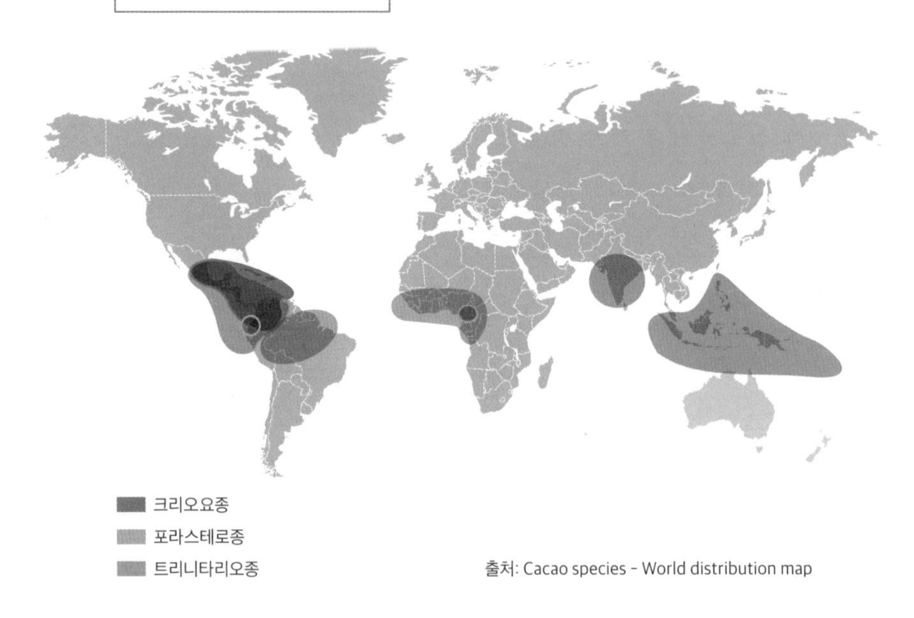

출처: Cacao species - World distribution map

매가 늦게 익고 수확량이 적을 뿐만 아니라 나무의 수명도 짧아 전 세계 카카오 생산량의 5퍼센트 정도만 차지한다. 주로 라틴아메리카의 베네수엘라, 콜롬비아, 과테말라, 에콰도르 그리고 인도네시아의 자바에서 생산된다. 카카오 생산량에서 차지하는 비중은 매우 낮지만, 좋은 향을 지닌 맛있는 초콜릿을 만드는 원료다.

포라스테로종Forasteros은 남아메리카의 아마존 지역이 원산지다. 열매의 성숙이 빠르고 수확량도 많으며 나무의 수명도 길기 때문에 세계 카카오 생산량의 85퍼센트 정도를 점유하고 있다. 현재 서아프리카와 아시아에서 주로 생산되는데, 포라스테로종 일색인 서아프리카에서 생산되는 카카오로 만든 초콜릿은 일반적으로 품질이 낮은 것으로 간주된다.

트리니타리오종Trinitarios은 1700년대 말에 카리브 해의 트리니다드 섬에서 재배되던 크리오요종과 아마존 유역에서 수입한 포라스테로종을 접붙여 만든 교잡종이다. 따라서 크리오요종의 좋은 향기와 포라스테로종의 강한 생명력을 어느 정도 가지고 있다. 주로 인도네시아, 스리랑카, 남아메리카, 카리브 해의 섬들에서 재배하고 있으며, 세계 카카오 생산량의 10퍼센트 정도를 담당하고 있다.

카카오 열매에서 카카오매스로

카카오 열매는 길이 20~25센티미터의 작은 럭비공 모양으로, 매끄러운 카카오나무 줄기에 주렁주렁 매달려 열린다. 열매가 익어갈수록 초록색에서 노란색, 붉은색, 주황색으로 변한다. 카카오나무에 주렁주렁 열린 카카오 열매가 익으면 사람들은 마체테라는 기다란 칼로 열매를 딴다.

잘 익은 카카오 열매의 껍질을 칼로 쪼개면 끈적거리는 흰색 과육에 싸여 있는 씨앗 예닐곱 개가 한 줄을 이뤄 다섯 줄씩 들어 있다. 흰색 과육은 달콤한 반면, 씨앗은 쓰고 떫다. 이 씨앗은 아몬드만 한 크기에 탁한 자주색을 띠는데, 보통 열매 하나에 30~40개 들어 있다. 이것을 카카오콩이라 하는데, 카카오 열매의 껍질을 깨뜨리고 흰색 과육에 싸여 있는 카카오콩을 꺼내는 것이 두 번째 작업이다.

열매에서 빼낸 카카오콩은 발효 단계에 들어간다. 전통적으로는 바나나 잎 위에 카카오콩을 쌓고 그 위에 다시 바나나 잎을 덮어둔다. 아니면 구멍이 뚫린 나무상자에 카카오콩을 담고 바나나 잎으로 덮어두기도 한다. 이렇게 두면 발효가 진행되면서 카카오콩을 둘러싸고 있던 흰색 과육이 흐물흐물 녹아 떨어지고 아몬드 알만 한 탁한 자주색의 카카오콩이 드러난다. 발효는 3일에서 10일 정도 걸린다. 발효하기 전의 카카오콩에서는 초콜릿 향이 전혀 나지 않지만, 발효를 거치고 나면 쓴맛과 떫은맛이 완화되면서 비로소 초콜릿의 특징적인 향이 생성된다.

발효가 끝나면 멍석이나 이동식 건조대에 카카오콩을 쭉 펴놓고 햇볕에 1주에서 2주 정도 말린다. 직접 불을 때서 말리기도 하지만, 이렇게 하면 카카오콩에 연기 냄새가 배어 품질이 나빠진다. 건조되는 동안 색이 진해지면서 향은 더 좋아지며, 무게는 반 이하로 줄어든다. 건조가 끝난 카카오콩은 포대에 담겨 초콜릿 공장이 있는 곳으로 수출된다.

초콜릿 공장에서는 보통 건조까지의 과정이 끝난 카카오콩을 사들여 그 카카오콩을 볶는데, 로스팅은 좋은 맛과 향을 지닌 초콜릿을 만들기 위해 매우 중요한 과정이다. 커피 생두를 로스팅하여 향미가 그윽한 원두로 만드는 것과 비슷하다. 어떤 초콜릿을 만

카카오 열매 속의 카카오콩

들 것인가에 따라 로스팅하는 온도와 시간은 다양하다. 로스팅 전의 카카오콩에는 쓴맛과 신맛이 남아 있지만 로스팅한 카카오콩은 떫은맛과 신맛이 사라지고 향도 좋아진다.

로스팅한 후 카카오콩의 겉껍질을 깨끗이 제거하고 곱게 빻는다. 이 상태의 카카오콩을 카카오닙스cacao nibs라 한다. 카카오콩에는 지방 성분이 50퍼센트 정도 들어 있는데, 이를 카카오버터라 한다. 카카오닙스에 열을 가하면 카카오버터가 녹으면서 걸쭉한 반죽이 된다. 이 반죽을 카카오매스cacao mass(또는 초콜릿 원액)라고 부르는데, 이 카카오매스가 실질적으로 초콜릿의 기본 재료다. 커피와 마찬가지로, 초콜릿 제조 전문가들은 각 산지의 다양한 카카오

카카오에서 초콜릿으로

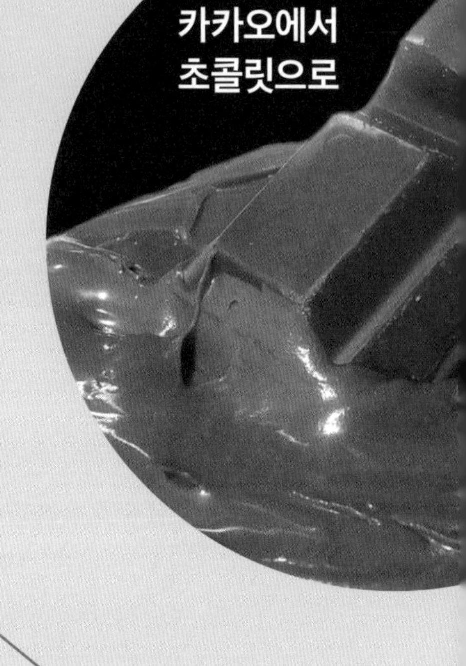

카카오나무에 열린 카카오 열매
유럽인들은 처음에 매끈한 카카오나무 줄기에
카카오 열매가 대롱대롱 매달려 있는
모습을 보고는 매우 놀랐다고 한다.

카카오 열매의 흰색 과육 속에 있는 카카오콩
카카오 열매의 껍질을 작은 칼로
쪼개서 열고 그 안의 흰색 과육에 둘러싸인
카카오콩을 추출한다.

열매 속의 카카오콩을 꺼내 발효시킨다.
발효된 카카오콩에서 드디어
초콜릿 특유의 향이 나기 시작한다.

카카오버터와 코코아 분말

카카오버터는 카카오콩을 곱게 간 반죽(카카오매스)을 압착해서 뽑아낸다. 카카오콩에는 대략 50퍼센트의 지방이 들어 있는데, 반죽을 압착하면 이 중 3분의 2 정도 되는 카카오버터를 추출할 수 있다. 이렇게 해서 얻은 카카오버터는 연한 미색을 띤 흰색이다. 카카오버터는 초콜릿을 입에 넣었을 때 부드럽게 녹는 맛을 느끼게 해준다.

카카오버터를 추출하고 남은 찌꺼기를 곱게 가루 내면 코코아 분말이 된다. 코코아 분말을 만들 때 종종 알칼리 처리를 하기도 하는데, 알칼리 처리를 하면 색이 더 진해지며 물에 잘 녹게 된다. 색이 진하기 때문에 맛도 더 쓰다고 생각하기 쉽지만 맛은 오히려 부드러워진다. 코코아 분말을 물이나 우유에 타 음료로 마시기도 하지만, 케이크나 과자, 아이스크림 등을 만들 때에도 사용된다.

카카오닙스

카카오닙스는 카카오매스를 만들기 전 단계로, 로스팅한 카카오콩의 껍질을 제거한 다음 빻은 것이다. 카카오닙스를 가루 형태로 섭취하기도 한다. 로스팅 정도에 따라 카카오닙스의 맛과 향은 달라진다. 카카오 특유의 단 향도 있지만, 초콜릿처럼 달지는 않으며 약간의 쓴맛도 포함된 것이 특징이다.

발효가 끝난 카카오콩은 이동식 건조대에서 햇볕에 말린다. 건조를 마친 카카오콩은 포대에 담겨 로스팅 공장으로 보내진다.

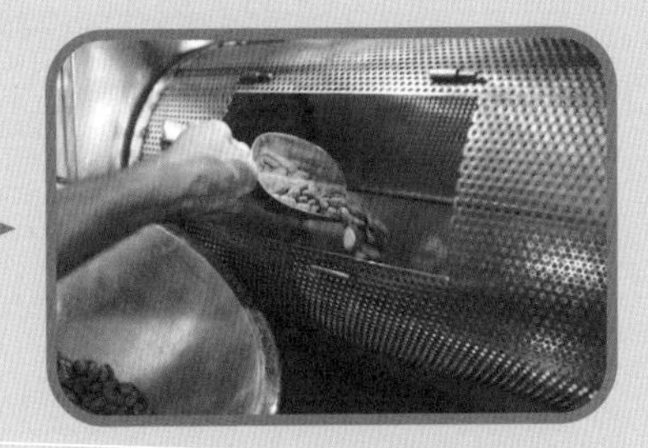

로스팅한 카카오콩

건조가 끝난 카카오콩을 로스팅하면 초콜릿과 같은 향과 맛을 낸다.

콩을 적당한 비율로 섞어 원하는 맛과 향을 얻는다. 이렇게 얻은 카카오매스에 카카오버터를 추가하고, 여기에 설탕, 바닐라 같은 향신료, 유화제로 작용하는 레시틴 등 첨가제를 넣어 초콜릿을 만든다.

대부분의 초콜릿 제조업체는 카카오콩을 로스팅하고 빻아서 카카오매스를 생산하는 일만 전문적으로 하는 카카오 분쇄업체들로부터 카카오매스를 구입해 카카오 덩어리와 카카오버터를 분리하여 초콜릿으로 가공한다. 특히 네덜란드가 카카오 분쇄업으로 유명한 나라다. 네덜란드에서는 카카오가 전혀 나지 않지만 카카오콩을 빻아 수출하는 단순한 사업으로 엄청난 돈을 벌어들이고 있다.

카카오 플랜테이션과 초콜릿 생산과 소비의 지리

카카오 벨트와 카카오의 재배 조건

앞서 보았듯이, 카카오나무의 원산지는 라틴아메리카의 열대 기후 지역이다. 약 3,000여 년 전 아메리카 대륙 최초의 문명을 이룬 올메크족이 처음으로 카카오 열매를 수확했을 때, 카카오는 멕시코 남부와 중앙아메리카의 고온다습한 열대우림 지역에서만 자랐다. 이곳에서 카카오는 주로 음료수나 약을 만드는 데 쓰였다. 당시 카카오는 화폐로 이용되기도 할 만큼 귀한 열매로, '신의 음식'으로 일컬어졌다. 올메크족에 이어 마야족 사이에서도 초콜릿을 마신 흔적이 발견되었다. 마야족은 여러 세기에 걸쳐 지금의 벨리즈, 온두라스, 과테말라와 멕시코의 유카탄 반도에 해당하는 땅을 차지했다. 이 비옥하고 습기 많은 땅에서 최고의 카카오 품종인 크리오요종이 자랐다.

서기 600~900년 멕시코에서 과테말라에 이르는 중부 마야 지역에서 사용된 초콜릿 항아리. 당시에는 카카오콩을 카카오매스처럼 만들어 물에 타 음료로 마셨다.

카카오는 적도에서 남북 위도 20도 이내, 그리고 해발고도 300미터 이하의 저지대에서만 재배된다. 아라비카 커피가 같은 위도대의 고도가 높은 곳에서 자라는 것과 반대다. 이런 기후가 카카오 재배에 완벽하기에, 이런 기후를 가진 지역을 '카카오 벨트cacao belt'라고 부른다. 다른 많은 기호작물과 마찬가지로, 초콜릿을 소비하는 대부분의 나라에서는 카카오나무가 자라지 못한다.

카카오 재배에 적정한 기후 조건은 연평균 기온 24~28℃, 연강수량 2,000밀리미터로, 고온다우 지역의 무풍지대다. 카카오가 낙

카카오 벨트. 카카오나무는 적도 부근의
열대우림 지역에서 주로 재배된다.

하하기 쉬운 강풍지대는 부적합하다. 또한 카카오나무는 땅에 습기가 많고 햇빛이 들지 않는 그늘진 곳에서 잘 자란다. 그늘은 카카오가 성장하는 데 매우 중요한 요소로, 카카오의 원산지인 아마존 열대우림은 카카오나무가 잘 자랄 수 있는 자연적인 그늘을 제공해준다.

카카오나무는 상록수로 나무 높이는 4~10미터에 달하며, 적어도 1.5미터 깊이의 많은 영양분을 가진 토양을 요구한다. 강수량이 월 100밀리미터 미만인 건조한 시기가 3개월을 넘지 않아야 한다. 그렇지 않으면 카카오나무가 생존하는 데 극도로 위험할 수 있다.

잎이 무성한 바나나 등을 방풍과 햇빛 가림용으로 주위에 심어 카카오나무를 보호하기도 한다.

카카오 플랜테이션: 라틴아메리카에서 서아프리카로

1492년 콜럼버스가 아메리카에 도착한 이후 카카오는 수많은 유럽인의 탐닉 대상이 되었다. 물론 카카오 열매 자체를 먹는 것도 아니었고, 지금처럼 고형 초콜릿으로 만들어 먹는 것도 아니었다. 당시 초콜릿은 과자가 아니라 음료로서 (아메리카 원주민이 즐기던 방식대로) 전해졌다. 이국적인 초콜릿 음료는 에스파냐 왕실에 소개되었고, 이후 유럽의 여러 왕실로 퍼졌다. 그러나 당시 초콜릿은 오랫동안 왕족과 귀족만의 기호식품으로 소비되었다. 그러다 유럽에서 초콜릿의 수요는 점차 증가했다. 16세기 중엽부터 초콜릿 열풍이 유럽을 강타하면서 카카오 수요는 매우 커졌다. 달리 말하면, 카카오 재배로 떼돈을 벌 수 있는 기회가 온 것이었다.

17세기 들어 카카오는 처음으로 상품작물로 재배되었는데, 브라질의 북동부 대서양 해안 지역인 바이아Bahía에서였다. 당시 포르투갈의 식민지였던 브라질에서는 아직 플랜테이션 농장이 형성되지 않았다. 유럽에서 카카오 수요가 증가함에 따라 카카오 농장을 확장할 필요가 있었지만 그러기에는 노동력이 부족했다. 당시 카리브 해를 비롯한 라틴아메리카의 원주민 인구는 질병과 착취로 기하급수적으로 줄어들었고, 지형을 잘 아는 원주민들은 더 깊

초콜릿을 들고 가는 소녀.
1744년경 장에티엔 리오타르Jean-Étienne Liotard의 그림. 이때까지도 '초콜릿'은 카카오매스에 뜨거운 물이나 우유를 부어 녹여 마시는 '음료'였다.

은 열대림으로 숨어들었기 때문이다.

당시 라틴아메리카를 식민 지배했던 포르투갈과 에스파냐 사람들은 처음에는 그 지역의 원주민들을 노예로 삼아 카카오 재배를 시작했다. 그러다 점차 아프리카에서 흑인 노예들을 끌어와 노동력으로 활용했다. 아메리카로 강제로 끌려온 노예들은 사탕수수 농장뿐 아니라 카카오 농장에서도 강제노동에 시달렸다. 17~18세기에 유럽인이 마신 초콜릿은 대부분 흑인 노예들의 강제노동으로 얻은 것이었다. 자연이 준 신의 음료라 불리던 카카오가 가난한 식민지 노예들의 희생을 통해 부유한 유럽 사람들이 마시는 악마의 음료로 탈바꿈한 것이다. 사탕수수와 마찬가지로, 카카오 플랜테이션 역시 끔찍한 삼각무역에 의존했다.

카카오 수요가 늘어나자 카카오 재배지도 확대되었다. 유럽에서 계속 커진 초콜릿 수요는 남아메리카의 베네수엘라, 에콰도르, 브라질, 중앙아메리카의 과테말라, 멕시코 등을 넘어 카리브 해의 자메이카와 서인도 제도에도 새로운 카카오 농장이 생겨나게 만들었다.

18세기 중반 이후 카카오나무에 병충해가 발생하는 등 라틴아메리카의 카카오 플랜테이션은 급증하는 초콜릿 수요를 감당하지 못했다. 게다가 당시 카카오 농장의 끔찍한 노동조건이 대중의 관심을 받기 시작했기 때문에 초콜릿 기업들은 다른 지역을 물색하기 시작했다. 그 결과 선택된 곳이 서아프리카와 동남아시아였다.

차 회사인 마자와티Mazawatee가 카카오와 초콜릿 수입을 개시하며 게재한 광고

유럽인들은 카카오나무를 서아프리카와 동남아시아의 열대 지역 이곳저곳으로 옮겨 심었다. 카카오는 열대우림의 저지대 어디에서든 자랄 수 있기 때문이었다. 더 이상 라틴아메리카로 노예들을 불러들일 수 없게 되자 카카오를 노예들의 고향인 아프리카로 가져간 셈이다.

1824년, 포르투갈은 브라질에서 가져온 포라스테로종 카카오나무를 아프리카 중서부 기니 만에 있는 상투메프린시페 섬에 이식했는데, 19세기 말까지 카카오는 이 섬의 주요 수출품 가운데 하나였다. 1879년에는 대규모 카카오 플랜테이션이 서아프리카 가나에 조성되기 시작했으며, 이어 1905년에는 코트디부아르와 카메룬까지 확대되었다. 한편 카카오는 유럽 제국의 식민지가 있는 동남아시아에도 이식되었다. 영국은 실론(스리랑카)에, 에스파냐는 필리핀에 포라스테로종 묘목을 심었다. 그리고 네덜란드는 말레이 제도의 자바와 수마트라에 크리오요종 카카오나무를 이식했다.

아프리카에서 가장 먼저 대규모 카카오 플랜테이션이 조성된 가나는 1910년대 초반 카카오를 세계에게 가장 많이 생산하는 국가가 되었다. 그러나 토양의 산성화, 병충해, 기름야자 플랜테이션으로의 전환 등으로 인해 1980년대 이후 가나의 카카오 생산량은 점차 감소했다. 한편 1975년 한국의 한 제과 회사가 '가나 초콜릿'이라는 상표를 단 판형 초콜릿 제품을 판매하기 시작했는데, 이것은 한국인에게 가나 하면 초콜릿, 초콜릿 하면 가나가 각인되는 계기가 되었다.

코트디부아르는 세네갈과 함께 프랑스의 아프리카 진출에서 교두보 역할을 한 지역이다. 코트디부아르는 프랑스어로 '상아 해안'이라는 뜻으로(영어로는 '아이보리코스트Ivory Coast'다), 15세기 후반 상아 거래의 중심지였기 때문에 붙은 지명이다. 코트디부아르는 과거 서구인에게 노예 공급처 역할을 하면서 상아도 착취당했던 아픔을 간직한 나라다. 그러나 오늘날 지구상에서 소비되는 카카오의 거의 38퍼센트를 생산하며, 전 세계 카카오 수출량의 약 40퍼센트를 차지하는 세계 최대의 카카오 생산국이다. 코트디부아르

주변의 가나, 나이지리아, 카메룬까지 포함하면 이들 4개 국이 공급하는 카카오가 전 세계 카카오 수출량의 3분의 2를 차지할 정도다.

코트디부아르는 카카오 시장에 조금 늦게 진출했지만, 1977년에 30만 톤을 생산하며 가나를 앞질렀다. 코트디부아르는 프랑스에서 독립한 후 카카오 생산량을 단기간에 30만 톤에서 130만 톤으로 늘렸고, 세계 최고의 카카오 생산 국가로 변모했다. 이 나라의 노동자 절반 정도가 카카오 재배에 종사하고 있으며, 카카오와 커피가 코트디부아르 총 수출량의 40퍼센트를 차지한다(2019년 기준). 그리하여 국가경제는 물론이고 심지어는 정치 상황까지 세계 카카오 가격 변동에 큰 영향을 받고 있다.

오늘날 전 세계에서 생산되는 카카오의 65퍼센트 정도가 아프리카산으로, 초콜릿의 본고장인 라틴아메리카를 추월한 지 이미 오래다. 또한 아프리카에는 주로 생명력이 강한 포라스테로종이 전해졌기 때문에 세계 카카오 생산량의 80퍼센트를 포라스테로종이 차지하고 있다. 안타까운 일이지만, 맛이 좋은 크리오요종은 점차 재배량이 감소하고 있다.

1970년대 중반 초콜릿 수요가 급증하자 카카오 가격은 사상 최고로 치솟았다. 그러자 동남아시아의 여러 나라에서 카카오 재배 규모를 확대했다. 인도네시아와 말레이시아는 수천 헥타르의 밀림을 밀어버리고 카카오 농장을 세웠다. 이곳에서도 품질은 별로 좋지 않지만 생산량이 많고 생명력이 강한 포라스테로종을 심었다. 7년 후 이곳에서 카카오가 생산되기 시작하자 전 세계의 카카오 생산량은 급증하기 시작했다.

1970년에 전 세계 카카오 생산량은 150만 톤이었으나 1985년에는 200만 톤으로 증가했고 2000년에는 300만 톤을 넘어섰다. 결국 카카오 가격이 곤두박질치기 시작했다. 2000년에 카카오 1톤은 540파운드에 거래되었는데, 이것은 25년 전 가격의 5분의 1에도 미치지 않는다. 전체적인 카카오의 품질 역시 하락했다. 크리오요종과 트리니타리오종의 생산량은 감소한 반면, 동남아시아에서 재배한 포라스테로종 카카오가 시장으로 쏟아져 들어왔기 때문이다.

카카오 가격이 하락하자 말레이시아는 재빠르게 카카오나무를 모두 베어버리고 팜유를 생산하는 기름야자나무를 심었다(이에 관해서는 다음 장 '기름야자와 팜유' 참고). 반면 그 이후로도 계속 카카오나무를 재배한 인도네시아의 생산량은 놀라운 성장률을 보여 10년마다 열 배씩 증가했다. 앞에서도 얘기했듯이, 자바에서는 네덜란드 동인도회사에 의해 이식된 크리오요종이 재배되고 있었기 때문에, 인도네시아산 카카오콩은 세계 시장에서 좋은 가격으로 거래된다.

이와 같은 카카오 재배 조건과 카카오 플랜테이션의 역사를 반영하면서, 오늘날 카카오는 주로 서아프리카와 라틴아메리카의 일

카카오와 코트디부아르

프랑스 식민지였던 코트디부아르는 1960년 독립 이후 내전으로 점철된 근대사를 가졌다. 코트디부아르의 건국자이며, 독재자였지만 국민에게 호의적인 정책을 편 펠릭스 우푸에부아니Félix Houphouët-Boigny는 프랑스 식민지에서 갓 독립한 코트디부아르를 서아프리카의 성장 엔진으로 탈바꿈시키려 했다. 코트디부아르가 아프리카 대륙에서 가장 부유하고 안정적인 국가였던 시절도 있었는데, 세계에 카카오를 공급한 것이 큰 역할을 했다.

코트디부아르가 세계적인 카카오 생산지가 된 것은 1970년대 후반으로, 이때부터 코트디부아르는 사하라 사막 이남 아프리카에서 가장 강력한 경제국가로 떠올랐다. 코트디부아르산 카카오로 만든 초콜릿을 좋아하는 세계인의 입맛이 그 원동력이었다. 이 나라에서 세계 카카오의 38퍼센트와 미국산 초콜릿에 들어가는 카카오의 53퍼센트가 생산된다.

우푸에부아니가 추진한 대규모 사업들은 카카오 가격이 높고 코트디부아르가 아프리카의 기적이라는 찬사를 듣던 1980년대까지는 잘 굴러갔다. 그러나 동남아시아 등지에서 카카오를 생산함으로써 카카오 가격이 폭락하자 코트디부아르 경제도 추락했다. 뿐만 아니라 카카오 농장을 둘러싸고 분쟁이 이어졌다. 군대와 준군사조직들이 코트디부아르의 막대한 부가 달린 카카오 농업 지배권을 놓고 싸움을 벌인 것이다. 카카오를 생산하는 사람들은 지속적인 위협을 받고 있다. 결국 한때 천국이던 코트디부아르는 이제는 나락으로 떨어져버렸다.

한편, 코트디부아르에서는 기독교 세력인 남부와 이슬람 세력인 북부 간의 지역 갈등이 심각하다. 2002년 정부를 장악한 남부 세력이 카카오 수출 이

득을 부당하게 가져간다며 북부 세력이 쿠데타를 시도했다. 이 쿠데타가 실패한 뒤 5년간 내전이 이어지며 수만 명이 희생되었다. 이때 카카오 판매대금이 양측의 전쟁 자금으로 쓰이면서 '피의 초콜릿'이라는 말까지 생겨났다.

코트디부아르는 세계에서 가장 부채가 많은 국가 중 하나로 전락하여 세계은행과 국제통화기금에 구제금융을 요청했다. 하지만 국제 금융기관에서 채무 형식으로 도움을 받을 때는 반드시 뼈를 깎는 구조조정 프로그램SAP을 실행해야 한다.

부 지역에서 주로 재배되고 있다. 특히 서아프리카의 기니 만 연안과 열대 고원에 위치한 코트디부아르, 가나는 카카오를 세계에 공급하는 주요 공급처다.

열대우림을 파괴하는 카카오 플랜테이션

카카오나무는 성장이 매우 느려서 7년에서 10년은 자라야 최대 생산량을 낼 수 있다. 물이 많고 습한 곳을 좋아하기 때문에 열대우림의 그늘 아래에서 자랄 때 수확량이 많아진다. 대개 열대우림 지역에서 이루어지는 농업은 벌목을 통해 숲을 밀고 이루어진다. 그러나 카카오나무는 다른 나무의 그늘 아래서 잘 자라기 때문에 숲을 그대로 두고 경작할 수 있어 생물종 다양성을 헤치지 않는다. 그런데 전 세계의 초콜릿 수요를 충당하기 위해서는 어마어마한 양의 카카오가 필요하다. 이 때문에 오늘날 대부분의 카카오나무는 물이 없고 열대우림이 벌채된 땅에서 햇빛에 노출된 상태로 농약과 화학비료에 의존해 짧은 기간 동안 재배된다.

이와 같은 카카오 재배법으로 인해 아프리카의 열대우림이 심각하게 파괴되고 있다. 카카오 플랜테이션은 열대우림을 제거함으로써 이 지역에 자연적으로 살고 있는 다양한 생물들의 서식처를 파괴하고 있다. 또한 숲이 사라진 토양은 건조해지고 표토가 노출됨으로써 우기가 되면 다량의 영양분이 침출되어 토양 침식을 가중시키는 결과를 초래한다.

카카오 농업은 파괴적인 사이클을 반복한다. 플랜테이션을 만들기 위해 열대우림을 벌채함으로써 토양 침식을 가속화할 뿐만 아니라, 농민들은 플랜테이션에 빼앗긴 경작지 대신 농사지을 새로운 땅을 얻기 위해 열대우림을 더 많이 벌채하게 된다. 이 모든 과정은 카카오나무에게 스트레스를 주어 수확량을 떨어뜨린다. 농민들이 희망하는 것과 정반대의 결과가 초래되는 것이다.

열대우림 파괴 이후, 코트디부아르와 가나를 비롯한 카카오 생산 국가들의 삼림은 정부에 의해 보호되고 있다. 그러나 카카오나무를 심을 새로운 땅이 부족하기 때문에, 일부 농민은 이렇게 보호받는 삼림의 일부를 불법으로 벌채한다. 보호받는 삼림의 대략 50퍼센트가 불법적인 벌채의 영향을 받는 것으로 추정된다.

카카오나무는 그늘에서 재배하는 것이 환경적으로 더 지속가능할 뿐 아니라 농민들에게 더 많은 수확을 제공하여 자급자족을 가능하게 한다. 그늘 재배 방식을 취함으로써 카카오 농민들은 그늘나무 작물로부터 부수적인 수입을 얻을 수도 있다. 이 수입은 카카오의 수확량이 적을 경우 또는 국제 카카오콩 가격이 급락할 경우 농민들의 예비 수입원이 된다. 게다가 그늘 재배 방식은 농민이 숲을 벌채할 필요를 없애준다. 열대우림을 구하고, 농민들에게 다양한 수확을 보장하는 '오래된 미래'인 것이다.

초콜릿의 상품사슬을 통해 본 슬픈 아프리카

카카오와 초콜릿 생산과 소비의 지리

카카오의 주요 생산과 수출 그리고 수입 지역

2018년 기준, 세계 카카오 생산량은 약 552만 톤이며, 카카오를 가장 많이 생산하는 지역은 아프리카 중서부다. 앞서 보았듯이, 아프리카가 세계 제일의 카카오 생산지가 된 것은 그리 오래된 일은 아니다. 아프리카에서 카카오가 재배된 것은 19세기에 라틴아메리카로부터 묘목이 도입된 이후다. 100여 년 전까지만 해도 전 세계 카카오의 80퍼센트가 라틴아메리카에서 생산되었고, 그중 에콰도르가 제일의 생산지였다. 그러나 1996년에 아프리카가 전 세계 카카오 생산량의 65퍼센트를 차지하며 그 판도가 바뀌었다. 2018년 기준, 세계 총 생산량 중 아프리카 68.6퍼센트, 중앙아메리카와 남아메리카를 합쳐 16.2퍼센트, 아시아 14.5퍼센트의 비중을 차지하고 있다. 일부 플랜테이션을 제외하면, 카카오는 전형적으로 작은 농장에서 재배된다. 그곳에서 카카오는 농민들의 주요 수입원이다.

서아프리카에서도 코트디부아르가 전 세계 카카오 생산량의 3분의 1을 차지하는 세계 제일의 카카오 생산국이며(2018년 기준 38.3퍼센트), 마찬가지로 서아프리카 국가인 가나(16.4퍼센트), 아시아의 인도네시아(13.9퍼센트)가 그 뒤를 잇고 있다. 이들 세 국가가 전 세계 카카오 생산의 약 70퍼센트를 차지한다. 카카오 생산으로 잘 알려진 또 다른 국가들은 나이지리아(6.2퍼센트), 카메룬(4.5퍼센트), 브라질(4.3퍼센트), 에콰도르(4.3퍼센트)다. 에콰도르와 베네수엘라는 양적으로는 카카오 생산지로서 주목받지 못하지만, 맛 좋은 크리오요종을 재배해 고급 초콜릿 생산에서 차지하는 중요도는 크다.

카카오 수출량 또한 코트디부아르가 가장 많은데, 생산량 2위와 3위를 차지하는 가나와 인도네시아의 수출량을 합친 것보다 많다. 코트디부아르에 이어 나이지리아, 인도네시아, 네덜란드가 카카오 수출량 상위권을 차지하고 있다. 카카오가 생산되지 않는 네덜란드가 카카오 수출 상위국(5위)을 차지한다는 것이 흥미로운데, 네덜란드는 카카오콩을 중개무역하는 양도 많을 뿐 아니라 그것을 가공해 반완제품으로 만들어 파는 기업이 많다. 이들은 수입한 카카오콩 대부분을 카카오매스나 카카오버터, 코코아 분말 등으로 가공해 외국의 제과업체로 수출한다.

따라서, 카카오를 가장 많이 수입하는 국가는 카카오 가공업이 발달한 네덜란드(23.7퍼센트)이며 미국과 독일, 말레이시아 그리고 초콜릿으로 유명한 벨기에가 그 뒤를 잇는다. 대개 선진국으로, 초콜릿 제조업이 발달한 나라들이다. 다른 플랜테이션 작물과 마찬가지로 주요 카카오 생산 국가들은 가난한 개발도상국이고, 이를

카카오콩 생산량 상위 10개 국(2018, 단위 톤)

세계 총량 5,515,890톤

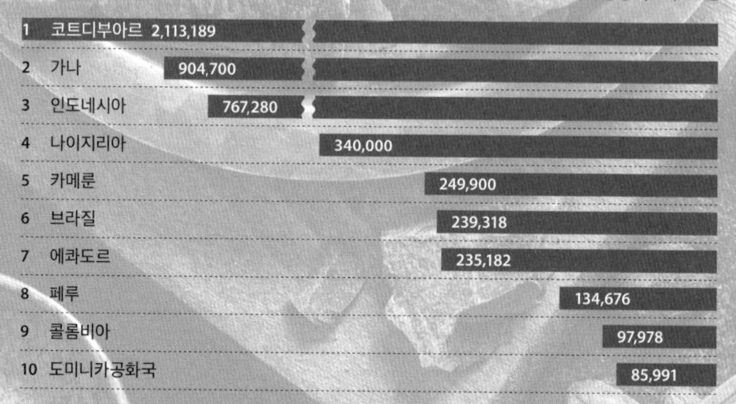

카카오콩 수출 상위 10개 국(2018, 단위 톤)

순위	국가	수출량
1	코트디부아르	1,525,594
2	가나	843,641
3	나이지리아	294,661
4	에콰도르	294,063
5	네덜란드	237,808
6	카메룬	218,792
7	벨기에	189,197
8	말레이시아	155,572
9	도미니카공화국	73,890
10	페루	61,970

카카오버터 수출 상위 10개 국(2018, 단위 톤)

순위	국가	수출량
1	네덜란드	260,641
2	인도네시아	155,025
3	말레이시아	89,242
4	코트디부아르	86,964
5	독일	82,467
6	프랑스	76,370
7	가나	62,227
8	싱가포르	26,228
9	미국	22,320
10	브라질	21,435

카카오매스 수출 상위 10개 국(2018, 단위 톤)

순위	국가	수출량
1	코트디부아르	194,651
2	네덜란드	147,893
3	독일	84,557
4	가나	46,439
5	프랑스	36,068
6	말레이시아	31,840
7	벨기에	24,431
8	인도네시아	18,390
9	스위스	15,760
10	미국	15,477

코코아 분말 수출 상위 10개 국(2018, 단위 톤)

순위	국가	수출량
1	네덜란드	297,419
2	인도네시아	154,944
3	말레이시아	152,159
4	가나	136,736
5	독일	124,446
6	에스파냐	82,990
7	싱가포르	48,748
8	프랑스	46,934
9	미국	29,885
10	코트디부아르	28,470

네덜란드의 카카오 가공단계별 수출입(2018, 단위 톤)

1,157,150
237,808
카카오콩

94,243
260,641
카카오버터

120,019
147,893
카카오매스

88,545
297,419
코코아 분말

285,489
430,158
초콜릿

수입량
수출량

이용하는 초콜릿 생산 국가들은 부유한 선진국이다.

한편, 카카오 가격은 공급과 수요의 원리에 따라 런던과 뉴욕의 증권거래소에서 정해진다. 아프리카와 동남아시아에서 생산되는 카카오는 런던 증권거래소에서, 아메리카에서 생산되는 카카오는 뉴욕 증권거래소에서 가격이 결정된다. 카카오의 가격은 산지에 따라서도 차이가 난다. 바로 품종 때문인데, 포라스테로종인 코트디부아르산 카카오콩 가격은 기준가격에서 좀 떨어지며, 크리오요종인 에콰도르산 카카오콩에는 프리미엄이 붙는다.

카카오와 초콜릿의 주요 소비 지역

앞서 살펴보았듯이, 세계 카카오의 대부분은 아프리카와 동남아시아, 중앙아메리카에서 생산된다. 그러나 카카오의 주요 생산국이 주요 소비국은 아니다. 사실 카카오 생산국은 대부분 이를 수출하기에 카카오 및 초콜릿 소비량은 매우 적다. 아프리카는 세계 카카오 소비량의 단지 3~5퍼센트만을 차지할 뿐이다.

세계에서 생산된 초콜릿의 대부분은 스위스를 비롯한 유럽 국가들에서 소비된다. 유럽 국가들은 전 세계 초콜릿 생산량의 절반을 소비하고 있다. 다른 지역은 유럽만큼 초콜릿을 소비하지는 않지만, 미국은 2018년에 세계 초콜릿 소비의 23.3퍼센트, 일본과 중국은 8.5퍼센트를 차지했다. 전 세계 초콜릿 생산량의 70퍼센트 정도가 미국과 유럽에서 소비되고 있는데, 이곳의 인구가 세계 인구

최고급 프랄린 초콜릿의 이름, 고디바

프랄린praline은 견과류와 크림, 술, 버터, 초콜릿 등으로 속을 채우고 플레인 초콜릿으로 얇게 셸shell(껍질)을 씌운 한입 크기의 초콜릿을 가리킨다. 최고급 시장을 겨냥해 만든 이 사치스럽고 고급스러운 초콜릿으로 유명한 회사가 1926년 브뤼셀에서 설립된 '고디바'다. 고디바는 명품 초콜릿의 대명사로, 입안에서 살살 녹는 부드러운 맛과 비싼 가격으로 유명하다.

고디바는 1926년 초콜릿 장인인 조제프 드랍스Joseph Draps가 벨기에 수도 브뤼셀의 그랑플라스 광장 한 귀퉁이에 상점을 열면서 시작되었다. 고디바Godiva라는 이름은 11세기 영국 코번트리 지방을 다스리던 영주의 아내 이름에서 따온 것이다. 고디바는 시민들에게 부과하는 세금이 과중한 것을 안타깝게 여겨 남편에게 세금을 감해줄 것을 요구했지만, 영주는 고디바에게 벌거벗은 몸으로 말을 타고 마을을 한 바퀴 돌면 그렇게 하겠노라고 대답했다. 용감한 고디바는 벌거벗은 채 말을 타고 거리에 나섰고, 마을 사람들은 그녀를 존중해 창에 커튼을 내리고 밖을 내다보지 않았다고 한다. 결국 고디바는 시민들의 세금을 줄이는 데 성공했다.

고디바 사는 말을 타고 있는 레이디 고디바의 모습을 로고로 삼고, 가장 맛있고 아름다운 초콜릿을 생산하는 것을 목표로 최상의 재료로 초콜릿을 만들어낸다고 자부한다. 아름다운 상자에 포장된 고디바의 고급 초콜릿은 전 세계에서 판매되는데, 심지어는 더운 기후와 비싼 가격, 냉장 시설 미비, 유통 네트워크의 취약 등으로 초콜릿을 거의 먹지 않는 중동에서도 팔리고 있다.

고디바 로고와 프랄린. '고디바'는 영국에 전해 내려오는 이야기 속 레이디 고디바에서 유래한 이름으로, 말을 타고 있는 레이디 고디바의 모습을 브랜드 이미지로 활용하고 있다.

초콜릿은 벨기에의 국가 산업이다. 벨기에는 국가 차원에서 'AMBAO' 라벨을 만들어 100퍼센트 카카오버터만을 사용해 만든 초콜릿을 보증하고 있다. 이러한 벨기에의 조치는 당시 유럽연합이 초콜릿에 최고 5퍼센트까지 카카오버터 외 다른 식물성 기름을 첨가할 수 있도록 허용한 것에 대한 대응 조치였다.

의 20퍼센트 정도임을 생각하면 어지간히도 초콜릿을 많이 먹는 셈이다. 이런 소비량은 초콜릿이 북아메리카와 아시아 문화보다 유럽의 문화와 훨씬 더 관련이 깊다는 것을 보여준다.

시장 규모와는 무관하게, 초콜릿을 가장 사랑하는 나라는 스위스다. 2022년 통계에 의하면, 국민 1인당 10킬로그램의 초콜릿을

카카오콩 수입 상위 10개 국(2018, 단위 톤)

순위	국가	수입량
1	네덜란드	1,157,150
2	독일	469,618
3	미국	415,272
4	말레이시아	345,489
5	인도네시아	239,377
6	벨기에	233,636
7	프랑스	155,910
8	영국	113,525
9	캐나다	100,442
10	에스파냐	99,990

카카오버터 수입 상위 10개 국(2018, 단위 톤)

순위	국가	수입량
1	독일	151,175
2	미국	109,143
3	벨기에	103,143
4	네덜란드	94,243
5	프랑스	75,186
6	영국	52,596
7	러시아	37,469
8	폴란드	36,985
9	이탈리아	32,288
10	스위스	29,016

카카오매스 수입 상위 10개 국(2018, 단위 톤)

순위	국가	수입량
1	네덜란드	120,019
2	프랑스	86,061
3	벨기에	84,120
4	독일	63,112
5	폴란드	49,996
6	러시아	45,838
7	미국	35,068
8	이탈리아	29,026
9	캐나다	21,774
10	튀르키예	21,439

코코아 분말 수입 상위 10개 국(2018, 단위 톤)

순위	국가	수입량
1	미국	154,333
2	에스파냐	95,045
3	네덜란드	88,545
4	독일	75,763
5	러시아	57,926
6	중국	55,119
7	말레이시아	51,304
8	프랑스	45,213
9	이탈리아	38,626
10	브라질	34,960

1인당 연간 초콜릿 소비량 상위 10개 국(단위 kg)		
1	스위스	10.06
2	오스트리아	9.06
3	에스토니아	8.80
4	아일랜드	8.76
5	독일	8.12
6	영국	8.10
7	노르웨이	8.07
8	스웨덴	6.57
9	카자흐스탄	5.89
10	슬로바키아	5.70

출처: RationalStat, 2022

소비하고 있다(그러나 여기에는 스위스를 찾는 관광객들이 기념으로 사가는 초콜릿까지 포함되어 있다). 그 뒤를 오스트리아, 에스토니아, 아일랜드, 독일, 영국이 잇고 있는데, 국민 1인당 8~9킬로그램 이상을 소비하고 있다. 이처럼 유럽에서도 부유한 북서부 국가들의 초콜릿 소비량이 많다.

반면, 무더운 아프리카, 중동에서는 초콜릿 소비량이 매우 적다. 이는 더운 날씨 탓에 초콜릿이 녹아버린다는 기후적인 요인뿐만 아니라 비싼 가격과 미비한 유통망 때문이다. 제2차 세계대전 당시 미국 허쉬Hershey 사는 버터 대신 식물성 기름을 사용해 더운 날씨에도 녹지 않는 초콜릿을 만들어 동남아시아 전선의 미군 병사

미국 허쉬 사가 제2차 세계대전 참전 군인들에게 지급한
'열대 초콜릿tropical chocolate'

들에게 보급한 바 있으며, 2015년 스위스 초콜릿 회사 배리칼레보 Barry Callebaut가 섭씨 38도에서도 녹지 않는 초콜릿을 개발하기도 했다. 초콜릿업계가 녹지 않는 초콜릿에 목을 매는 건 선진국 초콜릿 시장의 포화에 대응해 동남아시아, 서남아시아, 아프리카와 같은 무더운 지역을 공략하기 위해서다.

카카오의 상품사슬을 통해 본 농민의 삶

초콜릿은 본질적으로 저임금 육체노동과 기계화된 제조 공정, 가난한 노동자와 세련된 소비자, 자원이 풍부한 적도 인접 국가와 경제력이 막강한 유럽 및 북아메리카 국가가 뚜렷한 대비를 이루는 근대의 산물이다. 카카오콩의 재배와 생산이 열대우림 기후 지역에 국한된 반면, 소비는 선진국을 비롯해 대륙 전역에서 이루어졌다.

그 이유는 카카오콩은 보관이 용이한 데다 개인이 텀플라인tumpline(끈을 이마에 거는 등짐)으로 운반하는 것이나 화물선으로 대량으로 원거리 이송하는 것 모두 가능했기 때문이다.

카카오는 부가가치 상품인 초콜릿의 원료일 뿐이고 그 자체의 가치는 높지 않다. 초콜릿은 거의 유럽과 미국에서 소비되지만, 전 세계 카카오 생산자 중 70퍼센트는 아프리카인이다. 또 이들 중 90퍼센트는 5헥타르 미만의 농장을 경작하는 소농이며, 그중 75퍼센트는 죽는 날까지 초콜릿은 구경조차 하지 못한다. 카카오 생산이 국가경제의 큰 부분을 차지하는 코트디부아르 같은 나라에서는 카카오 가격의 하락이 커다란 사회적 혼란을 야기한다. 또한 생산자 대부분이 소규모로 카카오를 재배하는 가난한 사람들이기 때문에, 생산자임에도 불구하고 카카오 가격을 결정하는 데 실질적인 힘을 전혀 행사할 수 없다. 때문에 세계 카카오 시장에서 형성되는 가격에 농민들의 생계가 좌우되곤 한다.

카카오 농민은 카카오나무 한 그루를 몇 년 동안 돌본다. 날마다 농장에 나가 해충, 무더위와 싸운다. 갖가지 위험을 무릅쓰고 힘들게 일하는데도 카카오/초콜릿의 상품사슬에 개입된 어느 누구보다도 이익을 적게 가져간다. 카카오 농민이 돈을 적게 받는 주요 원인은 두 가지다. 하나는 중개상이 대부분의 이익을 가져간다는 것이고, 또 하나는 정부가 카카오 수출에 세금을 많이 매긴다는 것이다.

전 세계 카카오의 3분의 2가 서아프리카 지역에서 생산되지만, 초콜릿은 네덜란드, 독일, 미국, 벨기에, 일본, 프랑스 등 선진국에서 만들어진다. 사실 초콜릿 하나를 팔 때 발생하는 이익 중 대부분의 몫은 카카오 생산에서 가공(로스팅, 분쇄 등), 유통 등 초콜릿 생산과 판매에 이르는 전 과정을 수직적으로 통합한 선진국의 소수 다국적 기업에 돌아간다. 스위스에 본사를 둔 세계 최대의 카카오 가공업체 배리칼레보, 미국의 거대 농식품업체인 카길과 ADM을 비롯해, 초콜릿 시장의 80퍼센트를 장악하고 있는 마스Mars, 크라프트 자콥 슈샤드, 허쉬 같은 미국 기업, 스위스의 네슬레, 영국의 캐드버리-슈웹스, 이탈리아의 페레로 같은 유럽 식품 기업이 대표적이다. 이들 다국적 기업은 카카오 재배 농민들이 식량 부족으로 어려움을 겪는 동안 식품 거래로 막대한 이윤을 남긴다. 반면, 카카오를 재배하는 농민들은 초콜릿 소매가의 6퍼센트밖에 받지 못한다. 소비자가 초콜릿 하나를 사며 1,000원을 지불할 때, 그 중 카카오 농민에게 돌아가는 돈은 60원에 불과한 것이다.

서아프리카의 카카오 생산국들은 아프리카에서도 가장 가난한 나라에 속하는데, 이들 국가에서는 식량을 생산할 농지마저 수출용 카카오 재배에 내주고 있다. 그로 인해 부족한 식량은 수입에 의존할 수밖에 없다. 뿐만 아니라 라틴아메리카에서 서아프리카로, 이어서 동남아시아로 카카오 농장이 확대되면서 생산량이 급증하자 카카오 가격은 점점 더 낮아져 농민이 가난의 굴레를 벗어

카카오 상품사슬

인도계 영국인 라즈 파텔Raj Patel은 《식량전쟁: 배부른 세계와 굶주리는 세계Stuffed and Starved》에서 전 세계 식품의 상품사슬을 모래시계에 비유했다. 맨 꼭대기의 생산자와 맨 아래의 소비자는 그 수가 많지만, 중간에서 유통을 담당하는 기업은 소수이기 때문이다. 그러나 대부분의 이윤은 중간에 위치한 소수의 기업들이 가져간다.

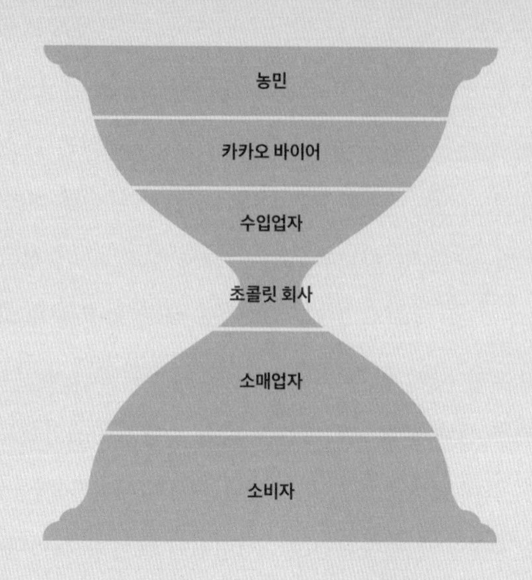

농민

- 7~10년 동안 카카오나무를 가꾸고 돌본다.
- 매우 덥고 습한 기후에서 카카오 열매를 수확한다.
- 카카오 열매에서 카카오콩을 빼낸다.
- 카카오콩을 발효시키고, 건조시킨다.
- 카카오콩을 포대에 담아 카카오 바이어들에게 판다.

카카오 바이어(무역·중개업자)

- 카카오콩 포대의 무게를 잰다.
- 농민에게 카카오콩에 대한 대가를 지불한다.
- 카카오콩을 항구로 운반한다.

수입·가공업자

- 제3세계의 생산국으로부터 선진국의 초콜릿 제조 공장으로 카카오콩을 운송한다.
- 카카오콩으로 카카오매스와 카카오버터를 만든다.

초콜릿 회사

- 카카오매스와 카카오버터를 구매한다.
- 다른 재료들(설탕, 바닐라, 레시틴)을 구매한다.
- 초콜릿을 만든다.
- 초콜릿 포장업자들에게 비용을 지불한다.
- 초콜릿 광고를 위해 비용을 지불한다.

소매업자

- 초콜릿 회사로부터 초콜릿을 구매한다.
- 초콜릿을 소비자에게 판매한다.

소비자

- 초콜릿을 구입해 소비한다.

초콜릿 공급 주체별 이익 배분

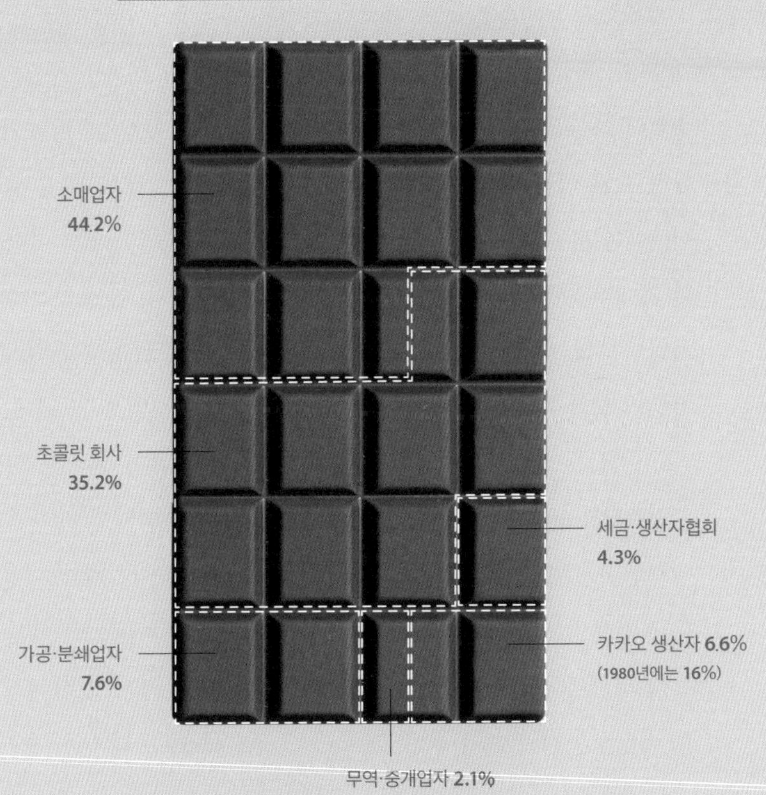

출처: 2015, Make Chocolate Fair, n.d.

나는 것은 불가능한 일이 되었다. 아이러니하게도, 세계에서 카카오를 가장 많이 생산하는 코트디부아르는 외채가 가장 많은 나라다. 카카오 수출로 벌어들이는 막대한 돈이 생산자가 아닌 정부의 부패한 소수 엘리트에게만 돌아가기 때문이다. 이렇게 흘러 들어간 돈은 불법 무기 거래, 부정축재 등에 쓰인다. 이는 부패한 권력 때문이기도 하지만, 선진국의 다국적 기업이 현지의 부패한 엘리트와 유착해 독점적인 지위를 유지하기 때문이기도 하다.

개발도상국은 선진국의 다국적 기업을 유치하기 위해 각종 규제 완화, 세금 인하 등 다양한 혜택을 제공한다. 그 대가로 기업은 수익에 따른 세금을 내야 하지만, 여러 가지 방법(계열사 간 내부 거래 등)으로 이를 회피한다. 자유무역으로 다국적 기업은 큰돈을 벌어들이지만, 마땅히 져야 할 책임은 외면한다. 다국적 기업이 세금만 제대로 납부해도 개발도상국은 스스로 성장할 수 있을 것이다. 개발도상국에게 진정으로 필요한 것은 선진국의 도움이 아니라 자신의 몫을 제대로 받는 것이다.

아프리카 어린이들의 노동으로 만든 초콜릿

식민지 시대의 초콜릿 생산은 서아프리카와 서인도 제도를 잇는 삼각무역을 통해 아프리카에서 강제로 끌려온 이들의 노예노동에 의존했다. 1960년대 이후 탈식민지 시대의 초콜릿 생산에서는 아동노동이 문제가 된다. 카카오는 재배 및 가공 과정이 매우 복잡해 어린이와 임신부, 노인들조차 농장에서 고된 노동을 해야 한다.

세계 인권 문제 해결을 위해 노력하는 국제앰네스티에 따르면, 약 30만 명이 넘는 어린이들이 서아프리카의 카카오 농장에서 일하고 있다. 카카오 농장에서의 아동노동이 발견된 나라는 가나, 기니, 나이지리아, 시에라리온, 카메룬, 코트디부아르 등이다. 특히 코트디부아르와 가나의 카카오 농장에서는 아동노동이 만연해 있다. 농촌 아동의 50퍼센트 이상이 학교에 가지 않고 일을 하고 있는데, 그중 25~50퍼센트가 카카오 농장에서 일한다. 코트디부아르에서는 음식도 제대로 먹지 못하고 노예와 같은 생활을 하는 아이들이 6,000여 명이나 된다. 코트디부아르는 세계 카카오의 38퍼센트 이상을 생산하지만, 이는 카카오 농장에서 일하는 수천 명의 아동노동에 의해 이루어지는 것이다.

서아프리카에서 인신매매는 드문 일이 아니다. 카카오 농장에서 일하는 어린이 대부분은 악덕상인들에 의해 농장에 팔려 왔다. 이 어린이들은 돈을 벌 수 있다는 말에 처음 만난 사람들에게 이끌려 가족과 집을 떠나 국경을 넘어 다른 국가로 팔려 가 자유를 침해받고 지독한 가난에 허덕인다. 이들은 채무노동에 시달리는 현대판 노예나 다름없다. 인신매매꾼들은 가난한 부모에게 약 15달러를 주고 어린이를 사서 카카오 농장에 판다. 코트디부아르, 가나, 나이지리아, 카메룬 등의 카카오 농장에서 위험한 일을

서아프리카에서 어린이 인신매매는 빈곤과 연계되어
널리 퍼져 있는 문제다. 말리, 베냉, 가봉, 토고, 나이지리아, 니제르,
부르키나파소 등의 어린이들이 국경을 넘어 코트디부아르와
가나의 카카오 농장으로 팔려 온다.
아이들은 열악한 환경에서 오랜 시간 강제노동에 시달린다.

하는 어린이의 대부분은 인근 부르키나파소, 말리, 베냉, 토고 등 전 세계에서 가장 가난한 나라에서 팔려 온 아이들이다. 부모는 아이가 일을 해서 집에 생활비를 보내줄 것이라 기대하고 아이를 판다. 그러나 아이는 노예나 다름없는 상황에서 일하게 된다.

인신매매를 당한 아이들이 카카오 농장에서 일하는 것은 엄연히 불법이다. 그렇지만 이 문제를 농장의 탓만으로 돌리기는 어렵다. 카카오 농장주가 아무리 열심히 일해도 생계유지조차 어려워 성인을 고용하지 못하는 상황이 어린이 인신매매의 근본적인 원인으로 작용하기 때문이다.

코트디부아르, 가나 등의 카카오 농장에서 어린이들은 노예처럼 일한다. 새벽 5시에 일어나 강에서 물을 길어 오고, 10미터가 넘는 카카오나무에 올라가 열매를 딴다. 마체테로 카카오 열매를 가르고 카카오콩을 빼낸다. 이들이 따는 400개의 카카오가 우리가 먹는 200그램의 초콜릿이 된다. 하루도 쉬지 않고 하루 열 시간 이상의 고된 노동을 강요당한다. 하지만 이들은 품삯은커녕 식사와 물도 충분히 제공받지 못한다. 열심히 일하지 않으면 앉았다 일어나는 것을 반복하는 벌을 받아야 한다. 식사는 하루에 두 번밖에 제공받지 못하며, 밤에는 딱딱한 침대에서 다른 아이들과 뒤엉켜 잠이 든다. 학교에 가는 것은 꿈도 꾸지 못한다.

2001년에 미국 하원의원 두 명이 아동노동 착취를 하지 않는다는 표시로 초콜릿에 '슬레이브-프리slave-free' 인증마크를 넣자는 법안을 발의했다. 소위 하킨-앵겔 법안Hakin-Engel Protocol으로, 카카오콩과 그것을 이용한 상품이 아동노동에 의존하지 않고 생산·가공되었다는 것을 인증하는 절차를 개발하고자 한 것이다. 2002년에는 '아동노동철폐국제계획IPEC'과 여러 나라의 정부 그리고 초콜릿 회사들이 힘을 모아 '국제카카오이니셔티브ICI'를 만들어 주로 서아프리카의 카카오 농장에서 벌어지는 아동노동을 철폐하기 위해 노력하고 있다.

선진국의 부유한 사람들이 소비하는 커피와 차, 초콜릿 등에는 가난한 생산국 노동자들의 눈물이 배어 있다. 밸런타인데이에 연인들이 사랑을 속삭이며 주고받는 초콜릿, 그 속에는 이처럼 아동노예노동의 피땀이 녹아 있다. 달콤한 초콜릿의 이면에 존재하는 그들의 눈물을 되새겨볼 일이다.

당신이 모르는 초콜릿의 진실
: 카카오버터 대신 식물성 유지

초콜릿은 카카오매스와 카카오버터 그리고 설탕 등 기타 혼합물을 섞어서 만든다. 그런데 모든 초콜릿이 이렇게 만들어지는 것은 아니다. 유럽과 달리, 한국에서 생산되는 초콜릿은 초콜릿이라고 말하기에 부끄러운 점이 있다. 국내 식품 규제에는 초콜릿 제품의 주원료인 카카오매스와 카카오버터에 대한 함량 기준이 없다. 이 때문에 해외 제품과 달리 저렴한 원료들을 대신 사용한 초콜릿이 다수 출시되고 있다. 국산 초콜릿은 카카오매스 대신 저렴한 카카오 프리퍼레이션Cacao Preparation(전지분유와 카카오매스의 혼합물)을, 카카오버터 대신 식물성 유지(팜유 등)를 주로 사용해 제조하고 있다.

식품의약품안전처에서 관리·운영하고 있는 '식품공전'(식품의 정의 및 기준, 규격 등을 정해놓은 것)에 따르면, 초콜릿류는 코코아 고형분이나 유고형분 함량에 따라 일곱 가지로 나누어진다. 하지만 이 규정에 카카오매스에 대한 기준은 없다. 카카오 고형분(카카오버터의 함량은 이 안에 포함)에 대한 기준만 명시하고 있다. 이 때문에 제조업체들은 카카오매스 함량을 낮추고 상대적으로 가격이 저렴한 카카오 프리퍼레이션을 사용하고 있다.

카카오버터도 마찬가지다. 국내 초콜릿 제품에는 다른 나라 제품에서 찾아볼 수 없는 팜유 등의 식물성 유지가 들어간다. 유럽(특히 벨기에)에서는 까다로운 규제를 적용해 식물성 유지를 사용하지 못하도록 막고 있지만, 국내에는 식물성 유지 사용에 관한 기준 자체가 없다. 카카오버터는 식물성 유지보다 가격이 5~10배 비싸기 때문에, 카카오버터를 사용하지 않으면 비용 절감 효과가 크다. 비싼 카카오버터 대신에 값싼 식물성 유지를 쓰면 원재료 값을 아낄 수 있기 때문이다. 카카오버터의 녹는점은 인간의 체온과 비슷하다. 따라서 카카오버터를 다량 함유하면 상온에서는 고체이지만 입안에서 살살 녹는 부드러운 초콜릿이 만들어진다. 하지만 식물성 유지는 팜유를 기본으로 여러 가지 유지를 섞어서 만들며, 녹는점이 높은 다른 유지들을 포함하고 있기 때문에 입안에서 녹는 시간이 오래 걸리고 개운하지 못한 끝맛을 남긴다.

초콜릿 성분 중 건강에 좋지 않은 것은 설탕과 지방이다. 설탕 함유량이 높은 저급 초콜릿을 즐겨 먹으면 충치, 비만, 여드름 같은 건강 문제가 발생할 수 있다. 그러나 카카오 본연의 쌉싸름한 맛을 살린 고급 초콜릿은 상대적으로 설탕 함량이 적다. 초콜릿의 지방 성분인 카카오버터는 흔히 '지방'이라는 말을 들었을 때 떠오르는 동물성 지방과 달리 산화방지제를 포함하고 있는 식물성 지방이다. 카카오버터는 혈중 콜레스테롤을 낮추고 혈관을 보호하는 역할을 하는 불포화지방산을 많이 가지고 있다. 또 노화를 방지하고 피부를 부드럽게 해주는 역할을 한다.

그러나 카카오버터 대신 팜유나 코코넛오일을 사용한 초콜릿은 문제를 야기한다. 팜유를 사용한 초콜릿은 혈중 콜레스테롤을 높여 심장질환의 위험을 높이는 등 건강에 좋지 않다. 특히 액체인 기름을 고체로 바꾸면서 생기는 트랜스지방은 몸에 매우 해로운 가짜 지방산으로 악명 높다(181쪽 참고).

4장

기름야자와 팜유

라면의 우지 파동과 팜유의 화려한 등장

한국인이 즐겨 먹는 음식 중에 라면만큼 친근한 것도 없다. 한국 사람 중에는 고기를 끊는 것보다 라면을 끊는 게 몇 배 더 힘든 사람도 많을 것이다. 한국의 라면은 대체로 인스턴트라면을 가리키는데, 일본의 라멘ラーメン과 달리 생면을 사용하지 않고 기름에 튀긴 면을 사용하는 것이 특징이다. 기름에 튀기면 무엇보다도 유통기한을 오래 유지할 수 있기에 인스턴트라면에 제격이다.

오래전(1989년)에 식품업계의 '우지 파동'이 세상을 떠들썩하게 했다. 당시 언론 보도의 골자는 삼양라면 등 여러 식품업체가 공업용 우지(쇠기름)를 튀김용으로 사용한다는 것이었다. 이에 해당하는 업체는 다수였으나 특히 라면 시장 점유율 1위를 달리고 있던 삼양라면이 집중적으로 비난을 받았다. 이 보도 이후 삼양라면은 엄청난 타격을 받았는데,* 8년을 끈 재판 끝에 삼양라면은 대법원

* 삼양라면은 당시 시장 점유율 1위를 달리고 있었고 1980년대 농심의 추격에서도 1, 2위를 다투며 경쟁하고 있었다. 그러나 1989년의 '우지 파동'이 형사 소송으로까지 번지면서 삼양라면의 위상은 급추락했다. 이때 농심에게 빼앗긴 1위를 아직도 되찾지 못하고 있으며 잠시 동안이지만 주식이 10원까지 떨어지는 굴욕도 당했다.

에서 무죄 판결을 받았다. 어떻게 보면, 이 공업용 우지 파동은 오해에서 비롯된 것이라 할 수 있다. 소를 잡으면 고기는 물론 뼈, 내장, 지방, 혓바닥까지 식용하는 아시아의 음식 문화와는 달리, 미국에서는 오직 스테이크용의 고기만 섭취하고 다른 부산물은 모두 공업용으로 분류한다. 이 소의 부산물에서 기름(우지)을 추출해 면을 튀긴 사실을 가져다가 공업용 기름으로 식품을 제조했다는 희대의 스캔들로 만들어낸 것이었다.

당시 문제가 된 것은 이른바 2등급 우지였다. 당시 미국 우지 분류 등급은 12단계였는데, 1등급 우지가 단독 식용이 가능한 등급이라면, 2등급 우지는 가공용이다. 쇼트닝, 마가린 등에 2등급 우지가 들어갔고, 당시 일본의 인스턴트라면 회사를 포함해 농심(팜유 사용)을 제외한 국내 모든 라면 회사가 2등급 우지를 사용했다. 이유는 높은 콜레스테롤을 포함하는 풍부한 맛 때문이었다.

우지가 공업용이 된 것은 수입 문제도 있었다. 수입 시 공업용으로 등록하면 식품으로 등록할 때보다 통관 절차가 간단하고 세금에서도 이득을 본다. 이런 사실이 기회를 만난 언론과 결합해 '인체에 유해(할지도 모를 법)한 공업용 재료'를 사용한 식품 하나가 등장한 것이다. 공업용 재료 파동은 대부분 이런 식이다.

이후 한국 식품 기업들은 동물성 기름 대신 식물성 기름을 사용해 안전하고 깨끗하다는 것을 대대적으로 홍보했는데, 이때 각광받은 것이 바로 팜유다.

팜유는 정말 건강할까?

우지 파동으로 인해 팜유가 각광받았지만, 동물성 기름이 맛이나 보존성 면에서 팜유보다 우위에 있다는 주장도 있으며, 게다가 팜유가 동물성 기름보다 건강에 더 해롭다는 의견도 있다. 실제로 팜유는 건강상 문제를 일으킬 수 있다. 라면, 스낵, 초콜릿, 마가린 등 가공식품 상당수에 콜레스테롤 수치를 높이는 팜유가 포함돼 우려의 목소리가 높아지고 있다. 또한 초콜릿의 원료 카카오버터 대신 팜유를 넣어 경화유로 굳히는 과정에서 트랜스지방이 생성되는데, 이는 콜레스테롤 수치를 높이고 각종 심혈관질환을 유발한다는 주장이 지속적으로 제기돼왔다. 프랑스는 식품에 널리 사용되는 팜유를 건강에 더 좋은 재료로 대체하도록 유도하기 위해 팜유에 부과하는 세금 인상을 추진하고 있다.

문제는 소비자들이 접하는 가공식품의 거의 절반에 팜유가 포함돼 있기 때문에 실생활에서 팜유의 섭취를 피하기 어렵다는 것이다. 2014년, 녹색소비자연대는 서울 소재한 대형마트 6곳에서 가공제품 8품목(초콜릿류, 비누류, 파이류, 비스킷류, 스낵류, 라면류) 618개 제품의 팜유 함유 여부를 조사했는데, 팜유 미함유 제품은 21퍼센트에 그쳤다. 특히 초콜릿류(초콜릿, 초콜릿파이, 초콜릿비스킷)에서는 팜유가 들어간 것으로 명시된 제품이 전체 115개 제품 중 55개(48퍼센트)로 전체 제품의 절반에 육박했다. 또한 '식물성 유지'로 표기해 팜유가 들어간 것으로 추정되는 제품도 31퍼센트에 달하는 것으로 조사됐다. 건강과 환경을 생각한다면 팜유가 함유되지 않은 식품을 선택하려는 노력이 필요하다.

가장 많이 쓰이는 식물성 기름, 팜유는 어디에서 오는 걸까

팜유의 원료, 기름야자는 어디서 생산될까

팜유의 다양한 쓰임새

주로 튀김 요리를 할 때 사용하는 기름은 대두(콩), 옥수수, 올리브, 해바라기 씨, 기름야자 등 식물에서 추출한 것이다. 이 중에서 '팜유palm oil'는 열대 작물인 기름야자나무의 열매를 압착해서 짠 것으로, 대두유(콩기름)와 함께 세계에서 가장 많이 사용되는 식물성 기름이다.

2005년에 팜유는 콩기름을 제치고 세계에서 제일 많이 생산되는 식물성 기름이 되었다. 팜유는 다른 식물성 기름보다 맛이 담백하고 가격이 저렴해 세계적으로 수요가 꾸준히 늘고 있다. 특히 상온에서 산화가 잘 되지 않는 장점이 있어 미국, 유럽 등 선진국 가정뿐만 아니라 라면, 과자 등을 생산하는 식품 기업에서도 매년 팜유 사용 비중을 늘리고 있다.

팜유에 대해 잘 알지 못해도, 우리 대부분은 팜유를 분명 접해본 적이 있다. 하루에도 몇 번씩 말이다. 값싸고 활용도가 매우 높은 팜유는 현재 모든 소비재의 절반 이상에 사용되고 있다(국내에서 야자유, 야자경화유로 표기되는 것도 모두 팜유의 다른 이름이다). 예

기름야자(왼쪽)는 외떡잎식물 종려목 야자나무과의 상록교목이다. 열매를 먹는 코코넛야자coconut palm(오른쪽 위), 대추야자date palm(오른쪽 아래)를 비롯해 관상용 가로수로 흔히 심는 카나리아야자canary palm 등 다양한 야자나무과 식물이 있다.

를 들면 빵, 도넛, 과자, 시리얼, 아이스크림, 초콜릿, 라면, 마가린, 쇼트닝 등 각종 가공식품은 물론 합성세제, 비누, 립스틱 같은 화장품, 치약과 면도크림 등의 생활용품 그리고 바이오연료에까지 쓰인다. 현대 생활에서 팜유와 팜유 파생물을 피하기란 거의 불가능하다.

전 세계 팜유 사용량의 90퍼센트 남짓이 튀김용 기름으로, 또는 마가린이나 초콜릿, 아이스크림 등의 원료로 가공식품 전반에 쓰인다. 나머지 10퍼센트는 비누, 합성세제 등 공업 부문에 이용된다. 달리 말하면, 슈퍼마켓에서 장을 볼 때 집어 드는 거의 모든 제품에 팜유가 들어 있다. 팜유는 이미 우리 생활 구석구석까지 침투하고 있다. 팜유는 화장품, 세제, 개인 위생용품과 많은 비식품 제품에 사용되지만, 성분은 거의 팜유로 표시되지 않는다. 식물성 유지, 글리세린glycerin, 소듐 라우릴 설페이트sodium lauryl sulfate, 스테아릭 애시드stearic acid와 같은 다양한 이름으로 불리며 그 정체를 숨기고 있다.

전 세계에서 사용되는 식물성 기름 가운데 팜유의 비중은 30퍼센트에 이른다. 기름야자에서 팜유 1톤을 생산하기 위해 필요한 농지 면적은 대두(콩)의 9분의 1 정도에 불과해 효율적이다.

팜유의 원료, 기름야자의 생산 지역

기름야자(학명 *Elaeis guineensis*)는 종려목 야자나무과의 교목으로, 원산지는 서아프리카의 열대우림 지역이다. 기름야자나무의 높이는 10~20미터로, 줄기와 잎이 만나는 부분에 길이 5센티미터 정도의 열매가 1,000개 정도 모여 첨상의 과일 모양을 하고 있다. 전 세계에서 1년에 소비되는 팜유의 양은 50억 톤, 시장 규모는 440억 달러에 달한다. 대충 생각해도 어마어마한 양이다. 2018년 기준으로 전 세계 팜유의 88퍼센트가 아시아에서 생산되며, 그중

세계 기름야자 재배 지역과 양(2019, 단위 헥타르당 톤)

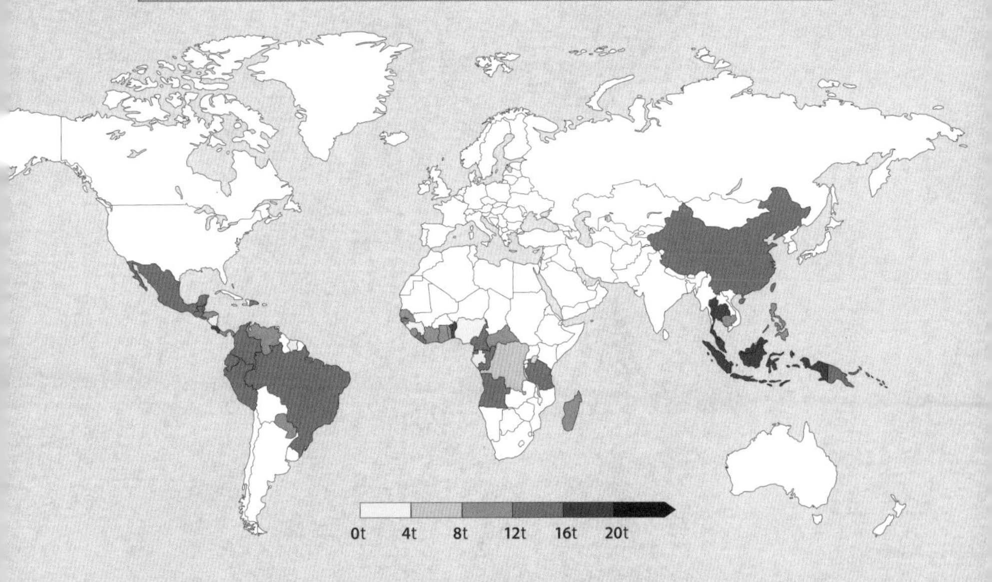

출처: FAO 통계로 Our World in Data에서 제작(http://OurWorldinData.org/crop-yields)

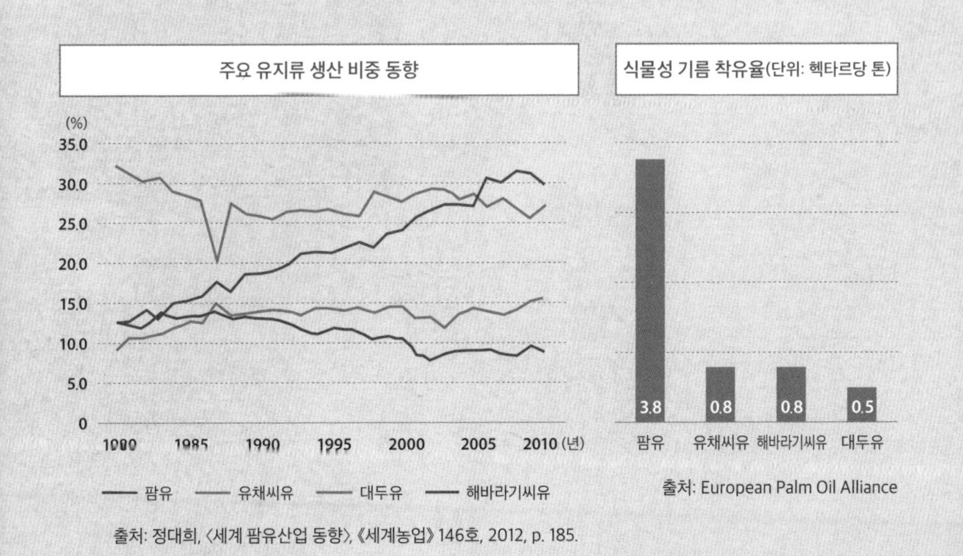

출처: 정대희, 〈세계 팜유산업 동향〉, 《세계농업》 146호, 2012, p. 185.

출처: European Palm Oil Alliance

에서도 인도네시아와 말레이시아 두 나라가 전 세계 팜유 생산량의 84퍼센트를 담당한다(2018년 세계 팜유 생산량 71,735,061톤).

서아프리카가 원산지인 기름야자는 어떻게 동남아시아로 흘러들어갔을까? 유럽인들은 1848년에 서아프리카에서 기름야자를 자바 섬의 보고타 식물원으로 가져왔다. 상품작물로서는 인도네시아에서 1911년, 말레이시아에서 1917년부터 재배하기 시작했다. 기름야자나무는 적도 부근에서 재배되는데, 현재 전 세계 기름야자의 대다수는 동남아시아에서 생산된다.

인도네시아와 말레이시아에서 대규모 플랜테이션 형태로 기름야자를 경작하기 시작한 것은 해당 국가를 식민 지배했던 유럽인 농장주가 아닌, 현대의 기업이었다. 피티 바크리 그룹PT Bakrie Group, 수리야 두마이 그룹Surya Dumai Group 같은 기업들이 대형 기름야자 농장을 만들기 시작한 이후 인도네시아 전체 농경지의 40퍼센트에서 기름야자가 자라고 있다(2017년 기준). 인도네시아와 말레이시아뿐만 아니라 아프리카의 나이지리아, 마다가스카르, 라이베리아, 우간다 그리고 남태평양의 파푸아뉴기니, 라틴아메리카의 콜롬비아, 온두라스에도 대형

기름야자 열매

인도네시아 기름야자 플랜테이션 확대 추이

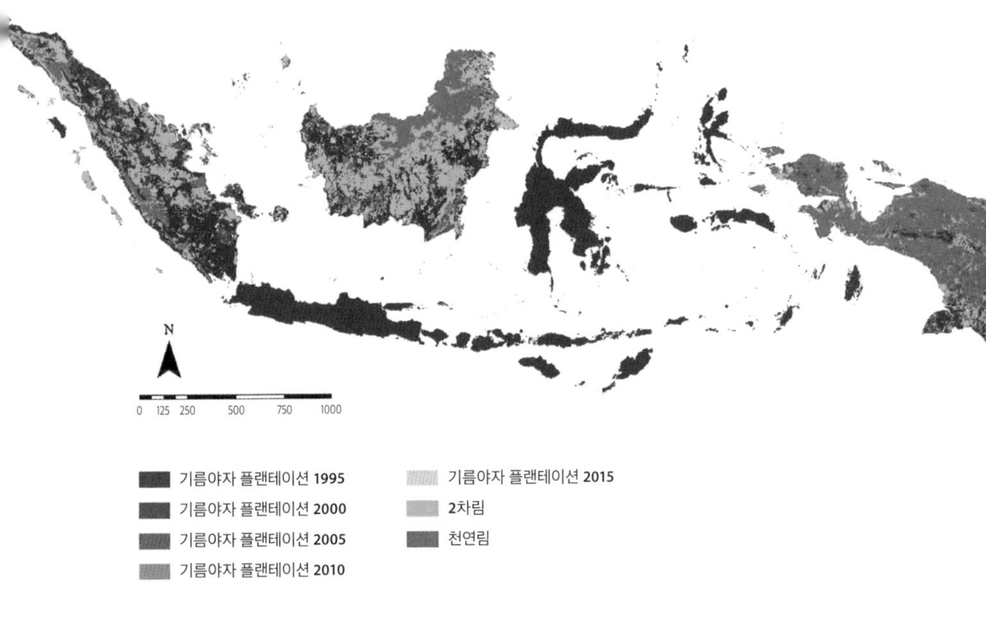

출처: https://www.sciencedirect.com/science/article/pii/S0264837717301552

기름야자 플랜테이션이 들어섰다.

동남아시아에서 기름야자 플랜테이션에 먼저 발을 들여놓은 국가는 말레이시아인데, 이후 인도네시아와 경쟁적으로 열대림을 없애고 팜유의 원료인 기름야자나무를 심고 있다. 사실 2005년까지만 해도 세계 팜유 생산에서의 점유율은 말레이시아가 50퍼센트, 인도네시아가 30퍼센트를 차지해 거의 20퍼센트의 차이가 있

팜유 생산량 상위 10개 국(2018, 단위 톤)

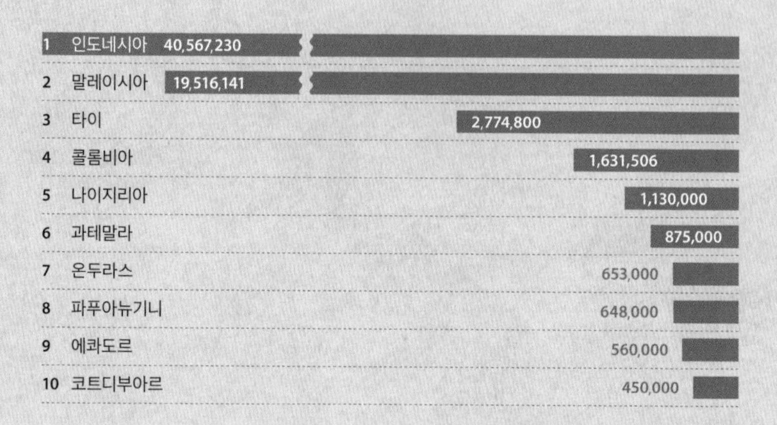

팜핵 생산량 상위 10개 국(2018, 단위 톤)

순위	국가	생산량
1	인도네시아	10,180,000
2	말레이시아	4,859,393
3	타이	626,000
4	콜롬비아	361,942
5	나이지리아	305,000
6	과테말라	190,000
7	브라질	180,000
8	온두라스	172,000
9	파푸아뉴기니	162,000
10	에콰도르	132,000

팜유 수출량 상위 10개 국(2018, 단위 톤)

1 인도네시아 27,893,676
2 말레이시아 13,841,385
3 네덜란드 1,296,058
4 과테말라 818,757
5 콜롬비아 702,809
6 파푸아뉴기니 614,300
7 온두라스 372,181
8 독일 367,821
9 타이 347,312
10 에콰도르 287,270

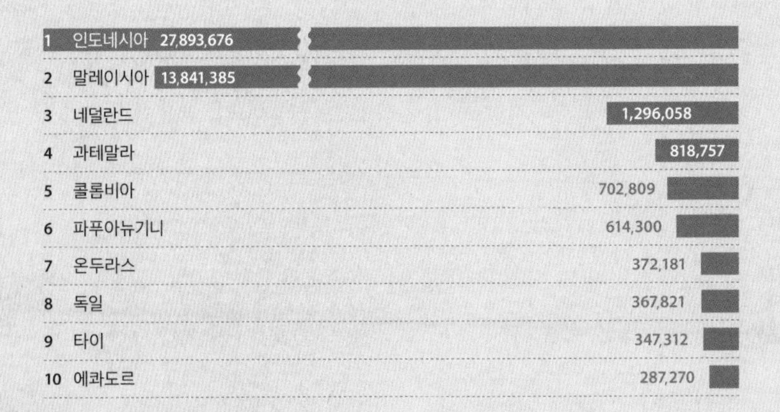

팜유 수입량 상위 10개 국(2018, 단위 톤)

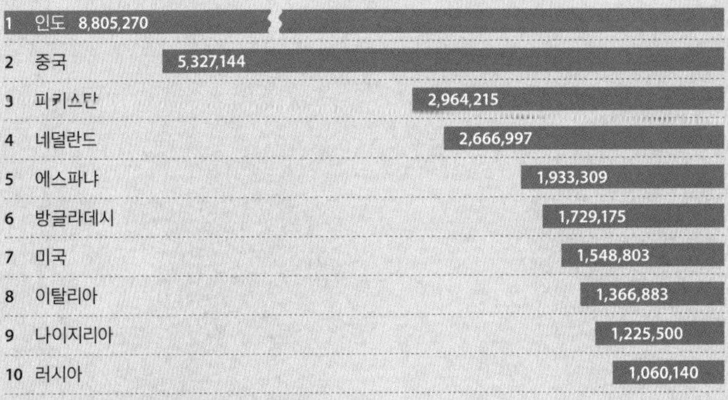

1 인도 8,805,270
2 중국 5,327,144
3 파키스탄 2,964,215
4 네덜란드 2,666,997
5 에스파냐 1,933,309
6 방글라데시 1,729,175
7 미국 1,548,803
8 이탈리아 1,366,883
9 나이지리아 1,225,500
10 러시아 1,060,140

었다. 그러나 오랜 기간 세계 제1의 팜유 생산량을 자랑해온 말레이시아는 최근 현저하게 생산량을 늘리고 있는 인도네시아에 밀려 2006년 이후 1위 자리를 빼앗겼다.

인도네시아는 현재 지구상에서 팜유를 가장 많이 생산하는 국가다. 예전에 인도네시아는 팜유를 소량 생산했다. 그런데 1980년대 중반부터 생산량이 증가했고, 1990년대 급격한 상승세를 보이며 2018년에는 약 4,000만 톤을 생산하기에 이르렀다. 말레이시아는 보르네오 섬의 사라왁 주와 사바 주에서, 인도네시아는 수마트라 섬과 자바 섬에서 기름야자 플랜테이션이 활발하게 이루어진다.

팜유의 상품사슬 들여다보기: 씨앗에서 프라이팬까지

기름야자는 전 세계 식물성 기름의 상당량을 제공하는 매우 효율성 높은 작물이다. 팜유와 그 파생품은 우리가 매일 사용되는 수많은 제품에 포함되어 있지만, 특히 식품에 팜유를 사용하는 회사로는 네슬레, 켈로그Kellogg, 마스, 리글리Wrigley, 내비스코Nabisco, 펩시코PepsiCo, 제너럴밀스General Mills, 허쉬 등이 있다. 펩시는 콜라만이 아니라 과자도 많이 생산하는데, 이 과정에서 팜유를 많이 쓴다. 펩시가 해마다 수입하는 팜유의 양은 47만 톤에 이른다고 한다.

기름야자의 재배는 동남아시아를 넘어 다른 대륙으로 확장되

기름야자 열매 구조. 잘 익은 기름야자 열매의 껍질과 과육은 붉은색을 띠며, 가운데 흰색 핵kernel만을 추출·압착해 팜핵유palm kernel oil를 만들기도 한다.

고 있지만 여전히 인도네시아와 말레이시아에서 생산되는 팜유의 점유율이 전 세계 팜유 생산량의 80퍼센트를 상회한다. 인도네시아와 말레이시아에서 생산된 기름야자 열매에서 추출한 팜유는 인도, 중국, 유럽연합, 이집트, 미국 등 전 세계로 수출되는 글로벌 상품이다.

인도네시아와 말레이시아에서 생산되는 기름야자의 일부는 (남태평양 파푸아뉴기니에 본사를 둔) 뉴브리튼팜오일New Britain Palm Oil Limited과 같은 회사가 소유한 가공 시스템 내에서 팜유로 생산된다. 하나의 회사가 팜유 생산의 모든 과정을 담당하는 이러한 공급사슬은 품질을 보다 쉽게 관리할 수 있다는 장점을 갖는다. 나머지 팜유는 기름야자 재배 농가, 제재소, 정련소, 상인, 화학 처리기,

같은 열매, 다른 기름.
살균해 쪄낸 기름야자 열매를 압착해 얻은 기름인 팜유CPO는 붉은색을 띤다.
이 원유를 정제·표백한 것이 투명한 RBD 팜유로, 기본적인 팜유가 된다.

제조업체, 그리고 소비자의 매장 선반에 있는 유명 브랜드 제품에 이르기까지 각 과정을 모두 다른 주체가 담당하는 공급사슬에서 생산된다.

글로벌 상품인 팜유의 상품사슬에서 맨 처음에 위치하는 것은 기름야자 플랜테이션에서 이루어지는 기름야자 재배와 수확이다. 기름야자 묘목은 농장에 심어도 될 정도로 성숙할 때까지 종묘장에서 길러진다. 기름야자나무 재배에 열대 기후가 적합하기는 하나, 우기에 세차게 내리는 비는 토양의 영양분을 유실시켜 산성 토

팜유의 상품사슬

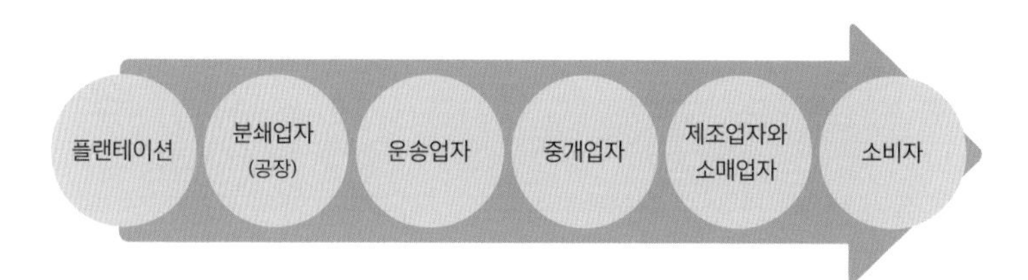

양을 만든다. 따라서 기름야자 플랜테이션에서는 비료와 제초제 사용이 필수적인 것으로 간주된다. 다 익은 기름야자 열매는 긴 낫을 사용해 수확한다.

지방을 듬뿍 함유한 기름야자 열매는 더운 열대의 기후에 금방 산패한다. 따라서 기름야자 열매를 수확하면 48시간 이내에 바로 가공 공장으로 운송해야 한다. 공장에서는 신선한 열매를 멸균하고 쪄서 분쇄한 다음 압착하여 원유 팜유crude palm oil, CPO를 추출한다. 기름야자 열매를 압착하면 흰색의 씨앗이 과육에서 빠져나오는데, 이것이 팜핵palm kernels이다. 이 팜핵을 따로 수합해 팜핵유palm kernel oil, PKO를 생산하기 위해 빻는다. 팜핵을 빻는 공장들은 팜유를 생산하는 다른 여러 공장에서 팜핵을 수집한다.

이렇게 만들어진 다양한 오일과 파생물은 파이프를 통해 바지선과 배에 선적되어 여러 국가로 수출된다. 수천 가지의 인기 있는 식품과 일반적인 가정용 제품을 만들기 다양한 종류의 회사가 팜

인도네시아의 팜유 금수 조치

글로벌 팜유 최대 생산지는 인도네시아와 말레이시아로, 팜유 국제 시장을 두 국가가 거의 지배하고 있다. 두 나라가 전 세계 팜유 생산의 70~80퍼센트를 차지하고 있으며, 한국의 경우 거의 50퍼센트 이상의 팜유를 인도네시아에서 수입한다. 두 국가의 경제에서 팜유가 차지하는 비중도 말할 나위 없이 크다. 그런 인도네시아가 2022년 4월 28일부터 팜유 수출 금지 조치를 취했다.

인도네시아의 팜유 수출 중단은 2022년 2월 러시아의 우크라이나 침공이 발단이 되었다. 세계 해바라기씨유 생산의 1, 2위 국가가 바로 러시아와 우크라이나인데, 전쟁으로 인해 이들 국가의 해바라기씨유 수출에 차질이 생기면서 대체재인 팜유의 국제가격이 급등한 것이다. 팜유의 가격이 상승하면 인도네시아는 비싸게 수출할 수 있어 더 이득일 상황에서, 왜 팜유 수출을 중단했을까?

일단, 더운 기후에서 생활하는 인도네시아 사람들은 튀김 요리(특히 새우튀김)를 상당히 즐겨 먹기 때문에 팜유가 생필품 중 하나다. 그런데 코로나19 팬데믹으로 인해 일부 팜유 생산 공장에서 공급 차질이 발생하기도 했고, 러시아와 우크라이나의 전쟁 때문에 팜유가 해바라기씨유의 대체재로 부상하면서 인도네시아 국내에서도 가격이 올라가기 시작했다. 인도네시아 정부 입장에서는 자국민들이 팜유 가격에 민감하게 반응할 수밖에 없다는 사실을 잘 알기 때문에 팜유 공급을 안정화하기 위해 인도네시아 내수 공급과 해외 수출 비중을 통제하고 최고가격을 지정해서 풀어나가려고 했다.

그러나 팜유를 공급하는 기업이나 사업가 입장에서는 정부의 통제로 가격이 고정되어 있는 인도네시아 내수용으로 판매하는 것보다 전쟁으로 인해 팜유 가격이 급등한 해외 시장으로 수출하는 것이 훨씬 더 유리하기 때문에 다른 루트로 해외로 빼돌리려는 상황이 발생하게 되었다. 이에 인도네시아 대통령과 정부가 전면적인 팜유 수출 금지 조치를 내린 것이다.

그런데 한국 입장에서는 다행스럽게도, 얼마 지나지 않아 인도네시아는 팜유 수출 금지 조치를 해제했다. 인도네시아가 팜유 수출을 재개한 이유는 기름야자 농민들의 시위가 확대되는 데 부담을 느낀 측면도 있고, 팜유 가격이 급등한 상황에서 돈 벌 기회를 놓치면 수출 이익이 크게 감소하기 때문이었다. 그리고 인도네시아 내수용 팜유나 식용유 수급 문제가 어느 정도 개선되고 가격이 안정화를 보이기 시작했다고 판단한 것으로 볼 수 있다.

하지만 인도네시아가 팜유 수출을 재개했다고 안심할 수는 없을 것 같다. 팜유의 공급량이 갑자기 크게 늘어난 것이 아니라서, 인도네시아 상황이 나빠진다면 언제든지 다시 수출을 금지할 수 있기 때문이다. 이처럼 인도네시아 팜유 수출 금지 조치가 전 세계 시장에 영향을 주었다는 것은 글로벌 공급망이 연결되어 있음을 보여준다.

유와 파생제품을 구매한다. 소비자는 최종적으로 시장에서 팜유가 포함된 다양한 상품을 구입해 소비한다.

팜유는 누구의 배를 불리나

말레이시아와 인도네시아 정부는 1960년대부터 기름야자 경작을 위해 엄청난 면적의 토지를 민간 기업에게 넘겨왔다. 다국적 기업들이 말레이시아와 인도네시아 등지에 기름야자 플랜테이션을 조성한 데는 세계은행의 역할을 간과할 수 없다. 세계은행은 이들 개발도상국의 발전을 위해 다국적 기업들에게 기름야자 플랜테이션을 세울 수 있도록 투자금을 지원했다. 개발도상국에 기름야자 플랜테이션이 들어서면 일자리가 창출되고 도로와 병원 등 사회기반시설이 확충되어 국민의 삶의 질이 높아지리라 기대한 것이다.

그러나 결과는 기대와 다르게 나타났다. 이들 국가의 기름야자 산업이 커질수록 다국적 기업과 그 기업에 투자한 은행은 계속 부유해졌지만, 국민의 삶은 나아지지 않았다. 더욱이 부패한 관료와 부도덕한 플랜테이션 소유주들은 서로 결탁해 불법적으로 원주민들의 땅을 빼앗았다. 원주민 공동체들은 졸지에 전통적으로 삶을 영위해오던 터전을 잃어버렸다. 원주민들은 애초에 열대림에서 먹을 것을 얻고 다양한 작물을 심어 자급자족이 가능했다. 그러나 기름야자 농장이 들어선 후에는 예전에 자신들의 땅이었던 곳에서 낮은 임금과 과도한 노역에 시달리는 노동자로 전락했다. 이전에는 자신이 가진 것만으로도 충분히 살아갈 수 있었던 사람들이 플랜테이션의 낮은 임금에만 의존하는 상태가 된 것이다. 보르네오 섬* 일부 지역처럼 숲에 크게 의존하던 원주민 공동체는 생존능력에 엄청난 타격을 받았다.

팜유가 시장에서 가장 저렴한 식물성 기름이 될 수 있었던 것은 단위면적당 생산량이 많기 때문이지만, 값싼 노동력 때문이기도 하다. 기름야자를 재배하는 노동자들은 고된 노동에 비해 터무니없이 낮은 임금을 받는다. 기름야자나무의 높이는 10미터가 넘는다. 열매를 따기 위해서는 거대한 크기의 잎사귀와 뾰족한 가시에 둘러싸인 가지를 제거해야 한다. 기름야자 열매 하나의 무게는 어린아이의 몸무게와 맞먹는 20~30킬로그램에 이른다. 그러나 기름야자 열매를 따는 도구는 낫과 정이 전부다. 뜨거운 태양과 습한 공기로 인해 쉽게 지치는 환경에서 작업이 이뤄지기 때문에 열매 수확은 결코 만만한 일이 아니다. 열매를 수확하기 위해 수없이 낫질을 하는 농민들의 손에는 굳은살이 박여 있다. 늘 인력이 부족해 고된 노동이 계속되는 한편, 기름 냄새를 맡고 몰려드는 들쥐 떼와도 전쟁을 치러야 한다.

---

* 보르네오 섬은 브루나이, 인도네시아, 말레이시아 세 국가의 영토로 나뉜다. 이 중 인도네시아령 보르네오를 칼리만탄이라고 한다.

기름야자 열매를 수확하는 노동자

기름야자 플랜테이션의 작업환경은 매우 열악하다. 숙소는 창문도 없는 좁은 막사가 대부분이며, 어른과 아이들이 뒤엉켜 잠을 잔다. 식사는 소금에 절인 생선과 맨밥뿐이며, 식수 문제는 더 심각하다. 노동자들은 아침마다 작업량을 할당받는데, 만약 그날 일을 끝내지 못하면 다음 날 더 많이 해야 하거나 아니면 임금이 삭감된다. 사정이 이렇다 보니, 노동자들은 일을 할수록 돈을 모으기는커녕 빚만 지게 된다.

기름야자 플랜테이션의 노동자들은 대부분 건강도 잃는다. 말레이시아에서는 많은 나라가 사용을 금지한 위험한 농약이 지금도 사용된다. 기름야자 잎을 갉아 먹는 해충을 죽이기 위한 것이다. 농약을 뿌리는 작업은 큰 힘이 들지 않아 주로 여성이 담당한다. 기름야자 플랜테이션에서 여성 노동자들은 농약이 가득 찬 양동이를 뚜껑도 덮지 않은 채 운반하곤 한다. 이 때문에 여성 노동자들은 손톱 변형, 만성적 코피, 기관지염, 유산 등의 증상에 시달린다. 기름야자 플랜테이션 회사 측은 노동자들에게 농약의 위험성을 알리지도 않고, 방독마스크나 고무장갑 등 보호 장구도 제공하지 않는다. 농약 살포 작업에 동원된 노동자들은, 단 며칠 동안만 이 일을 하더라도 걸을 수 없는 지경으로 건강이 나빠지기도 한다. 작업하다 넘어지는 바람에 등에 지고 있던 농약을 뒤집어써 앞을 못 보게 되거나 사망하는 경우도 있다.

인도네시아, 말레이시아, 시에라리온 등의 기름야자 플랜테이션

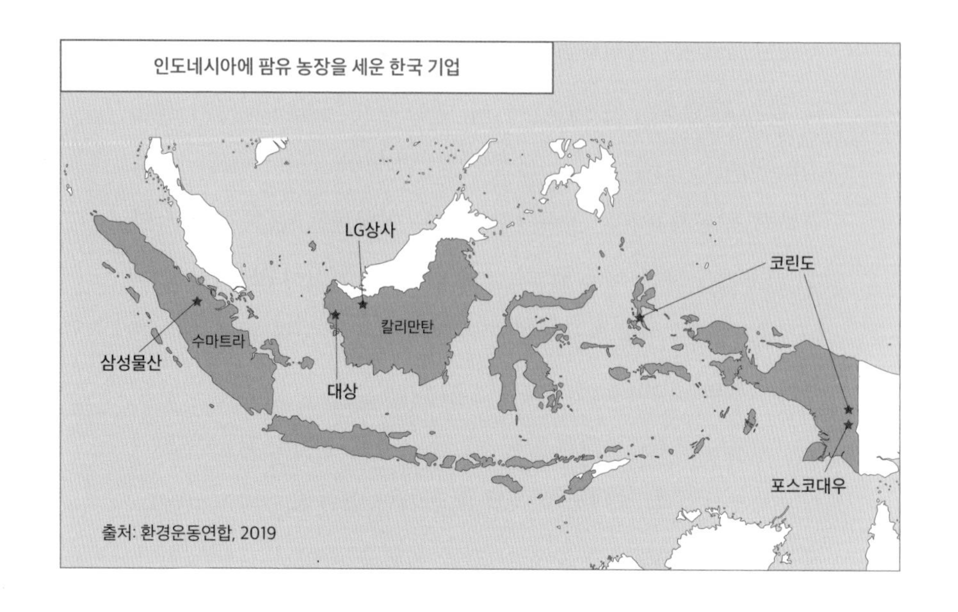

에서 벌어지는 아동노동도 심각한 문제다. 기름야자를 따고 운반하는 작업량을 충당하기 위해 열 살도 채 되지 않은 어린이들이 동원된다. 하루 종일 땡볕에서 야자 열매를 줍고 나르다가 부상을 당하고 열사병에 걸리지만, 아이들에게는 한 푼의 임금도 지불되지 않는다. 학교를 다니지 않아 자기 이름조차 쓸 줄 모르는 아이들은 앞으로도 계속 기름야자 플랜테이션에서 일하며 살아갈 수밖에 없다. 그리고 그들의 아이들 또한 같은 길을 걸어갈지 모른다. 이렇게 팜유 산업은 외국 기업의 주머니를 채울 뿐, 원주민의 삶은 고통으로 몰아넣는다.

기름야자 플랜테이션과 열대우림 파괴

기름야자 플랜테이션의 그림자, 열대림 파괴와 지구온난화

식물성 기름인 팜유와 그 파생물*을 이용한 제품은 환경친화적인 이미지가 강하다. 식물을 원료로 한 비누나 샴푸가 환경친화적이라고 선전하는 광고를 자주 본다. 언뜻 그렇게 보인다. 분해가 잘 되는 식물성 기름을 사용한 세제가 수질오염을 덜 유발하는 것은 사실이겠지만, 그것은 어디까지나 소비자인 우리 주위에만 해당되

---

* 팜유 제품은 다음과 같이 분류된다.

- RBD 팜유: 1차 정제된 기름으로, 다양한 성분이 섞여 있어 RBD 팜유만 쓰는 경우는 드물다. 이대로 수소 첨가, 글리세롤 분해 등을 거쳐 증점제로 쓰이기도 하고, 수제비누 등을 만들 때 팜스테아린 대신 비분리 팜유를 쓰는 경우도 있다.
- RBD 팜올레인: 평균 20~30℃의 녹는점을 가진 액체 성분을 분리한 기름으로, 대략 팜유의 80퍼센트가 이 성분으로 분리된다. 식용유로도 나가지만 수소 첨가를 통해 녹는점을 올려서 쇼트닝으로 나가는 경우가 대부분이다.
- 더블올레인: RBD 팜올레인을 다시 정제한 평균 10℃ 정도의 녹는점을 가진 액체 기름. 액체로 바로 튀김용 식용유로 쓰이는 경우도 있지만 쇼트닝 처리해서 보내는 경우는 대개 이 기름이다.
- 미드프랙션: RBD 팜올레인을 다시 정제해서 얻는 고체 성분으로, 실온에서 녹는 국산 초콜릿에 넣는 팜유가 이 미드프랙션이다.
- RBD 팜스테아린: 대략 40~50℃의 녹는점을 가진 고체 성분을 분리한 기름으로, 대략 팜유의 20퍼센트가 이 성분으로 분리된다. 비누 등에 쓰이는 팜유는 대개 이 성분이다.
- 미드스테아린: 팜스테아린을 다시 정제해서 낮은 녹는점(대략 30~40℃)을 가지는 성분을 추출한 것으로, 마가린과 비슷한 버터 대체용 식물성 기름으로 많이 쓰인다.
- 더블스테아린: 50~60℃ 이상의 높은 녹는점을 가진 성분으로, 주로 공장제 제과·제빵 제품용으로 나간다.

는 이야기다. 팜유 생산을 위한 기름야자 플랜테이션이 오늘날 말레이시아와 인도네시아를 비롯한 동남아시아 열대림 파괴의 가장 심각한 원인이기 때문이다. 세계자연보호기금WWF에 의하면, 현재 한 시간마다 축구장 300개 면적에 해당하는 열대림이 기름야자 플랜테이션을 만들기 위해 불태워지고 있다. 이 속도로 열대림 파괴가 지속될 경우 20년 안에 인도네시아와 말레이시아의 열대림이 완전히 사라지게 될 것이라고 한다.

사실 인도네시아와 말레이시아에서 열대림이 파괴되는 주요 원인은 팜유 생산뿐만 아니라 종이 등의 원료가 되는 펄프를 생산하기 위한 벌목도 있다. 그러나 이 두 나라에서 전 세계 팜유의 80퍼센트 이상을 생산한다. 인도네시아의 팜유 생산은 대부분 수마트라 섬, 그리고 인도네시아, 말레이시아, 브루나이가 공유하는 보르네오 섬에서 이루어진다. 세계 최대 팜유 생산국이자 세계 3위 열대우림 보유국인 인도네시아는 삼림 파괴 속도가 세계에서 가장 빠른 국가 중 하나로 꼽힌다.

2006년 이후 인도네시아 팜유가 세계 공급량의 절반을 넘어서고 말레이시아를 제치며 세계 1위 생산국 자리를 차지하면서, 서울 면적의 다섯 배에 해당하는 34만 헥타르의 열대우림이 기름야자 플랜테이션으로 탈바꿈했다. 보르네오 일부 지역에서는 삼림 벌채의 75퍼센트가 팜유 때문에 이루어졌다. 말레이시아 보르네오 섬의 사라왁 주에서는 플랜테이션 개발을 반대하며 많은 마을

이 법정 투쟁까지 벌이고 있다.

기름야자 플랜테이션이 열대림을 파괴하는 주된 이유는 기존의 경작지를 활용해 조성하지 않기 때문이다. 현대식 벌목 도구를 사용해 열대림을 전부 베어낸 다음 불태워 정리한 땅에 기름야자 플랜테이션을 만든다. 팜유를 생산하는 기업들이 열대림을 불태워 기름야자 농장을 만드는 이유는, 이렇게 만든 밭에는 화학비료를 뿌릴 필요가 없어 경제적이기 때문이다.

이렇게 참혹하고 무분별한 열대림 파괴는 지금 이 순간에도 진행되고 있다. 인도네시아와 말레이시아는 앞으로도 계속 팜유 생산량을 늘린다는 계획이다. 팜유 생산량을 늘리는 방법은 열대림을 없애고 그 땅에 오직 기름야자나무 한 가지만 심는 것이다. 기름야자 플랜테이션 하나를 개발하는 데 적어도 3,000헥타르의 열대림이 필요하다고 한다. 말레이시아 정부와 인도네시아 정부 그리고 팜유를 생산하는 기업(예를 들면, 세계 3대 팜유 제조업체이자 말레이시아 국영 기업인 펠다 그룹)은 이런 행위를 '개발'이라고 부르지만, 현지 주민들의 입장에서는 '파괴'일 뿐이다.

팜유 생산은 기후변화에도 막대한 영향을 끼치고 있다. 공장의 숫자가 많지 않음에도, 인도네시아는 중국과 미국에 이어 세계에서 세 번째로 많은 온실가스를 배출하는 나라다. 기름야자 플랜테이션을 만들기 위해 열대림을 태우면서 발생하는 이산화탄소 때문이다. 산림 벌채로 발생하는 온실가스는 전 세계에서 배출되는

기름야자 플랜테이션이 넓어지는 동안 사라진 열대우림(1990~2008)

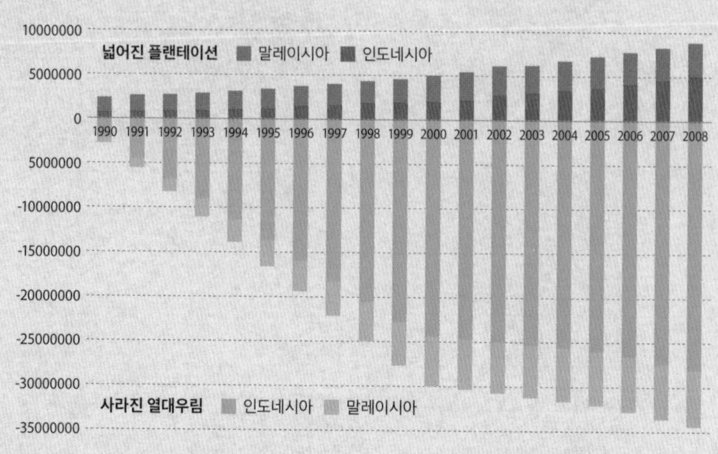

출처: mongabay.com

동남아시아에서 열대림의 면적은 상업적인 벌목과
기름야자 플랜테이션에 의해 급격하게 감소하고 있다.

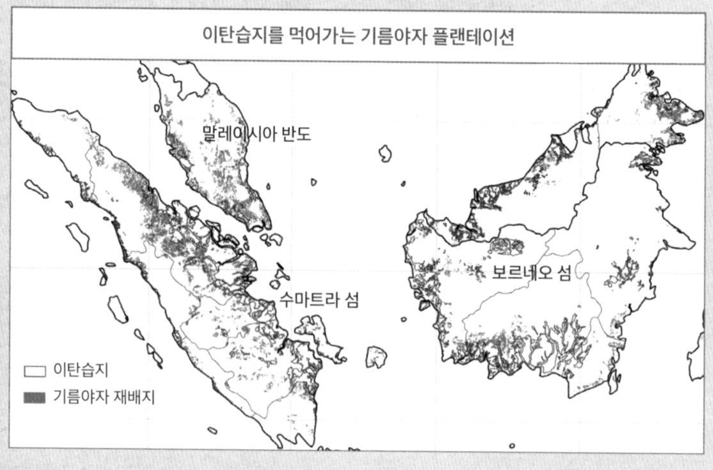

출처: mongabay.com

온실가스의 17퍼센트를 차지한다. 자동차 등 운송 수단에서 배출하는 온실가스 양보다 많다.

뿐만 아니다. 보르네오와 수마트라의 열대우림은 이탄습지泥炭濕地, peatland로 이루어져 있는데, 습지 열대우림의 벌채는 유기물에 기반을 둔 토탄토의 산화를 가져와 엄청난 양의 이산화탄소를 대기로 방출한다. 또한 이를 태워 숲을 제거하고 습지의 물을 빼내는 과정에서도 엄청난 양의 이산화탄소가 배출된다. 건조된 토탄은 쉽게 연소하는데, 불을 지른 숲은 몇 달에서 몇 년에 걸려 타기도 한다.

최근까지 동남아시아 국가들은 도시 스모그와 삼림 벌목으로 발생한 연기가 결합된 대기오염을 그렇게까지 우려하지 않았다. 그러나 1990년대 말, 동남아시아 지역에 2년간 심각한 대기오염이 발생했다. 이 지역의 대기오염은 자연적 영향뿐만 아니라 인간의 영향에 의해 발생했다. 먼저, 동남아시아 도서 지역의 대부분이 엘니뇨에 의한 심각한 가뭄을 겪었으며 그 결과 열대우림이 매우 건조한 상태로 변했다. 이 가뭄은 보르네오 섬의 해안지대에 분포하는 토탄 늪지대(이탄습지)를 메마르게 만들었으며, 화재가 시작된 후 수개월 동안 토탄의 연소가 이어졌다. 둘째, 상업적 벌목이 수많은 화재를 발생시켰다. 벌목 후 남은 잔가지와 작은 나무를 불태워 토지를 개간하는 과정에서 화재가 발생했다. 세 번째 요인은 동남아시아에서 급속히 도시들이 성장하고 있다는 것이다. 도시에서는 자동차, 트럭, 공장 등에서 엄청난 양의 오염물질이 배출되고 있다. 특히 2013년에는 수마트라 섬 북부에서 발생한 화재로 연기가 보르네오까지 확산되면서 싱가포르와 말레이시아에 기록적인 대기오염이 발생했다.

보르네오 섬에 있는 말레이시아 사라왁 주정부는 원주민이 거주하고 있는 열대림을 벌목할 수 있도록 벌목 회사들에게 허가권을 주었다. 1980년대경에는 사라왁 주 저지대 삼림의 30퍼센트가 벌목되었으며 그 대부분의 지역은 기름야자 플랜테이션으로 대체되었다. 그로 인해 그곳에 살고 있던 원주민들은 사냥할 터전을 잃었으며, 침식으로 인한 퇴적물과 기름야자에 뿌린 비료와 살충제에 의해 땅과 하천이 오염되었다. 그러나 원주민들은 기름야자 플랜테이션으로부터 어떤 이익도 얻지 못했다.

사라져가는 숲, 사라져가는 오랑우탄

펄프 생산을 위한 벌목과 팜유 생산을 위한 기름야자 플랜테이션 건설로 인해 열대우림이 파괴되면서 다양한 야생동물의 서식지도 사라지고 있다. 보르네오와 수마트라는 오랑우탄 외에도 30만 종 이상의 야생동물이 서식하는 곳이다. 기름야자 플랜테이션의 확대는 수마트라 코끼리, 수마트라 코뿔소, 수마트라 호랑이, 피그미 코끼리(보르네오 코끼리) 등 많은 야생동물을 멸종위기로 몰아넣고 있다. 기름야자 재배와 팜유 유통을 위해 도로가 개설되고 숲으로 쉽게 접근할 수 있게 되면서, 동물들은 코끼리의 상아, 코

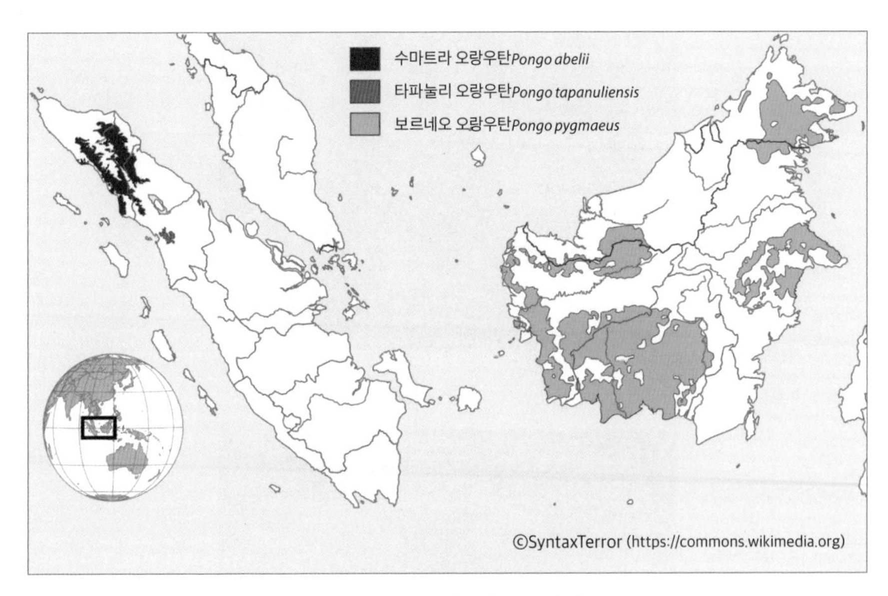

인도네시아의 오랑우탄 분포 지역

뿔소의 뿔, 호랑이의 가죽을 노리는 밀렵꾼들에게 쉽게 노출된다. 열대우림의 파괴는 기후변화를 초래할 뿐만 아니라 이곳에 살던 생물종 다양성을 감소시킨다. 서식지인 숲의 면적 감소와 열화劣化, 서식지가 조각조각 나뉘는 단편화 현상으로 많은 생물이 사라지고 있는 것이다.

세계자연보전연맹IUCN에 따르면, 2010년 말레이시아와 인도네시아는 심각한 멸종위기에 처한 종의 수가 각각 세계 3위와 4위를 차지했다. 수마트라 코끼리와 수마트라 호랑이 외에, 삼림 벌채로 인해 가장 높은 비율로 희생되는 동물은 바로 수마트라와 보르네

보르네오 오랑우탄

수마트라 오랑우탄

타파눌리 오랑우탄

동남아시아에서 삼림 벌채에 따라
가장 위협받는 생물종 중의 하나가 오랑우탄이다.

오의 오랑우탄이다. 오랑우탄orangutan은 말레이어로 '숲의 사람 forest person'이라는 뜻이다. 이름에 걸맞게, 하루의 대부분을 나무와 나무 사이를 옮겨 다니면서 보낸다. 쉴 때도 나무 위에 나뭇잎과 가지로 지은 둥지에서 휴식을 취한다. 먹이도 나무에 달린 무화과, 리치, 망고 같은 과일을 먹고 산다. 비가 오면 큰 나뭇잎으로 우산을 만들어 비를 피하기도 한다.

오렌지색 털을 갖고 나무에 거주하는 영장류 오랑우탄은 한때 동남아시아의 넓은 지역에 서식했지만, 이제 보르네오 섬과 수마트라 섬에만 남아 있다. 보르네오 오랑우탄과 수마트라 오랑우탄은 서로 다른 종으로 구분된다(2017년에 세 번째 오랑우탄 종이 발견돼 학명이 *Pongo tapanuiensis*로 명명되었고, 타파눌리 오랑우탄으로 불리게 됐다). 수마트라 오랑우탄이 좀 더 긴 얼굴 모양과 얼굴 털을 갖고 있다. 행동에도 차이가 있다. 오랑우탕은 다른 영장류에 비해 독립적인 성향을 가졌는데, 수마트라 오랑우탄은 약간 더 사회적인 성향을 보인다. 수마트라 오랑우탄이 거의 나무 위에서 내려오지 않는 데 비해, 보르네오 오랑우탄 수컷은 자주 땅으로 내려온다. 타파눌리 오랑우탄은 다른 오랑우탄에 비해 두개골이 작고 좁은 턱을 가지고 있다.

오랑우탄은 번식 사이의 공백이 가장 긴 육상동물이다. 암컷은 열 살이 넘어서야 첫 출산을 하는데, 출산과 출산 사이에 6년에서 8년까지의 기간을 가진다. 한 번 출산할 때 한 마리의 새끼만 낳기 때문에 암컷 오랑우탄 한 마리가 일생 동안 낳는 새끼는 많아봤자 세 마리에 불과하다. 인간과 97퍼센트의 유전자가 일치하는 오랑우탄은 도구를 사용하고 수화를 배울 수 있을 정도로 지능이 높다. 그런데 이 놀라운 동물이 지구상에서 사라지고 있다.

숲을 태워 기름야자 플랜테이션으로 바꾸는 과정에서 오랑우탄은 불에 타 죽을 위협에 시달린다. 설령 운 좋게 살아남았다 해도 서식지에서 밀려난 오랑우탄의 삶은 비참할 따름이다. 숲이 사라져 먹이를 구하지도, 쉴 곳을 찾지도 못하는 오랑우탄은 사람이 사는 곳이나 농장 근처로 내려온다. 가난한 인도네시아 농민들의 농작물을 훔쳐 먹으려는 오랑우탄은 농민들과 사냥꾼들에게 사살된다. 총에 맞아 죽거나 심지어 몽둥이에 맞아 죽기도 한다. 사살된 오랑우탄은 식용으로, 일부 신체 부위는 약재로, 두개골 등은 전리품으로 거래된다. 새끼는 포획되어 애완용이나 전시용, 호객행위용으로 암시장에서 거래된다.

오랑우탄은 '멸종위기 야생동식물종의 국제 거래에 관한 협약 CITE'에 의해 국제 거래가 금지된 종이다. 그러나 새끼 오랑우탄은 애완용으로 타이, 말레이시아, 싱가포르, 대만 등으로 밀수출된다. 한국의 한 테마파크에 전시되었던 오랑우탄도 인도네시아에서 밀수출된 것으로 밝혀진 적이 있다. 인도네시아 부유층에서는 오랑우탄을 기르는 것이 부의 상징처럼 여겨진다. 지능이 높아 훈련이 쉽고 사람을 잘 따르기 때문에 인기가 높다. 오랑우탄을 애완용으

수마트라 코뿔소와 수마트라 호랑이

인간과 자연이 더불어 사는 세계를 만들기 위한 실천

우리가 먹는 값싼 팜유 때문에 동남아시아의 숲이 파괴되고, 그로 인해 오랑우탄을 비롯해 코뿔소, 호랑이 등 수많은 생물종이 멸종위기에 처해 있다. 기름야자 플랜테이션을 만들기 위해 인위적으로 낸 대규모 산불에 심각한 화상을 입은 오랑우탄이 두 팔로 머리를 감싼 채 웅크린 사진이 세계인의 마음을 아프게 했다. 그 오랑우탄의 끔찍한 고통의 원인에 나도 기여해왔다는 사실을 돌이켜보자.

현재의 팜유 생산 시스템에 변화를 주도할 수 있는 것은 환경단체뿐만 아니라 소비자들의 행동이다. 소비자는 동물을 죽이고 환경을 해치는 제품을 보이콧하고, 팜유 및 팜유가 들어간 모든 제품을 생산하는 기업에 압력을 가하며, 우리가 이 일에 관심을 가지고 있다고 목소리를 높여야 한다. 보르네오 섬을 비롯해 지구의 모든 자연과 동물이 인간의 욕심으로 더 이상 피해를 보는 일이 없도록 하기 위한 우리 모두의 노력이 시급하다.

8월 19일은 '세계 오랑우탄의 날World Orangutan Day'이다. 멸종위기에 처한 오랑우탄을 구하는 활동에 동참할 수 있는 여러 방법이 있다. 첫째, 우리가 사용하는 소비재의 50퍼센트 이상에 들어 있는 팜유를 완전히 피하는 것은 쉽지 않겠지만, 팜유가 들어간 제품의 사용을 줄인다. 간식이나 생활용품 등을 고를 때 성분을 확인하고, 팜유가 포함된 제품이라면 한 번 더 생각한 후 구매한다. 둘째, 소비자의 목소리는 생각보다 강하다. 소비자로서 이메일이나 SNS를 활용해 기업에 지속가능한 팜유 사용을 요구한다. 셋째, 주위에 오랑우탄이 처한 현실에 관해 알린다. SNS를 통해 주위 사람들에게 멸종위기에 처한 오랑우탄과 파괴되고 있는 서식지에 대해 알려 관심을 갖게 한다. 관심을 갖는 소비자들이 많아질수록 기업들이 갖는 부담도 커진다. 넷째, 일상생활에서 숲을 살리고 탄소 배출을 줄이기 위한 실천에 동참한다. 예를 들면, 종이 사용을 줄이고 가능한 한 재생지를 사용하며, 대중교통을 이용하고, 절전·절수를 생활화한다. 마지막으로, 오랑우탄을 구조하는 활동을 하는 시민단체를 후원하거나 응원한다.

로 기르는 것은 법적으로 금지되어 있지만 제대로 된 단속과 처벌은 이루어지지 않는다.

세계자연보전연맹은 수마트라 오랑우탄을 '심각한 멸종위기종Critically Endangered'으로, 보르네오 오랑우탄을 '멸종위기종Endangered'으로 분류했다. 그러나 지난 2016년 7월 보르네오 오랑우탄 역시 '심각한 멸종위기종'으로 상향조정됐다. '심각한 멸종위기종'은 '야생 상태 멸종Extinct in the Wild'의 바로 전 단계다. 오늘날 야생 오랑우탄 수는 14,000~25,000마리로 추정되는데, 전문가들은 삼림 벌채가 현재와 같은 속도로 계속된다면 2025년경에 멸종할 것이라고 예측한다.

보르네오 섬의 삼림 면적은 1985년에서 2005년 사이에 73.7퍼센트에서 50.4퍼센트로 줄었고, 앞으로 수십 년 안에 사라질 것이라는 비관적인 전망도 있다. 비록 일부 벌채된 삼림들은 2차림으로 재성장하거나 펄프나 목재 생산을 위해 빠르게 자라는 나무로

식재되고 있지만, 동식물의 종 다양성은 크게 줄어들고 있다. 이것은 심각한 문제다. 왜냐하면 동남아시아는 세계 생물종 다양성의 42퍼센트를 차지하고 있으며, 다른 열대 지역과 비교할 때 위협받는 유관속식물(조직 속에 관다발을 지닌 식물, 양치식물과 종자식물 등), 거북, 조류, 포유류의 비율이 가장 높기 때문이다.

식물성 기름 팜유, 지속가능하려면?

인도네시아와 말레이시아의 기름야자 재배 기업 및 소규모 농가들은 자신의 사회적·환경적 영향을 줄이려는 노력을 그다지 하지 않는다. 엄청난 면적의 숲을 불법적으로 파괴해 기름야자를 재배하는, 규모가 작고 운영이 불투명한 회사들도 여전히 많다. 소비자들이 매일 소비하는 팜유가 불법적으로 생산된 것일 가능성이 아주 높다는 뜻이다. 팜유가 지속가능한 방법으로 생산되었을 확률은 어쩌면 제로에 가깝다.

얼마 전만 해도 팜유는 대부분의 사람들이 관심을 갖거나 미디어에서 다루는 이슈가 아니었다. 하지만 이제는 달라졌다. 비정부기구NGO와 풀뿌리 운동가들의 노력 덕분에 팜유가 환경에 끼치는 영향을 깨닫는 소비자가 많아졌다. 그리고 기업들에게 팜유 정책을 다시 생각해보라는 압력을 넣는 시민들이 생겨났다.

팜유 산업에 종사하는 사람들은 자신들이 직면한 문제를 잘 알고 있다. 2004년 팜유 생산의 환경적 지속가능성에 대한 업계 내외의 우려의 목소리에 부응해 세계자연보호기금WWF과 함께 주요 이해 관계자들이 모여 몇 가지 해결책을 모색했다. 열대림 훼손을 방지하고 생물종 다양성을 보전하면서 지속가능한 팜유 생산을 확대하고자 2014년에 설립한 '지속가능한 팜유 생산을 위한 원탁회의RSPO'가 그 결과 발족했다. 여기에는 팜유 생산·가공·유통·구매·판매에 관여하는 기업, 금융기관, 환경단체 등 다양한 기관이 참여하고 있으며, 현재 RSPO의 회원 자격을 가진 개인만 해도 1,200명이 넘는다.

RSPO는 법적, 환경적, 사회적으로 지속가능한 팜유 생산을 위한 원칙과 기준을 수립했다. 2013년 4월에 열린 총회에서 채택한 원칙과 기준에는 강제노동 및 아동노동의 금지가 명시되었다. 세계자연보호기금은 이 새로운 원칙을 지지하면서 온실가스 배출 규제와 농약 사용 제한에 대한 규칙 또한 포함할 것을 주장하고 있다.

어떤 회사가 RSPO의 구성원이라는 사실이 그 회사 제품이 인증되었음을 의미하지는 않는다.* RSPO는 지속가능한 방법으로 생

---

* RSPO가 제대로 팜유 생산 공정을 모니터링하지도 않고 기업에 면죄부를 주는 '그린워싱Green Washing'일 뿐이라는 비판을 받기도 한다. 환경단체 그린피스의 2009년 보고서에 따르면, 회원 기업들이 소유하고 있는 개간지에서 아직도 삼림 벌채가 이루어지고 있는 것으로 드러났다.

산된 팜유를 사용한 제품을 인증하는 마크Certified Sustainable Palm Oil, CSPO를 발행한다. 이 CSPO 인증마크를 받아야 비로소 지속가능한 팜유 제품이 되며, 세계에서 유통되는 팜유의 19.4퍼센트가 CSPO 인증마크를 받았다. 한국에서는 LG생활건강이 2015년 처음으로 인증마크를 받은 것으로 알려져 있다.

지속가능하고 윤리적으로 생산된 팜유 생산과 구매를 위한 노력에 네슬레, 제너럴밀스, 켈로그, 허쉬, 유니레버 등 유명한 팜유 구매 기업들도 동참하고 있다. 세계 최대 소비재 유통 기업인 유니레버는 그린피스 등 환경단체들로부터 열대우림을 파괴하면서 생산한 팜유를 구매하는 것으로 공격받았다. 이에 유니레버는 2020년까지 자사가 공급받는 모든 팜유를 인증되고 추적가능한 공급원으로부터 구매할 것이라고 밝혔고, 현재 AI를 통한 지리 분석 시스템을 통해 인도네시아 팜유 생산지의 산림 파괴 여부를 모니터링하며 팜유를 공급받고 있다.

어떤 제품에나 들어 있는 팜유를 소비하지 않기란 쉽지 않은 일이다. 그러나 조금이라도 소비를 줄이려는 노력은 할 수 있다. 또한 아직 완전하지 않다고 해도, 가능하면 CSPO 인증마크를 받은 기업의 제품을 구입하는 것이 도움이 된다. 소비자들은 기업들에게 책임 있는 정책을 채택하라고, 우리는 이 일에 관심이 있다고 계속해서 말해야 한다. 내가 즐겨 소비하는 제품이나 브랜드를 만드는 기업에 지속가능한 팜유를 사용하라고 소비자로서 요구하는 것도 변화를 만들 수 있는 방법이다.

지금으로서는 전 세계가 정말로 지속가능하고 윤리적인 팜유만 사용하는 것은 거의 불가능한 꿈으로 보인다. 그러나 정부 수준에서도 동참하기 시작했다. 유럽연합은 2020년부터는 인증된 지속가능한 팜유만 수입하는 것에 대한 논의를 시작했고, 인도네시아와 말레이시아의 지도자들은 삼림 벌채를 금지하라는 국제적 압력에 반응을 보이기 시작했다. 우리 네트워크 안의 기업들, 정부 당국, 지역 주민들, 삼림을 벌채하는 회사들, 그리고 소비자들의 협력이 더욱 필요한 시점이다.

천연고무의 빛과 그림자

다른 대륙이 원산지이지만 서구 제국주의에 의해 이식되어 동남아시아 여러 국가들의 경제, 나아가 세계경제에 큰 영향을 끼치는 플랜테이션 작물이 또 하나 있다. 바로 고무나무다.

고무나무라고 불리는 나무 종류는 많지만, 경제적인 중요성을 갖는 고무나무는 '파라고무나무'라고 불리는 것이다. 이 나무에서 추출되는 수액이 바로 천연고무의 원료이기 때문이다. 파라고무나무의 원산지는 열대우림 기후인 아마존 밀림 지역이다. 그래서 이 나무의 학명도 *Hevea brasiliensis*다. 나무의 높이는 17~35미터이고, 연중 고온다우하고 폭풍우가 없으며 두터운 사질토가 있는 곳이 재배 적지다. 한 그루의 고무나무로부터 연간 5킬로그램의 고무액을 채취할 수 있는데, 이 고무액을 라텍스latex라고 한다.

고무나무에서 수액(라텍스)을 채취하고 있다.

자동차의 타이어 등 고무의 수요가 점차 많아지면서, 서구는 아마존 유역에서만 자생하던 고무나무를 동남아시아 등지의 식민지로 이식했다. 고무나무는 1883년 인도네시아 자바 섬에 이식되었고 이후 말레이시아 등지에 고무나무 플랜테

천연고무 생산량 상위 10개 국(2018, 단위 톤)		
1	타이	4,813,527
2	인도네시아	3,630,357
3	베트남	1,137,725
4	중국	824,093
5	인도	660,000
6	코트디부아르	624,136
7	말레이시아	603,329
8	필리핀	423,371
9	미얀마	275,487
10	캄보디아	220,100

세계 총량 14,234,107톤

이션이 세워졌다. 현재 대부분의 고무나무 플랜테이션은 남부아시아와 동남아시아, 그리고 서아프리카 일부 지역에 분포하고 있다.

고무나무가 잘 자라나는 기후는 고온다습한 열대우림이다. 그런 정글에서 자란 고무나무 수액의 품질이 천연고무의 재료로서 가장 우수하다. 동남아시아는 이러한 조건에 딱 맞는 지역으로, 그중에서도 타이, 베트남, 인도네시아, 말레이시아 등은 세계 천연고무의 70~80퍼센트를 생산하며, 세계 천연고무 시장

대륙별 천연고무 생산량 비율(2018)

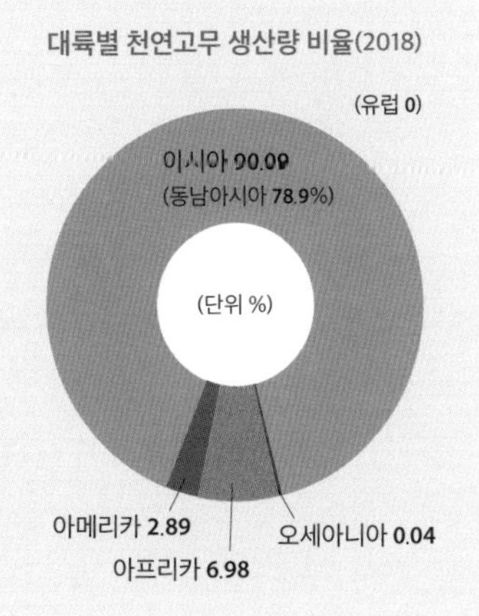

천연고무(1차 제품) 수출액 상위 5개 국(2018, 1,000USD)

순위	국가	수출액
1	타이	1,354,205
2	베트남	117,038
3	코트디부아르	72,082
4	말레이시아	57,043
5	과테말라	55,369

천연고무(그 밖의 형태) 수출액 상위 5개 국(2018, 1,000USD)

순위	국가	수출액
1	인도네시아	3,941,838
2	타이	3,246,267
3	말레이시아	878,031
4	베트남	836,462
5	코트디부아르	683,265

을 쥐락펴락하고 있다.

고무나무를 심은 지 7년이 지나서야 그 나무에서 고무 수액을 채취할 수 있다. 그 뒤 약 20년 정도까지 고무를 채취할 수 있으며, 이후에는 생산량이 현저히 줄게 되므로 베어내 목재로 사용한다. 고무나무를 재배하기 위한 환경 조건은 매우 까다로우나 재배 자체는 그다지 어렵지 않다. 벌레가 잘 생기지 않고, 1년에 한 번 정도 비료를 주며, 제초작업 또한 거의 필요 없다. 고무나무에 영양분을 공급해주기 위해 땅콩 같은 것을 함께 간작할 수 있어 일석이조의 효과까지 있다.

고무나무로부터 고무를 채취하는 작업은 주로 선선한 밤에서 새벽까지만 이루어진다. 고무 수액은 기온이 높으면 바로 굳어버리기 때문이다. 타이나 말레이시아 인근을 저녁이나 새벽에 가면 저 멀리 불빛들이 왔다 갔다 하는 풍경을 볼 수 있는데, 이는 고무를 채취하는 사람들의 불빛이다.

천연고무는 타이어, 고무장갑 등 전통적인 고무 제품뿐 아니라 건설, 항공우주 산업 등에 두루 사용되므로 전 세계 고무 시장의 규모는 점점 더 커지고 있다(2019년 407억 7,000만 달러, 2027년 추정액 515억 1,000만 달러). 그렇다고 해서 동남아시아의 경제가 마냥 장밋빛인 것은 아니다. 예를 들어, 천연고무 수출에서 타이와 1, 2위를 다퉈온 인도네시아의 고무 생산과 수출은 최근 급격한 타격을 받았다. 인도네시아 통계청에 따르면, 인도네시아는 2017년 394만 톤의 고무를 수출했지만 매년 꾸준히 수출량이 줄면서 2022년에는 278만 톤을 수출하는 데 그쳤다. 이는 기온이 떨어지고 너무 많은 비가 내리는 등의 기후변화, 그리고 각종 나무 질병의 만연 때문에 생산량 자체가 줄어들었기 때문이다. 그럼에도 천연고무의 가격은 하락하는 추세에 있어(천연고무 1킬로그램 가격 기준, 2011년 4.82 달러, 2023년 4월 1.54달러), 기존에 고무나무를 재배하던 많은 농민이 수익성이 더 좋은 기름야자나무 재배로 전환하고 있다는 것이다.

이처럼 재배에 필요한 환경 조건이 비슷한 고무나무와 기름야자나무의 관계도 흥미롭다. 1980년대 후반까지는 말레이시아가 천연고무 생산을 가장 많이 하는 국가였다. 그러나 1990년대 들어 생산량이 급속히 줄어들었는데, 이는 팜유 산업을 활성화하면서 고무나무를 비롯한 열대림을 벌채하고 기름야자나무를 심었기 때문이다.

5장

바나나

바나나, 인류가 재배한 최초의 과일

1970~80년대 한국에서 바나나는 비싼 과일의 대명사였다. 바나나는 당시 한국인에게 생일 같은 특별한 날이 아니면 좀처럼 먹을 수 없는 귀한 과일이었다. 바나나 한 개가 자장면보다 더 비쌌다. 그러나 1980년대 중반 이후 필리핀 바나나에 대한 수입 규제가 완화되면서 가격은 급락하고 누구나 쉽게 먹을 수 있는 과일이 되었다.

어느덧 바나나는 한국 사람들이 가장 많이 찾는 수입 과일이 되었다. 슈퍼마켓뿐 아니라 집 근처 편의점에서도 손쉽게 바나나를 구입할 수 있다. 다국적 농식품 기업인 돌, 치키타, 델몬트, 썬키스트 등의 스티커를 달고서 우리 식탁으로 찾아온다. 하지만 우리의 시선은 바나나 너머에 있는 바나나 생산 농민들의 삶에까지 이르지는 못하고 있다.

바나나는 세계에서 가장 많이 수출되는 과일인 동시에 쌀과 밀, 옥수수에 이어 세계에서 네 번째로 중요한 식량작물이다. 바나나는 세계에서 가장 인기가 높고, 많이 팔리며, 꼭 필요한 과일이다. 여러 나라에서 바나나는 수억 명의 인구를 먹여 살리고 있는데,

이는 쌀이나 감자보다 큰 수치라고 한다. 바나나는 산지인 열대 지역에서는 식량 자원으로 소비되지만 유럽과 미국, 동아시아 등 온대 지역으로 수출되어 1년 내내 소비되고 있다.

바나나는 인간이 최초로 경작한 과일 중 하나이며(적어도 7,000년 전에 처음 재배되었다), 지금도 가장 중요한 과일로 남아 있다. 세계에서 가장 많이 기르는 과일이라는 사실을 제쳐두더라도, 바나나는 지구상에서 가장 흥미로운 식물이다. 우리는 바나나가 나무에서 열린다고 생각하지만 바나나는 나무가 아니다. 세계에서 가장 커다란 풀이고, 그 열매는 사실 거대한 장과漿果*다. 현재 가장 많이 먹는 바나나는 캐번디시Cavendish라는 품종이지만 전 세계적으로 1,000종이 넘는 바나나 품종이 있으며, 이 중에는 새끼손가락만 한 크기에 씹으면 이가 부러질 정도로 단단한 씨가 가득 든 야생종도 수십 가지나 있다.

농민들이 재배를 시작하기 전, 바나나는 중국 남부에서 동남아시아 및 인도, 파푸아뉴기니로 이어지는 울창한 숲에서 자생했다. 아시아에는 초기 변종이 굉장히 다양했기 때문에, 거기에서 진화한 재배종의 수도 수백 가지에 달한다. 아시아에서 아프리카, 그리고 아메리카로 재배지가 확산되는 과정에서 바나나는 더 개량되

---

* 고기질로 되어 있는 벽 안에 많은 씨가 들어 있는 열매(berry)로, 딸기, 포도, 무화과 등이 여기에 속한다.

는 한편 사라지기도 했다. 최종 기착지인 아메리카에 다다를 때까지 바나나의 종수는 계속 줄어들었다. 아시아에서는 그토록 다양했으나 인도양과 대서양을 건너면서 그 종수가 점점 줄어든 바나나의 여정이 근대 세계의 도래와 함께 아메리카에 이르렀다고 보아야 할 것이다. 라틴아메리카에서 바나나는 아시아나 아프리카에서처럼 주식이 되지는 않았지만 꽤 중요한 식량이었으며, 이는 지금도 마찬가지다.

아시아에서는 식량, 라틴아메리카에서는 수출품

바나나의 재배 조건과 생산 지역

바나나는 파초과 바나나속(학명 *Musa*)의 외떡잎식물로, 원산지는 열대 아시아다. 바나나는 구대륙인 아시아의 열대 지역에서 아프리카로, 그리고 신대륙 라틴아메리카로 건너갔다. 바나나 재배의 기후 조건은 연평균 기온 21°C 이상, 최고기온 38°C 이하, 연강수량 900밀리미터 이상이다. 바나나의 재배 적지는 적도를 중심으로 한 북위 30도에서 남위 30도 사이의 열대 기후 지역으로, 기온이 높고 습하며 배수가 양호한 토양을 가진 곳이다.

2018년 기준 대륙별 바나나 생산량은 아시아가 53.8퍼센트로

세계 지역별 바나나 생산량(2019, 1M=100만 톤)

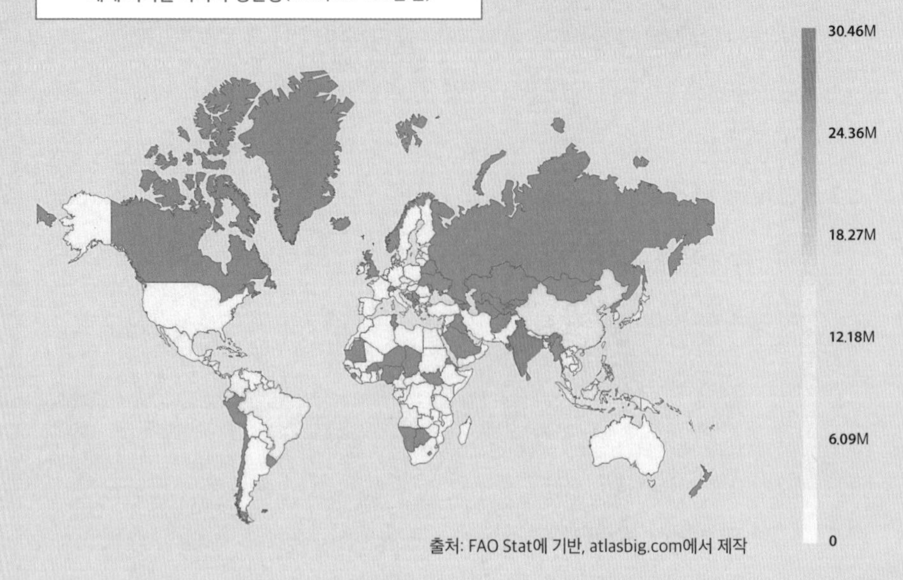

출처: FAO Stat에 기반, atlasbig.com에서 제작

대륙별 바나나 생산 비율(2018, 단위 %)

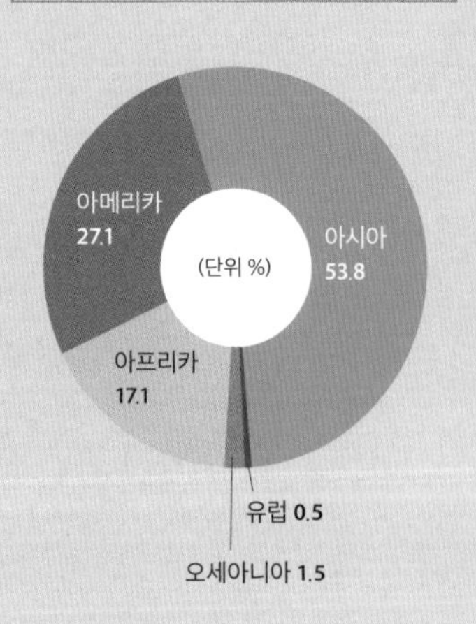

바나나 생산량 상위 10개 국(2018, 단위 톤)

순위	국가	생산량
1	인도	30,808,000
2	중국	11,221,700
3	인도네시아	7,264,379
4	브라질	6,723,590
5	에콰도르	6,505,635
6	필리핀	6,144,374
7	과테말라	4,207,229
8	앙골라	3,954,036
9	탄자니아	3,395,499
10	코스타리카	2,595,229

세계 총 생산량 **116,775,502**톤

가장 많고, 아메리카 27.1퍼센트(이 중 북아메리카의 생산량은 극미하다), 아프리카 17.1퍼센트, 오세아니아 1.5퍼센트, 유럽 0.5퍼센트 순이다. 아시아 대륙이 거의 절반 이상을 생산하며, 나머지 절반을 라틴아메리카와 아프리카에서 생산한다.

바나나를 가장 많이 생산하는 국가는 인도로, 2018년 한 해 전 세계에서 생산된 바나나 1억 1,677만 톤 가운데 26퍼센트가 넘는 3,000만 톤을 생산했다. 이는 바나나 생산국 3위인 인도네시아보다 네 배 이상 많은 양이다. 그러나 경쟁 상대인 동남아시아(인도네시아, 필리핀)와 남아메리카(브라질, 에콰도르) 국가들과 달리, 인도산 바나나는 수출되는 경우가 거의 없다. 즉 인도에서 가장 풍부한 산물인 바나나는 거의 내수용으로, 인도는 세계에서 가장 바나나를 사랑하는 나라인 셈이다.

바나나에 대한 인도 사람들의 열광은 단순히 애정이나 수요만을 가리키는 것이 아니라 그 다양성을 의미하기도 한다. 인도에서는 다른 어느 곳보다 다양한 종류의 바나나가 자란다. 인도에는 670종 이상의 재배종 및 야생종 바나나가 있다. 아시아의 다른 바나나 생산국들처럼, 인도 또한 최근에는 바나나를 먹는 것에 그치지 않고 수출하고 싶어한다. 그리하여 인도에서도 시장성을 갖춘 캐번디시 품종을 심기 시작했다. 인도가 추진하려는 바나나의 세계화로 인해 인도 바나나의 다양한 품종이 사라질 위기에 처한 것이다.

바나나의 수출과 수입 그리고 소비

생산량의 80퍼센트 이상을 그 지역에서 소비하기 위해 재배함에도, 바나나는 세계에서 가장 많이 수출되는 과일이다. 바나나 무역은 연간 40억 달러에 달한다. 바나나 생산량의 나머지 20퍼센트 중 4분의 3이 미국, 유럽연합, 일본으로 수출된다.

바나나 생산 세계 1, 2위를 차지하는 인도와 중국에서는 바나나를 거의 수출하지 않고 대개 내수용으로 소비한다. 반면, 바나나를 가장 많이 수출하는 국가는 655만 톤을 수출한 에콰도르이며, 필리핀(339만 톤), 코스타리카(248만 톤), 과테말라(236만 톤), 콜롬비아(175만 톤) 등이 그 뒤를 따른다. 에콰도르는 전 세계 바나나 수출량의 27퍼센트가량을 차지한다. 2위 필리핀의 14퍼센트를 제외하면, 나머지 국가들의 수출량은 10퍼센트에 못 미친다(2018년 세계 바나나 수출 총량 24,352,729톤).

바나나 또한 열대 지역에서 재배되는 대표적인 플랜테이션 작물 중 하나다. 바나나 재배는 자본집약적이며 상당한 전문 지식을 요구한다. 수출용 바나나는 주로 라틴아메리카의 여러 국가와 동남아시아의 필리핀, 인도네시아에서 재배된다. 이들 국가에서 미국의 거대 다국적 농기업인 치키타, 돌, 델몬트 등이 소유한 농장에서 재배되어 미국과 유럽, 일본과 한국 등지로 수출된다. 독립 재배자 역시 대부분 선진국의 부유한 지주들이다.

바나나를 가장 많이 수입하는 국가는 미국이다. 전 세계 바나나

인도를 비롯한 아시아 국가들에서 바나나는 주요 식량의 하나다.

수입량 중에서 거의 21퍼센트를 차지한다(2018년 기준). 미국인이 가장 많이 소비하는 과일은 사과도 오렌지도 아닌 바로 바나나다. 미국인이 한 해 먹는 바나나의 양이 사과와 오렌지를 합친 것보다 많다. 최대의 수출국인 에콰도르 바나나의 대부분이 미국으로 보내지며, 나머지가 러시아, 벨기에, 독일, 일본 등 선진국으로 수출된다(2018년 세계 바나나 수입 총량 22,562,878톤).

미국은 단 한 개의 바나나도 생산하지 않는 나라이자 전 세계에

바나나 수출량 상위 10개 국(2018, 단위 톤)

순위	국가	수출량
1	에콰도르	6,553,853
2	필리핀	3,387,755
3	코스타리카	2,484,231
4	과테말라	2,360,401
5	콜롬비아	1,748,483
6	벨기에	1,156,162
7	네덜란드	803,836
8	온두라스	633,446
9	미국	583,691
10	멕시코	552,398

바나나 수입량 상위 10개 국(2018, 단위 톤)

순위	국가	수입량
1	미국	4,778,232
2	러시아	1,556,494
3	중국	1,544,607
4	벨기에	1,326,726
5	독일	1,256,109
6	네덜란드	1,073,283
7	영국	1,021,487
8	일본	1,002,879
9	이탈리아	777,314
10	프랑스	724,774

서 가장 많은 바나나를 수입하는 나라다. 그런데 신기하게도 바나나 수출로 세계에서 가장 많은 돈을 버는 나라이기도 하다. 그 이유는 라틴아메리카와 동남아시아 국가에서 운영되는 바나나 플랜테이션을 치키타, 돌, 델몬트 등 미국의 다국적 농식품 기업이 소유하고 있기 때문이다. 미국은 바나나 수출 문제를 놓고 유럽연합과 심각한 무역 마찰을 빚은 적이 있다. 왜냐하면, 미국의 다국적 기업에 의해 라틴아메리카에서 생산되는 대부분의 바나나가 미국과 유럽으로 수출되기 때문이다(이에 관한 이야기는 이어지는 절에서 상세히 다룬다).

앞서 언급했듯이, 한국 사람들이 가장 많이 찾는 수입 과일 역시 바나나다. 필리핀산 바나나의 국내 시장 점유율이 2018년 기준 약 77퍼센트에 달한다.* 이는 지리적 근접성에 의한 무역의 결과다. 필리핀을 비롯한 동남아시아에서는 유리한 기후 조건을 살

---

* 이전에는 필리핀산 바나나의 점유율이 97퍼센트까지 달했다. 그러나 라틴아메리카산 바나나의 수입 비중이 빠른 속도로 높아졌는데, 그 이유는 2012년 태풍 보파가 필리핀 바나나 산지에 큰 피해를 입히면서 단기간에 바나나 가격이 급등했기 때문이다. 필리핀의 토종 바나나는 크기는 작지만 맛이 좋았다. 그런데 미국과 일본의 다국적 농식품 기업이 필리핀에 진출하면서, 큰 바나나가 열리는 품종인 캐번디시를 심었다. 필리핀은 땅값이 싸고 임금도 저렴하며 한국과 일본 등 아시아 시장과도 지리적으로 가깝기 때문에 수출에 유리한 품종을 심은 것이다. 2012년 이후 한국과 일본 등에 라틴아메리카산 바나나의 수입이 늘었으나, 그럼에도 2019년 기준 아시아 지역 내 총 수출량의 90퍼센트 이상이 필리핀산 바나나다. 다국적 농식품 기업으로는 미국의 돌, 치키타, 델몬트, 썬키스트뿐만 아니라 일본의 스미토모 등이 필리핀에 진출해 있다.

려 많은 바나나를 생산하고 있으며, 현지 사람들의 식생활을 위해서뿐만 아니라, 중요한 상품작물로서 재배되고 수출된다.

필리핀의 바나나 플랜테이션은 1960년대 말부터 남부 민다나오섬에서 이루어졌는데, 미국과 일본의 다국적 기업이 생산부터 수출까지 관리하고 있다. 넓은 바나나 농장과 함께, 출하를 위한 가공·포장 공장을 운영하는 것이다. 필리핀의 바나나는 한국, 일본뿐 아니라 지리적으로 인접한 중국, 싱가포르, 중동 등으로 많이 수출된다.

바나나의 상품사슬: 바나나의 은밀한 삶

바나나는 세계에서 가장 인기 있는 과일이다. 전 세계 소비자들이 바나나를 먹는 데 연간 수백억 달러를 사용하고 있다. 그런데 마트에서 사시사철 구입할 수 있는 바나나는 매우 복잡한 생산과 분배의 지리를 숨기고 있다.

바나나는 아시아와 아프리카, 라틴아메리카의 소규모 농민들, 때때로 계약을 맺어 일하는 농민들에 의해 재배되거나 다국적 농기업이 경영하는 대규모 플랜테이션에서 재배된다. 어느 쪽이든, 수확한 바나나는 세척 및 분류 과정을 거쳐 박스에 포장해 트럭이나 기차에 실어 가까운 항구로 운송한다. 항구에서 바나나는 특정 온도로 통제되는 냉장선에 선적되어 목적지 국가의 항구로 운송된다. 예를 들면, 서인도 제도의 작은 섬나라 세인트빈센트그레

나딘에서 영국으로 수출되는 바나나는 영국의 물류 회사인 기스트라인 운송 회사Geest Line Shipping Company의 배에 실려 2주 정도 걸려 사우샘프턴의 항구로 운송된다. 그 후 바나나는 특별숙성센터에서 후숙 과정을 거치며 초록색에서 노란색으로 익는다. 이 과정을 모두 거친 바나나는 트럭에 실려 슈퍼마켓이나 식품점에 납품되고, 소비자는 바나나 송이를 구입해 소비한다.

바나나와 같은 상품의 생산, 분배에 얽힌 복잡한 공급사슬에 관여하는 여러 집단은 서로 더 많은 이익을 가지려 갈등을 빚는다. 소비자가 가게에서 바나나 하나를 사면서 치르는 돈이 바나나 공급사슬에 관여하는 다양한 주체들 간에 어떻게 분배되는지를 살펴보면 그런 갈등을 쉽게 이해할 수 있다.

우리가 마트에서 구입하는 바나나는 매우 저렴하다. 바나나의 싼 가격은 세계 바나나 시장의 80퍼센트를 돌Dole, 치키타Chiquita, 델몬트Del Monte, 파이프스Fyffes(치키타가 인수함), 노보아Noboa 등 5개 거대 회사가 차지하고 있기에 가능하다. 이들이 싼값에 바나나를 구매하기에 싼값에 판매할 수 있는데, 이 때문에 우리가 바나나를 살 때 지불하는 돈의 단지 20퍼센트만이 바나나를 생산하는 국가로 돌아간다.

소비자가 600원짜리 바나나 1개를 구입할 때, 소매업자가 그중 260원을 가져가고, 그다음으로 플랜테이션 소유주가 100원, 운송업자와 숙성업자가 각각 80원, 도매·수입업자가 60원, 그리고 노동

바나나 상품사슬에서 각 주체가 차지하는 몫

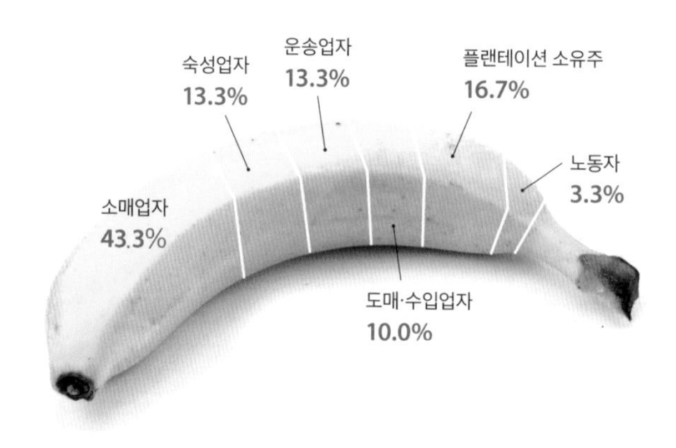

자가 20원을 가져간다. 바나나 재배와 수확, 그리고 세척, 분류, 포장에 관여하는 노동자에게 돌아가는 몫은 단지 3퍼센트에 지나지 않는 것이다.

이런 시장 구조는 여러 사회문제를 야기한다. 거대 독과점 기업이 지배하는 시장에서는 바나나를 통해 발생되는 수익의 아주 일부분만이 소규모 자작농이나 소작농, 농업노동자에게 돌아간다. 상품사슬에서 보았듯이, 바나나가 우리 식탁에 오르기까지는 여러 단계를 거친다. 그런데 바나나 판매 금액에서 농업노동자에게 돌아가는 몫은 소매업자, 도매·수입업자, 운송업자, 숙성업자, 플랜테이션 기업에 비해 터무니없이 적다.

바나나 재배 농민들과 농업노동자들은 기본적인 삶을 누릴 수 없을 만큼 빈곤에 허덕이게 된다. 거대 기업은 바나나 가격을 낮추는 데 혈안이 되어 있을 뿐 노동자의 기본적인 삶과 인권, 그리고 지나친 살충제 사용으로 인한 환경 파괴와 노동자들의 건강 문제에는 관심을 두지 않는다.

최근 바나나 가격은 계속해서 하락하고 있다. 바나나 가격 하락의 여파는 상품사슬을 구성하는 소규모 농민과 플랜테이션 노동자들에게 그대로 전해진다. 바나나 가격이 떨어질수록 노동자들이 받는 임금도 하락하며 노동환경도 악화된다. 예를 들면, 1999년에 바나나 가격이 하락하자 델몬트는 자신이 경영하는 코스타리카의 대규모 플랜테이션에서 일하는 노동자 4,300명 모두를 해고했다. 그리고 30~50퍼센트 감소한 임금으로 그들을 재고용하며, 더 오랜 시간 일하고 더 적은 임금을 받도록 강요했다. 이런 현상이 일어나게 된 것은 델몬트가 글로벌 소매업체인 월마트에 낮은 가격으로 대량의 바나나를 제공하는 글로벌 거래를 했기 때문이었다.

이에 대응해, 옥스팜을 비롯한 세계의 비정부기구들은 바나나 재배 농가와 직거래하는 공정무역을 조직했다. 영국의 경우, 현재 영국에서 팔리는 바나나 4개 중 1개가 공정무역 바나나이며, 세인스버리Sainsbury's와 웨이트로즈Waitrose 같은 슈퍼마켓에서도 공정무역 바나나를 판매하기 시작했다.

바나나의 상품사슬

1. 재배

바나나는 열매가 형성되기 시작되면 신속하게 파란 비닐로 차단한다. 그러지 않으면 바나나 과육이 자라기 전에 숙성되어버리기 때문이다. 바나나 과육은 비닐 봉투 속에서 11주가량 성장한다.
평균적으로 바나나는 약 9개월마다 과일을 생산한다. 상업적으로 재배되는 바나나는 4미터에서 9미터 높이로 자라며, 대규모 관개시설을 갖춘 플랜테이션에서 길게 줄지어 자란다. 각각의 줄기에는 약 150개의 바나나가 달린다.

2. 수확

한 줄기에 150개 정도 달린 완숙 직전의 초록색 바나나를 낫이 달린 장대로 수확한다. 수확한 바나나 다발은 등에 짊어지거나 케이블(전동 도르래)에 매달아 세척 및 포장 시설이 있는 공장까지 운반한다.
바나나를 수확하는 노동자들은 매일 12~14시간 동안 수없이 이동하면서 일하며, 성과에 따라 임금을 받는다. 과도한 노동으로 인해 바나나 수확 노동자의 건강이 악화되곤 한다.

3. 세척과 포장

공장에 도착한 바나나 다발을 작은 송이로 자른다. 그 후 흐르는 물이 담긴 수조에서 20~30분 동안 살충제와 진딧물 등을 세척한다. 세척 후 컨베이어벨트로 옮긴 바나나는 등급을 매기는 분류 과정을 거친다. 바나나 세척과 분류는 온전히 여성들의 몫이다. 수출에 부적합한 5~6퍼센트의 바나나는 빵이나 이유식의 재료로 쓰이는 가루로 만들어진다. 컨베이어벨트에서 분류된 바나나는 상표 스티커가 붙어 박스에 포장된다.

4. 운송

포장된 바나나 박스는 스키드skid에 놓인 상태로 트럭과 기차에 실려 항구나 공항으로 이동한다. 항구에서는 숙성을 방지하기 위해 냉장 시설을 갖춘 에너지집약적인 냉장선에 바나나를 실어 북아메리카와 유럽 등 전 세계로 운송한다. 치키타 바나나의 70퍼센트는 회사 소유의 컨테이너선에 실려 운송된다. 바나나는 주위 환경에 예민하게 반응하는데, 일정 기간 노란색으로 후숙하는 과정을 거쳐야 소비자가 먹을 수 있다. 이 과정에서 '카바이드'나 '에틸렌' 같은 화학약품이 사용되기도 한다. 수확한 지 10~14일 지난 바나나들이 식료품점에서 판매된다.

5. 소비

슈퍼마켓이나 식료품점은 바나나 상품사슬에 영향을 주는 가장 강력한 행위자다. 유통업체는 가장 저렴한 가격으로 바나나를 구입함으로써 바나나 플랜테이션으로부터 이익을 짜낸다. 소비자들은 이 슈퍼마켓이나 소매점에서 바나나를 구입해 소비한다. 소비자가 바나나 구입에 지불하는 돈의 단지 20퍼센트만이 바나나 수출국에 도달한다.

다국적 농기업 치키타와 돌, 그리고 바나나 공화국

치키타와 돌, 바나나를 세계의 식탁으로 가져오다

현재 라틴아메리카와 동남아시아의 바나나 플랜테이션은 미국의 다국적 농식품 기업 치키타, 돌, 델몬트, 썬키스트 등이 경영하고 있음을 앞서 여러 차례 이야기했다. 이 중에서 치키타와 돌은 라틴아메리카의 바나나 플랜테이션과 역사를 같이하는 기업이라고 해도 과언이 아니다.

바나나의 과거는 중요한 역사적 사건들로 가득하다. 특히 라틴아메리카의 바나나 플랜테이션은 더욱 그렇다. 지금의 치키타와 돌의 전신인 유나이티드프루트컴퍼니United Fruit Company와 스탠더드프루트Standard Fruit는 19세기 말 라틴아메리카에서 바나나 플랜테이션을 개척했다. 이들 기업은 그 당시 대다수 미국인에게는 생소했던 바나나 시장을 열었고, 바나나는 엄청난 돈벌이가 되었다. 20년도 채 지나지 않아 바나나의 판매량은 미국에서 가장 많이 팔리던 사과를 추월했다. 사과 산지는 미국의 거의 모든 도시와 몇 시간 거리에 있었던 반면, 바나나는 운송 거리가 수천 킬로미터에 달했고 썩기 쉬운 열대 과일이었는데도 말이다.

유나이티드프루트컴퍼니와 스탠더드프루트는 바나나 플랜테이션을 위해 라틴아메리카의 열대우림을 밀어버리고, 철도를 놓고,

온두라스 북부의 항구 도시 라세이바La Ceiba의 1910년대 모습.
사진 중앙에 보이는 물탱크water tower가 스탠더드프루트의 전신인
"미국의 바나나 회사"라고 사진작가는 밝히고 있다.

항구와 도시를 건설했다. 여기에 그치지 않고, 상하지 않고 미국까지 안전하게 바나나를 운반할 수 있게 운송선을 개선했다. 열대 과일인 바나나를 미국인들이 아침 식사로 먹을 수 있게 된 것은 19세기에 발명된 냉장선 덕분으로, 바나나 화물선은 최초로 냉장 설비를 갖춘 선박이었다. 또한 이 두 회사는 바나나의 숙성을 지연하기 위해 CA저장법(공기 중 이산화탄소와 산소의 비중을 조절해 과일의 신선도를 최상의 상태로 유지하는 보관법)을 최초로 이용하기도 했다. 오늘날 널리 이용되는 이 혁신적인 기술은 바나나 운송 이전까지는 존재하지 않았다. 아니, 이 당시까지는 과일 산업 자체가 존재하지 않았다. 당시 과일 시장이란 사과, 오렌지, 체리, 포도를 공급하는 소규모 농장과 지방 도매상이 전부였다.

치키타와 돌 같은 글로벌 과일 기업은 냉장선과 CA저장법 등을 개발한 덕에 본격적으로 사업을 시작할 수 있었으며, 잘 짜인 물류 시스템 덕에 성장했다. 냉장선과 운송 기술이 더욱 발전하면서, 멀리 떨어진 국가의 농민이 재배한 신선한 과일을 저온 상태로 전 세계의 슈퍼마켓에 운송할 수 있게 되었다. 소비자들은 지금까지 경험하지 못한 이국적인 과일, 바나나를 맛볼 수 있게 되었다.

현재 치키타, 돌, 델몬트 같은 글로벌 식품 기업들은 서로 다른 기후대에 속한 생산자들을 잘 조율하고 연결해 1년 내내 우리 식탁에 신선한 채소와 과일이 오를 수 있게 한다. 이들 기업은 멀리 떨어진 국가의 소농들과 하청계약을 맺거나 농업노동자를 직접 고용해 수출 가공용 과일과 채소, 곡물을 생산하며, 냉장선을 이용해 소비지로 운송한다. 냉장선 덕분에 특정 국가의 농가들이 전 세계 시장에 농산물을 공급할 수 있게 되었다.

파나마병이 불러온 바나나 운송과 마케팅의 혁신

1950년대 라틴아메리카의 바나나 플랜테이션에서 미국과 유럽에 수출하기 위해 주로 재배하던 품종은 그로 미셸Gros Michel이었다. 그러나 파나마병*이 발생하면서 1960년대에 그로 미셸은 생산이 중단되었다. 이후 그로 미셸보다 파나마병에 잘 견디는 캐번디시Cavendish 바나나를 주로 재배하게 되었고, 오늘날까지 전 세계 시장을 캐번디시 품종이 장악하고 있다. 캐번디시는 무시무시한 전염병은 견딜 수 있었지만, 맛도 덜하고 연약하다는 단점이 있었다. 냉장 보관한 그로 미셸은 다발째 화물칸에 내동댕이쳐도, 험한 바다를 건너도 무르거나 깨지지 않았다. 반면 단단함과 거리가 먼 캐번디시는 봉투 속에서 조금만 부대껴도 흐물흐물해진다.

돌의 전신인 스탠더드프루트는 초창기에 미국 시장 점유율에서 치키타의 전신인 유나이티드프루트의 상대가 되지 못했다. 그러나 새로운 혁신을 통해 유나이티드프루트의 경쟁상대로 뛰어오르게

* 푸사리움 옥시스포룸*Fusarium oxysporum* 곰팡이가 물과 흙을 통해 바나나 뿌리를 감염시켜 발생하는 병이다.

그로 미셸 바나나

캐번디시 바나나

된다. 스탠더드프루트는 연약한 캐번디시 바나나를 온전히 운송할 방법을 모색하기 시작했다. 그것은 바나나를 다발째 선체 바닥에 쌓지 않고 송이로 잘라 상자에 담아 운반하는 방법이었다. 이 상자 포장법 덕분에 수출용 바나나의 생산과 마케팅은 새로운 국면을 맞이했다.

스탠더드프루트는 많은 시험을 거쳐 우유 상자보다 더 큰 상자가 바나나를 담기에 적합하다는 결론을 내렸다. 상자 하나에는 바나나 18킬로그램을 넣을 수 있었다. 바나나를 상자에 담으려면 세척이 된 상태여야 하므로, 농장에 세척 및 포장 공장을 만들어야 했다. 이런 변화로 인해 바나나를 트럭에 실어 도로를 통해 운반하는 것이 훨씬 효율적이게 되었다. 이로써 유나이티드프루트가 처음으로 바나나 사업을 시작하면서 열었던 중앙아메리카의 철도 시대는 막을 내렸다. 상자에 담긴 바나나는 운반하기 쉬웠고, 차곡차

상자에 담긴 바나나. 상자에 표시된 약어를 보면 그 바나나가 농장에서부터
어떤 경로로 운송되어 식료품점 진열대에 놓였는지 알 수 있다.

곡 쌓아놓으면 숙성과 냉장도 훨씬 수월했다.

상자 포장은 뜻밖의 효과를 낳았다. 다발을 송이로 쪼개 따로따로 담으니 판매용 바나나에 더 효과적으로 상표를 붙일 수 있었고, 바나나를 송이 단위로 보기 좋게 진열할 수도 있었다. 지금 슈퍼마켓에서 볼 수 있는 풍경이다. 스탠더드프루트는 상자에 담아 유통한 새로운 바나나에 '카바나 바나나'라는 상표를 붙였다. 그리고 포장 공장에서 상자에 바나나를 담으면서 낱낱의 상자에 스티커를 붙이게 했다.

한편, 유나이티드프루트는 바나나에 처음으로 브랜드를 붙인 기업이다. 바나나 회사는 여럿이지만 바나나가 시판되면 그것이 유나이티드프루트의 것인지 스탠더드프루트의 것인지, 아니면 다른 소규모 경쟁사의 것인지 구분할 길이 없었다. 당시 바나나업계 1위

이 두 엽서는 1910년경 루이지애나 주 뉴올리언스에서 바나나 다발을 내리는 노동자를 보여준다. 이 당시 뉴올리언스는 세계에서 가장 훌륭한 바나나 항이었다. 매년 700척 이상의 선박이 2만 5,000개에서 5만 개의 바나나 다발을 싣고 도착했다. 각각의 바나나 다발은 선박의 화물창에서 컨베이어벨트를 통해 냉장고로 운반된다. 20세기 중반까지, 미국으로 수입된 바나나의 20~25퍼센트가 뉴올리언스 항에서 내렸다. 바나나 항은 뉴올리언스에 수백 가지 일자리를 제공했으며 관광 명소이기도 했다. 1960년대 후반 뉴올리언스는 더 이상 미국에서 가장 큰 바나나 항구가 아니게 되었다. 윌밍턴, 델라웨어, 걸프 포트, 미시시피가 현재 미국 내 주요 바나나 항들이다.

돌 바나나 운송선(왼쪽)과 치키타 운송선(오른쪽).
두 기업은 바나나업계의 최대 라이벌이다.

인 유나이티드프루트는 판매고를 더욱 올릴 목적으로 바나나에 상표를 붙이기 시작했다. '치키타'라는 브랜드의 발명은 단순히 이름을 붙였다는 것 이상의 의미가 있었다. 처음에는 바나나 다발을 한데 묶는 끈에 상표를 붙였고, 바나나 자체에 스티커를 붙인 것은 한참 뒤의 일이다. 이후 치키타는 오랜 숙적 돌과 업계 1위 자리를 주거니 받거니 하면서 바나나 시장에서 최대의 라이벌 관계를 형성하고 있다.

바나나 공화국

〈마지막 잎새〉로 유명한 미국 소설가 오 헨리O. Henry(1862~1910)는 재직하던 은행의 공금을 횡령한 혐의로 재판받던 중 장인의 도움을 받아 1896년에 온두라스로 도피했다. 그가 온두라스에 머물면서 '안추리아Anchuria'라는 중앙아메리카의 어느 신비한 나라에서 벌어지는 이야기를 그린 단편소설이 1904년에 발표한 〈양배추와 임금님Cabbages and Kings〉인데, 이 소설에서 '바나나 공화국'이라는 표현이 처음 나왔다. 하지만 '바나나 공화국'이라는 용어는 콜롬비아 대학살(1929)*이 일어나고, 잡지《에스콰이어》의 1935년 기사에 이 용어가 다시 모습을 드러내기 전까지는 유행하지 못했다. 《에스콰이어》의 기사는 콜롬비아에서 미국이 행한 일들을 연대순으로 정리하며 그러한 행위를 '비인간적'이라고 규정했는데, 이 기사에서 바나나 기업과 미국 정부에 순순히 따르는 나라들을 '바나나 공화국'이라고 부른 것이다. 이때부터 바나나 공화국이라는 표현은 미국의 직간접적인 지배 아래에 놓인 라틴아메리카의 여러 국가를 얕잡아 부르는 말이 되었다.

미국 의류 회사의 브랜드인 '바나나리퍼블릭'이 1990년대 미국 학생들 사이에서 인기를 끌었다. 바나나리퍼블릭이 바로 바나나 공화국을 일컫는 말로, 의류 회사인 바나나리퍼블릭의 세련된 이미

---

* 1929년 콜롬비아에서는 '바나나 대학살'이라 불리는 사건이 일어났다. 콜롬비아 군인들이 자국의 바나나 노동자들을 향해 무차별적으로 총기를 난사한 사건이었다. 이 사건 이면에는 바나나 회사가 관련되어 있었다. 콜롬비아의 바나나 농장에서 일하던 농업노동자들은 1920년대 초부터 정당한 보수와 작업환경의 개선을 요구했다. 그러나 이런 요구는 번번이 좌절되었고, 이에 1928년 10월에는 3만 2,000명의 노동자가 파업에 나섰다. 그러자 바나나 회사는 콜롬비아 정부를 압박했고 정부는 계엄을 선포했다. 바나나 농장의 노동자들과 그 가족들이 시에나가Ciénaga 시 광장에서 열리는 예배에 참석하기 위해 모이자, 콜롬비아 군인들이 기관총으로 무차별 사격을 했다. 외국의 바나나 회사 때문에 무고한 노동자들이 자기 나라의 군인들 손에 죽어간 것이다. 자국 국민이 아니라 외국 기업의 이익을 위해 존재하는 정부라는 라틴아메리카의 전통을 만든 장본인이 바로 유나이티드프루트다.

지와는 달리 미국의 직간접적인 영향에 놓인 중앙아메리카 국가들을 비웃는 표현인 것이다.

바나나 공화국은 정치적으로는 불안정하고, 국가경제가 바나나를 비롯한 한두 가지 농산물을 수출하는 데에만 절대적으로 의존하며, 부패한 독재자가 정권을 장악한 나라를 일컫는 용어다. 코스타리카, 엘살바도르, 온두라스, 니카라과, 과테말라, 콜롬비아 등 라틴아메리카의 여러 나라가 여기에 속한다.

사실 바나나 공화국의 진정한 의미는, '국가 안의 국가'로 군림하며 라틴아메리카 국가들을 마음대로 농단해온 세계 최대의 과일기업 유나이티드프루트과 스탠더드프루트를 지칭하는 말이어야 한다. 20세기 초, 이들은 커다란 바나나 농장을 여러 나라에 건설해 그 자금력으로 해당 국가의 정치를 좌지우지했다. 바나나의 생산과 수출을 철저하게 관리해야 했던 두 회사는 철도와 항만 같은 사회 인프라를 자신들의 자금으로 건설했다. 또한 바나나 사업이 원활히 진행되도록 해당 국가의 지배 계층과 결탁했다. 라틴아메리카의 빈곤한 나라들이 비용이 많이 들어가는 사회기반시설을 갖추고 경제 성장을 꾀하려면 부유한 국가의 자본에 의존할 수밖에 없다. 이들 기업은 사회기반시설을 건설해준 대가로 바나나 재배를 위한 토지를 무상으로 불하받고 관세도 면제받았다. 이들이 라틴아메리카 국가의 실질적 총독 노릇을 한 것이다.

유나이티드프루트는 온두라스, 과테말라, 코스타리카, 파나마,

자메이카, 콜롬비아, 에콰도르, 니카라과, 엘살바도르, 벨리즈, 쿠바 등에서 바나나 플랜테이션을 경영하면서 라틴아메리카에 거대한 제국을 건설했다. 사람들은 문어발 식으로 라틴아메리카 전역을 장악했다고 해서 유나이티드프루트를 가리켜 엘풀포El Pulpo('문어'를 뜻하는 에스파냐어)라고 부른다. 유나이티드프루트는 바나나를 재배하기 위해 삼림을 파괴했고, 값싼 바나나를 미국 시장에 공급하기 위해 현지 주민들에게 강압적인 노동을 요구했다. 유나이티드프루트와 스탠더드프루트는 자신들의 라틴아메리카 식민지에서 나는 새도 떨어뜨리는 전지전능한 '녹색 교황'이었다.

이들은 바나나 플랜테이션을 통해 라틴아메리카의 지리적 풍경만 조성한 것이 아니라 이 국가들의 정치적 지형에도 영향을 미쳤다. 원래 바나나 농장 자체가 여러 나라의 중심부에서 멀리 떨어진 열대우림 지역에 위치해 있고 바나나는 상하기 쉽기 때문에 수도나 주요 도시를 거치지 않고 농장 가까이에 있는 항구를 통해 수출했다. 이 때문에 바나나 수출에 따른 경제적 효과가 나라 전체에 골고루 미치지 못해 다른 지역의 경제 사정이 나빠졌고, 여러 나라의 경제 성장이나 경제 안정에 그다지 기여하지 못했다. 이것이 개발도상국 착취의 대표적인 예다. 게다가 이 나라들은 특출한 산업이 거의 없어 미국의 대기업에 대항할 수 있는 힘이 거의 없었다.

중앙아메리카에서 바나나는 국가의 흥망성쇠를 좌지우지한다.

미국의 진보적인 예술가로 손꼽히는 우디 앨런 감독의 초기 코미디 영화 〈바나나 공화국Bananas〉(1971)은 미국과 라틴아메리카의 관계에 대한 정치적 풍자를 담은 작품이다. 영화 제목 '바나나'가 의미하는 것은 쿠데타와 독재의 악순환을 거듭하며 바나나 같은 플랜테이션 농산물 수출에 생존을 내맡긴 라틴아메리카의 '바나나 공화국'을 의미한다.

과테말라는 대표적인 바나나 공화국이며, 세계에서 가장 가난한 나라 중 하나다. 1950년대, 과테말라에서 최초로 민주적으로 선출된 정부는 바나나에 대한 통제권을 놓고 바나나 회사들과 싸우다가 전복되었다. 유나이티드프루트는 과테말라의 바나나 농업뿐만 아니라 정치·경제·사회 전반을 손아귀에 넣고 쥐락펴락했다. 세계적으로 흥행했던 〈바나나 공화국〉(1971, 우디 앨런 연출)이나 〈코만도〉(1985, 마크 L. 레스터 연출)는 미국에 의해 조종되는 우스꽝스러운 바나나 공화국이 되고 만 과테말라의 상황을 그린 영화다.

과테말라를 송두리째 뒤흔든 유나이티드프루트의 정치적 폭력은 온두라스, 파나마, 니카라과 등 이른바 바나나 공화국이라고 불리는 중앙아메리카의 다른 국가에서도 유사한 패턴으로 이어졌다. 바나나 회사의 요구가 있으면 미국 정부는 이들 국가에 군대를 보냈다. 1903년 이후 미국은 온두라스를 일곱 차례나 침공했고, 1908년 이후에는 파나마를 네 차례 침공했다. 1910년에는 니카라과, 1921년에는 코스타리카를 침공했다. 유나이티드프루트는 이들 국가에 자신에게 협조적인 정부를 세웠고 오랜 기간 무소불위의 권력을 행사했다.

라틴아메리카 국가를 쥐락펴락한 유나이티드프루트와 스탠더드프루트는 미국 신제국주의의 민낯을 상징하는 부끄러운 이름이었다. 1984년에 유나이티드프루트는 기업 이미지를 쇄신하기 위해 기업 이름을 바나나 브랜드였던 '치키타'로 바꿨다. 치키타는 에스파냐어로 '작은 소녀'라는 뜻이다. 로고도 귀여운 소녀가 과일 바구니를 머리에 이고 있는 모습이다. 마찬가지로 악명이 높아진 스탠더드프루트는 1991년에 '돌'로 이름을 바꿨다.

귀여운 소녀를 내세워
이미지를 쇄신하려는 치키타의 로고

치키타는 사회적 책임을 지는

기업이라는 이미지가 이윤 창출에 도움이 될 것이라 판단해 가장 먼저 SA8000인증을 획득한 다국적 과일 기업이다. 미국 신제국주의의 첨병이자 상징이었던 기업이 노동자 권리를 보장하고 친환경 공정무역 바나나를 생산하는 기업으로 표면적으로는 완벽하게 탈바꿈한 것이다. 우리는 치키타의 과거를 모른 채, 유기농 공정무역 바나나를 구입한다는 자부심을 느끼며 치키타 바나나를 장바구니에 담고 있는지도 모른다.

바나나 무역전쟁

바나나는 무역분쟁의 중심에 있기도 했다. 가장 최근에 일어난 것은 유럽연합과 미국 간의 바나나 무역분쟁이었다. 1975년 유럽공동체EC는 과거 자신의 식민지 46개 국과 로메 조약을 맺고 쿼터quota를 정해 아프리카와 카리브 해 국가들에서 바나나를 무관세로 수입해왔다. 이는 라틴아메리카에서 대규모 플랜테이션을 하는 미국 기업들(예를 들면 치키타, 돌, 델몬트)과의 경쟁으로부터 아프리카와 카리브 해의 바나나 농민들을 보호하기 위한 것이었다.

유럽과 미국의 무역분쟁은 유럽연합이 탄생하면서 본격화되었다. 통합된 유럽은 미국보다 큰 바나나 시장이 되었다. 덩치가 비대해진 유럽연합은 1993년 옛 식민지 국가들을 돕는 새로운 바나나 수입 제도를 도입했다. 바나나 총수입량을 한정하고, 수입량 가운데 영국, 프랑스 등 유럽연합 국가들이 과거에 식민지로 지배했던 아프리카와 카리브 해 국가들의 바나나에 대해서만 특별히 낮은 수입관세를 부과하여 우선수입하기로 한 것이다. 바나나 재배국 농민들에게 일자리를 주고 빈곤을 면하도록 해주려는 의도였다. 미국은 이런 특혜 때문에 남아메리카에서 플랜테이션을 운영하는 미국의 바나나 기업이 피해를 보고 있다며 특혜 철회를 줄기차게 요구했다.

양 진영 간의 싸움이 좀처럼 해결의 기미를 보이지 않는 가운데, 당장 고래 사이에서 등이 터진 것은 아프리카와 카리브 해 지역의 바나나 농민들이었다. 유럽에 바나나를 팔 수 없다면 농민들은 당장 농장 문을 닫아야 했다. 이들 농민은 유럽 바나나 시장에서 자신들이 차지하는 비율이 겨우 3퍼센트에 불과하다며 미국 기업들의 과욕을 비난했다.

그러나 당시 미국 바나나 기업들을 대변한 클린턴 정부는 유럽연합이 카리브 해 바나나 재배국들에게 특혜를 제공하는 것은 불공정하고 불법이라고 주장했다. 미국은 유럽연합 측이 수입 차별 관행을 시정하지 않을 경우 유럽연합에 보복관세를 매기겠다고 공언하면서 무역전쟁이 발발했다. 미국은 실제로 유럽산 사치품 등에 대해 100퍼센트 보복관세를 부과하여 이들 상품의 미국 수출을 사실상 봉쇄했으며, 쌍방 간에 추가 제재가 이어졌다.

미국은 세계무역기구WTO가 출범한 지 2년 후인 1997년에 유럽연합의 바나나 수입 정책이 차별적이고 세계무역기구 규정에 어긋

난다며 제소했다. 1999년 세계무역기구는 미국에 승소 판결을 내렸고, 유럽연합에 바나나 시장을 개방하도록 명령했다. 2001년, 미국과 유럽연합은 바나나 무역분쟁 해소에 합의했다. 유럽연합이 미국 및 남아메리카의 바나나 수출에 대한 차별을 시정하고, 대신 미국은 보복관세를 철회하는 조건이었다.

과거의 무역 특혜 시스템에서 영국은 자메이카, 벨리즈, 수리남 등 카리브 해 국가들에서 바나나를 수입했다. 그러나 오랜 세월 동안의 결속은 새로운 관세 시스템에 의해 약화되었다. 새로운 관세 시스템으로 인해, 높은 가격을 유지하는 소규모 자작농이 생산하는 카리브 해산 바나나는 남아메리카산 바나나로, 그리고 서아프리카산 바나나로 점점 대체되었다. 치키타, 돌, 델몬트 같은 미국의 거대 다국적 농기업들의 통제 아래 생산된 남아메리카산, 서아프리카산 바나나는 가격이 매우 저렴했기 때문이다. 1992년에서 2007년까지, 영국이 수입한 바나나 중 50퍼센트는 미국의 다국적 농기업에 의해 생산되는 값싼 남아메리카산 바나나였고, 카리브 해 국가들이 생산한 바나나의 비중은 70퍼센트에서 30퍼센트로 떨어졌다. 1992년 이후 도미니카공화국, 세인트빈센트그레나딘, 세인트루시아 등 카리브 해 국가들에서는 2만 5,000명의 소규모 바나나 재배자 중 2만 명 이상이 폐업했다.

미래에도 바나나를 먹을 수 있을까

바나나겟돈, 바나나의 생사를 둘러싼 최후의 전쟁

현재 전 세계에서 유통되는 바나나의 99퍼센트는 캐번디시 품종이다. 캐번디시는 세상에서 가장 인기 있는 단일 과일종이다. 현재 우리가 슈퍼마켓에서 사 먹는 바나나는 거의 캐번디시 품종이라고 보면 된다. 그렇지만 캐번디시는 1,000개가 넘는 바나나 품종 중 하나에 불과하다.

과일이 대량 판매 시장에서 성공을 거두기 위해 갖추어야 할 요소는 여러 가지다. 재배 기후에 적합해야 하는 것은 물론, 생산성이 높아야 하고, 질병에 취약해서는 안 된다. 아울러 몇 주가 걸리는 운송 기간에도 맛과 모양을 유지할 수 있어야 한다. 바나나 품종 중 (냉장 기술의 발달과 더불어) 이런 조건을 갖춘 것이 바로 캐번디시다.

이런 까닭에 캐번디시 품종은 전 세계로 전파됐다. 라틴아메리카, 오스트레일리아, 아시아, 아프리카의 대규모 농장들은 대부분 상품성이 좋은 캐번디시만 재배한다. 미국인이 먹는 대부분의 바나나를 재배하는 에콰도르든, 유럽 시장에 바나나를 공급하는 카나리아 제도든, 아니면 오스트레일리아, 대만, 필리핀, 말레이시아든 수출용 바나나는 다 똑같다.

한 가지 품종만을 재배하는 단종 재배는 캐번디시를 인기 있는 품종으로 만들었지만, 다른 한편으로는 스스로의 미래를 위험에 빠뜨렸다. 단종 재배의 최대 약점은 병에 걸리기가 쉽다는 것이다. 수십억 개의 바나나가 같은 품종이라는 말은 그중 한 그루만 병에 걸려도 전부 병에 옮을 수 있다는 얘기다. 단종 재배는 병충해와 질병을 유발하는 지름길이다. 단 하나의 식물 질병만으로도 캐번디시 품종만 심은 대형 바나나 농장을 초토화시킬 수 있는 것이다.

파나마병에 걸린 바나나

이미 1950년대에 하나의 바나나 품종이 멸종된 적이 있다. 바로 캐번디시의 선조 격인 '그로 미셸'이다. 그로 미셸은 모든 점에서 캐번디시보다 나았다. 캐번디시와 비교해 그로 미셸은 컨테이너에 다발로 쌓을 수 있을 만큼 단단했다. 크기도 더 크고 껍질도 더 두껍고 과육의 질감도 한층 부드러웠으며 맛도 더 좋았다. 중앙아메리카에서 수입해 미국인이 처음으로 먹은 바나나가 바로 그로 미셸이었으며, 19세기 말부터 제2차 세계대전 이후까지 미국인이 사고, 먹고, 아는 유일한 바나나였다.

그러나 그로 미셸 바나나는 이제 찾아볼 수 없다. 중앙아메리카에서 처음 그로 미셸 바나나를 경작한 지 얼마 안 되어 병이 확산되기 시작했다. 병이 처음 발견된 곳이 파나마였으므로 '파나마병'이라는 이름이 붙었다. 파나마병, 정확히 말하면 푸사리움 옥시스포룸*Fusarium Oxysporum* 곰팡이는 매우 치명적이었다. 매개체는 흙과 물이었다. 일단 이 곰팡이가 발을 디디면 삽시간에 농장을 황폐화시킨 다음 다른 농장으로 옮겨 갔다. 파나마병은 북쪽으로는 코스타리카를 거쳐 과테말라까지, 남쪽으로는 콜롬비아와 에콰도르까지 퍼져나갔다. 10년 사이에 파나마병은 라틴아메리카 전체로 퍼져나갔고, 전체 바나나 농장의 99퍼센트가 쑥대밭이 됐다. 결국 1965년 그로 미셸의 상품화가 완전히 중단되었다.

바나나업계는 오랫동안 이 문제에 속수무책이었다. 뾰족한 대안을 찾지 못한 것이다. 바나나업계는 붕괴 직전에야 대만에서 재배되던 캐번디시 품종이 파나마병에 저항력을 갖고 있다는 사실을 우연히 알아냈다. 다만 캐번디시는 단단하지 못한 품종이어서 바나나업계는 운송 단계를 새로 구축해야 했다. 그것이 바로 돌의 전신 스탠더드프루트가 개발한, 상자에 담아 운송하는 방법이었다.

캐번디시는 그로 미셸과 비교해 무엇보다 맛이 훨씬 떨어졌다. 바나나업계 관계자들은 캐번디시가 슈퍼마켓에 발을 붙이지 못할 것이라고 예상했다. 하지만 우리가 지금 알고 있는 것처럼, 상황은

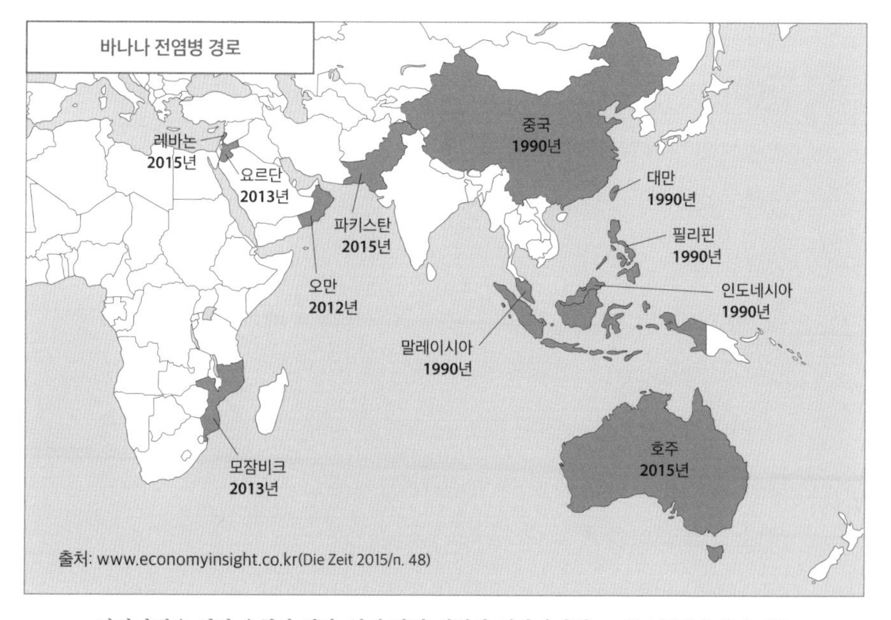

파나마병은 여러 유형이 있다. 현재 가장 위험한 신파나마병TR4은 1990년 대만에서 최초로 발견됐다. 신파나마병은 동남아시아를 휩쓴 후 서진해 오만과 요르단을 거쳐 2013년에는 아프리카 동부 해안 국가인 모잠비크까지 전파됐으며, 2015년에는 오스트레일리아에서도 발견됐다.

다르게 전개됐다. 캐번디시는 그로 미셸 품종과 비교해 상당히 단점이 많았지만, 당시로서는 유일한 대안이었기 때문이다. 처음에 캐번디시는 그로 미셸과 같은 지역, 즉 라틴아메리카에서만 경작되었다. 그러나 1970년대 후반, 바나나의 세계화 전조가 나타나기 시작했다. 세계 곳곳에서 인구가 도시로 몰려들었고, 사람들은 간편하게 한 끼 식사를 해결할 수 있는 바나나를 원하게 되었다. 캐번디시는 바나나의 고향 동남아시아를 비롯해 여러 지역으로 확산되었다.

동남아시아에 캐번디시 농장이 처음 들어선 것은 1980년대였다. 경작지의 규모는 빠르게 커졌다. 수천 헥타르에 달하는 열대우림은 물론, 고무나무 농장과 기름야자나무 농장이 점차 바나나 농장으로 탈바꿈했다. 아시아에서 상업용으로 과일을 키운 것은 그때가 처음이었다. 그런데 숲을 개간해 바나나를 심은 지 몇 년 뒤, 나무가 죽기 시작했다. 뿌리로 스며든 정체불명의 병균 때문에 잎의 색깔이 변하고 수분 공급이 막혔다. 변종 파나마병인 신파나마병TR4 때문이었다.

파나마병은 라틴아메리카에서만 발견되었지만, 신파나마병은 전 세계 바나나 농장을 파괴하고 있다. 신파나마병은 대만, 중국, 필리핀, 인도네시아, 파키스탄을 휩쓸었고, 2010년대에는 아프리카와 오스트레일리아에서도 나타났다. 아메리카에는 아직 도착하지 않았지만 가능성이 없는 것은 아니다. 유일한 품종인 캐번디시가 신파나마병 때문에 언제 종말을 맞을지 모르는 상황이 되었다. 그래서 '최후의 전쟁'을 뜻하는 단어 아마겟돈과 합쳐, '바나나겟돈bananageddon'이 조만간 펼쳐질 수 있다는 경고가 나오고 있다. 소비자는 머지않아 유전자 조작된 바나나를 먹거나 바나나를 아예 먹지 않아야 하는 선택의 기로에 설 수 있다.

단종 재배에 따른 과도한 농약 사용

예전에 가장 흔하던 그로 미셸 품종은 파나마병에 의해 거의 멸종했고, 이를 대체한 캐번디시 품종 역시 신파나마병에 의해 어떻게 될지 모를 상황에 처해 있다. 이처럼 단종 재배는 질병에 매우 취약하기 때문에, 해충과 균의 방제가 관건이다. 캐번디시 바나나를 키우는 농장은 바나나에 쓰이는 농약 중 독성이 제일 강한 선충 구제약을 1년에 3~4회 살포해야 한다. 그러지 않으면 바나나에 벌레가 생겨 상품가치가 현저히 떨어진다.

플랜테이션에서 단종 재배되는 바나나는 무성생식에 의해 유전적으로 단일한 특성을 지니기 때문에, 그 품종에 기생하거나 공생하며 살아가는 하부 생태계를 교란해 특정 질병과 병충해에 매우 취약하게 된다. 따라서 단종 재배 작물에는 화학약품을 더 많이 사용해야 한다. 농장에서는 바나나가 어느 정도 자라면 파란 봉지를 씌우는데, 그 안에 엄청난 살충제를 뿌린다. 또한 제초제로 지표식물을 다 없애버려서 토양이 침식되고 작물 사이로 고랑이 넓게 파이곤 한다. 또한 지하수가 오염된다.

바나나 농장들은 상상을 초월할 정도로 넓기 때문에, 경비행기를 이용해 공중에서 농약을 뿌리곤 한다. 보통 5일마다 한 번씩 농약을 뿌린다. 1년이면 70일이나 농약을 공중 살포하는 셈이다. 노동자가 농장에서 일하고 있는데도 공중에서 농약을 살포하는 일이 지금도 종종 일어난다. 바나나 농장에서 일하는 사람은 안중에

바나나 소송 사건

스웨덴 출신의 영화감독이자 언론인인 프레드릭 게르텐Fredrik Gertten은 다큐멘터리 영화 〈바나나 소송사건Bananas!〉(2009)을 만들었다. 이 다큐멘터리는 다국적 농기업 돌에 맞선 12명의 니카라과 농민의 이야기를 들려준다.

이 영화에서 니카라과 농업노동자들은 세계에 7만 5,000명을 고용하고 있는 거대 다국적 농기업 돌을 상대로 제기한 미국 영토 안의 재판에 증언을 하러 나선다. 카메라는 니카라과의 바나나 농장에서부터 로스앤젤레스의 법정까지 노동자들을 따라간다.

1970년대, 12명의 니카라과 농업노동자는 다국적 농기업 돌이 네마곤과 푸마존 같은 살충제를 살포한 탓에 불임이 되고 암에 걸렸다며 돌을 상대로 소송을 제기했다. 돌은 살충제에 노출된 남성 노동자 10명이 불임증에 걸리자 코스타리카에서 살충제 사용을 중단했다. 그러나 니카라과와 온두라스에서는 계속 살충제를 사용했다. 실제로 살충제 제조업체 다우케미컬이 모든 거래처에 미사용 살충제를 전량 반품하라고 서신으로 요청한 이후에도 돌은 이 살충제를 계속 사용한 것으로 밝혀졌다. 다우케미컬은 미국 공장에서 해당 살충제에 노출된 노동자들이 불임증에 걸린 사실이 밝혀진 후 반품 조치를 취한 터였다.

이와 같은 사실은 다큐멘터리에서 돌의 CEO인 데이비드 디로렌조가 증인석에 앉으면서 밝혀진다. 디로렌조는 돌이 다우케미컬의 서신을 받았지만 살충제를 반품하지 않고 오히려 다우케미컬에 네마곤과 푸마존을 더 보내지 않은 것은 계약 위반이라고 명시한 서신을 보냈다고 인정했다. 돌은 다우케미컬로부터 살충제 사용을 중단하라는 지침

을 받고도 3년 더 사용했다.

소송을 제기한 지 30년이 흘러, 2007년 미국 로스앤젤레스 법정의 배심원단은 니카라과 노동자 12명 중 6명에게 손해배상으로 총 320만 달러(36억 원)를 지급하라는 판결을 내리고, 추가로 돌에는 해당 화학약품의 위험을 은폐한 죄에 대한 징벌적 배상으로 250만 달러(28억 원)를 더 내라고 판결했다. 살충제의 독성이 법정에서도 인정된 것이다.

이 사건은 힘없는 니카라과 농민들이 다국적 기업 돌을 상대로 승리한 것으로, 미국 법원이 다국적 기업의 네마곤 사용과 관련해 외국인 노동자의 손을 들어준 첫 번째 사례였다.

바나나를 싸고 있는 파란 봉지 안에 엄청난 살충제가 뿌려진다.

사람이 직접 뿌리거나 경비행기로 공중 살포되는 바나나 농약

도 없다. 농약을 살포하지 않는 날은 괜찮은가 하면 그것도 아니다. 살충제가 공기 중에 떠돌기도 하고 바나나 잎과 열매, 땅에 온통 묻어 있기에, 농민들은 1년 365일 살충제가 가득한 곳에서 일하는 셈이다. 독성 화학물질에 항상 노출된 농민과 농업노동자들은 피부병이 생기기도 하고 불임이 되기도 한다. 심지어 사망하는 경우도 발생한다. 바나나에 뿌려지는 농약이 얼마나 독한지 알 수 있다.

바나나 공장에서 후가공 작업하는 여성들

2023년 8월 기준, 한국에서 바나나 1킬로그램의 최저가는 약 2,500원이다. 이 가격은 바나나가 매우 인공적인 조건에서 재배되는 대량 생산품이기에 가능하다. 현재 바나나 생산에서 농민에게 돌아가는 이익은 거의 없다. 판매가의 3분의 2는 비료와 살충제 비용으로 사용되며, 운송비와 후숙에 들어가는 관리비도 추가로 든다. 오로지 바나나를 대량 생산하는 거대 농장만이 수익을 남길 수 있다는 얘기다. 따라서 세척, 운송, 후숙에서 판매까지 각 단계는 최대한 표준화되고 기계화되어 있다.

바나나의 재배와 수확에 따른 일련의 일은 대개 남성들이 담당한다. 농약을 뿌리고 수확하고 후가공 공장으로 운반하는 일이다. 바나나는 사과나 배 같은 과일보다 부패가 훨씬 빠르게 진행되며, 완전히 익은 것을 따면 운반 도중에 상해버린다. 그래서 바나나는

후가공 공장에서 이루어지는 세척과 포장은 대개 여성들의 일이며,
이 과정에서 여성들은 살충제와 방부제에 노출된다.

아직 덜 익어 초록색을 띨 때 수확된다.

반면, 후가공 공장에서 이루어지는 세척과 포장 등은 대개 여성들이 담당한다. 바나나가 후가공 공장에 도착하면 좁은 통로를 사이에 두고 허리께 오는 거대한 수조 두 개에 물이 채워진다. 일꾼들이 바나나 다발을 송이로 잘라 첫 번째 수조에 던지면 여성 노동자들이 작업을 시작한다. 정상인지 불량인지, 큰지 작은지를 판별하는데, 불량 바나나는 폐기하거나 현지 시장에 내다팔거나 농장으로 다시 보내 바나나 뿌리를 덮는 데 쓴다.

펌프로 계속 물을 끌어올려 수조로 보내기 때문에 수조는 끊임없이 흘러넘친다. 바나나가 수조 한쪽 끝에 둥둥 떠 있고 많은 여성이 그쪽에서 바나나를 분류해 다음 수조로 던진다. 물은 바나나를 운반하고, 균핵병을 막기 위해 꼭지에 뿌린 살충제와 실리콘, 갖가지 해충을 씻어낸다. 또 다른 여성들이 두 번째 수조에서 성장을 억제시키는 농약을 풀어놓은 물에 담갔다 건져낸 바나나를 컨베이어에 올리고 물기를 말린 후 손으로 일일이 스티커를 붙인다. 이 바나나가 상자에 포장되어 수출된다.

문제는 온종일 바나나를 물에 헹구고 크기대로 나눈 뒤에 포장하는 과정에서 여성 노동자들이 살충제와 방부제에 노출될 수밖에 없다는 것이다. 손톱에 염증이 생기고, 손은 짓무르고, 심하면 피부암까지 걸린다. 이외에도 비염, 안질, 위암 등 온갖 질병에 시달리고 있지만, 다국적 기업을 상대로 불만을 말했다가는 일터에서 쫓겨날 것이다. 그러면 딸린 식구를 먹여 살릴 방도가 없기 때문에 아무 소리도 못 하고 그 열악한 환경에서 계속 일을 할 수밖에 없다.

여기에서 그치지 않는다. 원래 바나나 생산지에서는 바나나가 아직 녹색을 띨 때 수확해 집 근처 그늘에서 숙성시킨 다음 필요할 때 먹는다. 그러나 수출용 바나나는 수입국에 도착한 후 신중하게 조절되는 조건 아래서 숙성되는데, 때로는 그 과정을 촉진하기 위해 칼슘카바이드나 에틸렌을 쓰곤 한다. 즉 바나나는 먹음직한 노란색이어야 잘 팔리니까, 수입국에 도착한 이후에는 빨리 익으라고 이런 화학물질을 이용해 인공적으로 익히는 것이다.

원래 자연적인 바나나는 건강에 나쁠 게 전혀 없지만, 이렇게 인위적 과정들을 거치는 동안 인체에 해로운 영향을 끼칠 수 있는 음식이 된다. 그러한 사실을 모르는 우리는 몸이 약한 환자나 어린이에게 바나나가 영양식이나 되는 듯이 사다 먹인다.

문제가 또 하나 있다. 가격이 저렴한 바나나가 대량 수입되면서 우리 농민들이 생산한 과일은 외면하게 되는 것이다. 수입 바나나는 이렇게 우리 건강을 조금씩 좀먹는 동시에 우리 농민들의 삶의 터전도 빼앗고 있다.

공정무역은 제3세계 농민의 삶을 어떻게 향상시킬 수 있을까

미국과 유럽연합 사이에서 벌어진 바나나 무역전쟁의 승자는 치키타, 돌, 델몬트와 같은 미국의 다국적 기업인 반면, 패자는 유럽연합이 아니라 카리브 해 국가들에서 소규모로 바나나를 재배하는 농민들이었다. 소규모 재배 농민들은 대기업과의 가격 경쟁에서 살아남을 수 없다.

우리가 매우 저렴한 가격에 구입하는 바나나는 세계 바나나 시장의 80퍼센트를 장악하고 있는 돌과 치키타 등 5개 거대 회사가 공급을 좌우하고 있다. 우리가 바나나를 살 때 지불하는 가격의 단지 20퍼센트만이 바나나를 생산하는 국가로 돌아갈 뿐이며, 게다가 바나나를 재배하는 농업노동자에게 돌아가는 몫은 3퍼센트에 불과하다. 즉, 바나나 생산과 유통을 독점하는 거대 기업들이 노동자들을 쥐어짬으로써 우리가 이렇게 싼 가격으로 바나나를 먹을 수 있다는 것이다.

바나나 시장을 독점하고 있는 거대 기업들은 농민과 노동자의 기본적인 삶과 인권, 그리고 과다한 살충제 사용으로 오는 환경 파괴와 생산자들의 건강 문제에는 관심을 두지 않는다. 바나나뿐만이 아니다. 이 책에서 소개한 차와 커피, 설탕(사탕수수)과 초콜릿(카카오) 등 제3세계에서 생산하고 선진국에서 소비하는 거의 모든 기호식품은 이와 같은 현실 속에서 생산되고 유통되고 소비된다.

여기서 소비자로서 우리는 도전에 직면하게 된다. '공정무역이냐 자유무역이냐'라는 도전이다. 세계무역기구WTO는 세계 각국에게 무역장벽을 제거하도록 강요함으로써 자유무역free trade을 촉진한다. 자유무역은 구조적으로 노동자와 농민 같은 생산자들이 상품의 최종 가격에서 가장 적은 몫을 받도록 만든다. 반면, 공정무역fair trade은 생산자들에게 보다 많은 이익을 제공하려는 데 목적을 둔다.

공정무역 운동이란 가난한 제3세계 국가의 생산자들이 만든 물건을 공정한 가격에 거래함으로써 그들의 경제적 자립을 돕고 소비자는 윤리적·환경적 기준에 부합하는 좋은 제품을 좋은 가격에 구입하도록 하는 시민운동이자 국제연대 운동이다.

공정무역 운동은 세계 무역 구조가 선진국과 제3세계 간의 불평등 교환에 근거함으로써 제3세계 생산자들의 상황이 더욱 악화된다는 점을 분명히 한다. 사실 이와 같은 무역 구조는 하루아침에 생겨난 것이 아니라 서구 열강의 제국주의와 식민주의 역사 속에서 만들어진 것이다. 공정무역 운동 단체들은 제3세계 생산자와 선진국 소비자 사이에 개입해 이익을 독점한 채 불평등을 양산하는 다국적 기업들을 배제하고 생산자와 소비자가 필요한 물품을 직거래하도록 함으로써 좀 더 공정한 무역 구조를 만들기 위해 노력한다.

선진국에서 공정무역이 시작된 지는 70년이 넘었다. 공정무역은 1940~50년대 서구의 사회운동 단체들이 시작해 1960년대에 유럽에서 현재의 모습을 갖추기 시작했고, 세계화 운동과 반세계화 운동 간의 대립이 격화되던 1990년대 이후부터 더욱 빠르게 성장했다. 2021년 기준, 1,900개 이상의 생산자조직(협동조합 등의 형태로 결성된 소농 및 농업노동자 단체)에 속한 200만 명 이상의 제3세계 농민과 농업노동자가 공정무역을 통해 좀 더 나은 생산가격을 보장받고 있다(Fairtrade International 집계).

공정무역은 제3세계 생산자들에게 정당한 몫을 지불하고, 더 나아가 그들이 경제적 자립을 도모할 수 있게 하기 위해 다음과 같은 원칙을 내세운다.

첫째, 구매자는 생산자에게 최저구매가격을 보장하고 대화와 참여를 통해 합의된 공정한 가격을 지불하며, 생산자금 조달을 돕기 위해 수확 또는 생산 전에 먼저 지불한다. 또 생산자조직과 직거래하여 유통 과정을 줄임으로써 이윤을 더 취할 수 있게 하고, 단기계약보다는 장기계약을 통해 생산환경을 보호한다. 이로써 발생하는 이익은 참여하는 농민 모두에게 동등하게 배분되어야 한다.

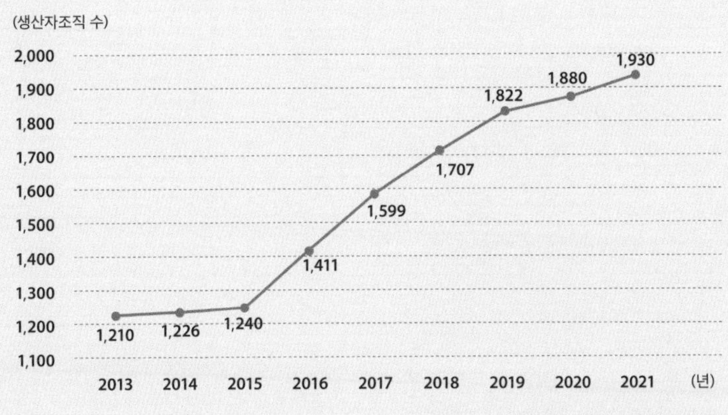

출처: Fairtrade International

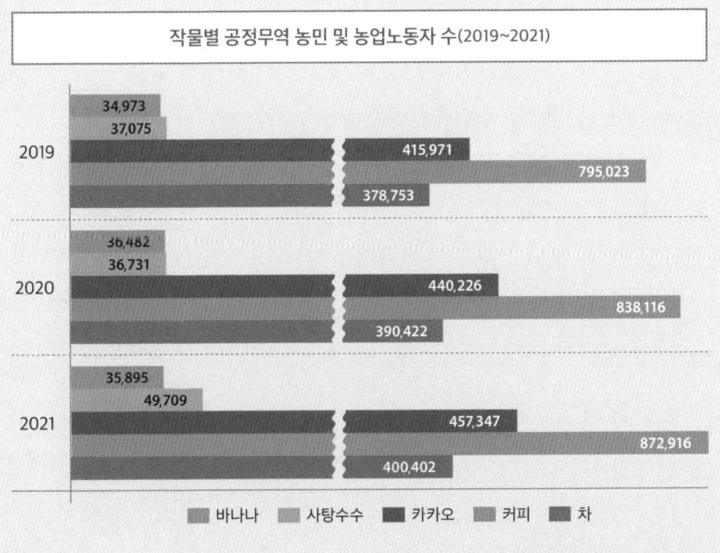

출처: Fairtrade International

공정무역 인증 주요 7개 작물 생산량(2021, 단위 톤)

작물	생산량
바나나	1,461,353
카카오(카카오콩)	699,234
커피(생두)	923,464
면화(실면)	55,318
설탕(사탕수수 설탕)	553,816
차	180,575

출처: Fairtrade International

둘째, 농민과 농업노동자가 동등하게 참여하는 생산자조직을 결성하고 공동체발전기금 등을 조성해 공동체가 사회적 이익을 실현하도록 돕는다. 협동조합 등의 생산자조직은 공정무역 프리미엄fairtrade premium(장려금)을 사용할 운영 팀을 노동자와 함께 꾸리고, 이 기금은 사업비용이 아닌 지역민의 생활과 노동조건 개선을 위해 사용해야 한다.

셋째, 생산자는 인종·국적·종교·나이·성별 등과 관련된 각종 차별을 철폐하고, 동일노동 동일임금 원칙을 준수한다. 강제노동이나 15세 미만의 아동노동은 제한하며, 아동이 노동에 참여하더라도 교육과정의 이수에 지장을 줘서는 안 된다. 임금은 최저임금보다 높거나 같은 수준이어야 하며, 노동자들의 건강과 안전을 위한 안전장치를 준수해야 한다.*

그렇다면, 공정무역은 실제로 제3세계 생산자들의 삶의 질을 개선하고 있을까? 설탕(사탕수수)과 초콜릿(카카오)의 사례를 통해 알아보자.

사탕수수 농민들은 공정무역 인증을 통해 세계 시장에 보다 쉽게 접근할 수 있고, 사탕수수 가공업자들과 함께 일함으로써 기술과 역량을 발전시켜 세계 시장에서 더 높은 경쟁력을 갖출 수 있다. 2007년 이후 공정무역 설탕의 판매는 크게 성장했다. 이는 설탕을 공급하는 공정무역 인증 생산자조직의 증가와 일치한다. 공정무역 설탕의 80퍼센트가 개발도상국에서 생산되는데, 이들에게 설탕은 가장 중요한 수입원이다. 2021년 기준 아시아, 라틴아메

---

* 예를 들어 (사)한국공정무역협의회는 공정무역 10원칙을 다음과 같이 밝히고 있다(https://kfto.org/ten-principles).

1. 경제적으로 소외된 생산자들을 위한 기회 제공: 경제적으로 취약한 생산자 및 노동자들과 주로 거래하여 소득 불안정과 빈곤에서 벗어나도록 하며 더 나아가 사회적, 경제적인 권한을 갖추게 한다.

2. 투명성과 책무성: 공정무역 단체는 이해 관계자들에게 정보를 투명하게 공개함으로써 연대를 쌓고, 생산자와 노동자를 의사소통의 과정에 포함시켜 의사결정을 한다.

3. 공정한 무역 관행: 이윤만을 추구하지 않고 소외된 생산자의 사회적, 경제적 상황을 모두 고려한 거래를 통해 신뢰 관계를 유지한다.

4. 공정한 가격 지불: 생산자와의 대화를 통해 공정한 가격이 지불될 수 있게 한다. 또한 불안정한 시장 상황과 현지 생활임금을 고려해 공정한 가격을 책정한다.

5. 아동노동, 강제노동 금지: 유엔 아동권리협약과 아동고용에 관한 국가/지역법을 준수한다. 또한, 생산 과정에 아동이 포함되는 경우에는 아동의 권리가 보호될 수 있도록 모니터링한다.

6. 차별 금지, 성 평등, 결사의 자유 보장: 고용, 임금, 승진, 교육훈련, 퇴직 및 은퇴와 관련해 그 어떤 차별(인종, 계급, 국적, 종교, 장애, 성별, 성적 기호, 노동조합 가입, 정치적 소속, 나이 등)을 하지 않는다.

7. 양호한 노동조건 보장: 작업자와 생산자를 위해 안전하고 건강한 작업환경을 제공하고 유지한다.

8. 생산자 역량 강화 지원: 공정무역 프리미엄으로 학교를 건립하거나 노동환경을 개선하여 생산자들의 역량을 키울 수 있도록 지원한다.

9. 공정무역 홍보: 국제무역 시장의 문제점을 알리고 공정무역의 투명성을 사람들에게 알린다.

10. 기후변화와 환경 보호: 이산화탄소 배출을 감소시키고, 지속가능한 생산을 장려하며, 폐기물과 플라스틱을 줄이기 위해 더욱 노력한다.

리카, 아프리카의 19개 국에 82개의 공정무역 인증 사탕수수 생산자조직이 있다. 공정무역 사탕수수를 생산하는 농민은 2010년에서 2011년까지 1년 사이에 17,600명에서 37,000명으로 두 배 증가했으며, 2021년에는 49,700명을 넘어섰다. 전 세계 공정무역 사탕수수 생산자들은 2021년에 55만 톤 이상의 공정무역 설탕을 팔았다.

사탕수수를 설탕으로 가공하기 위해서는 큰 원심분리기를 비롯한 값비싼 설비를 갖추어야 한다. 개발도상국의 소규모 생산자들은 이를 갖출 역량이 부족해 수확한 사탕수수를 인근 플랜테이션이 운영하는 공장에 넘기곤 한다. 공정무역에 참여한 사탕수수 생산자조직은 공정무역의 지원으로 사탕수수 가공 설비를 갖출 수 있어 사탕수수를 원당으로 가공해 국제 바이어들에게 자신들이 직접 수출할 수 있다.

파라과이의 '만두비라 협동조합Manduvirá Co-operative'이 좋은 사례다. 만두비라 협동조합은 사탕수수 생산자가 소유한 설탕 공장을 세우는 데 공정무역 프리미엄을 사용한 파라과이 최초의 생산자조직이다(1톤당 60달러, 유기농 설탕일 경우 1톤당 80달러). 이를 통해 협동조합 구성원들은 보다 높은 수입을 보장받을 수 있었다. 또한 파라과이의 5개 생산자조직은 공정무역 유기농 설탕을 생산하기 위해 파라과이의 아수카레라 데 이투르베Azucarera de Iturbe 공장과 협정을 체결했는데, 이와 같은 파트너십은 사탕수수 생산자들이 공정무역 유기농 설탕을 직접 수출할 수 있고, 공급사슬을 더 통제할 수 있다는 것을 의미한다.

초콜릿의 사례는 어떨까. 카카오는 아프리카 국가들이 선진국에 수출할 수 있는 몇 안 되는 상품 가운데 하나다. 초콜릿의 상품사슬을 통해 보았듯이, 우리는 슈퍼마켓에서 비싸게 초콜릿을 사 먹지만 대부분의 이익은 거대한 다국적 기업이나 유통업자, 또는 로스팅업자들에게 돌아간다. 이때 카카오 재배 농민들이 정당한 대가를 받을 수 있도록 보증하는 것이 바로 공정무역 초콜릿이다.

예를 들어, 가나의 카카오 재배 농가들이 모여서 만든 '쿠아파 코쿠Kuapa Kokoo 협동조합'에서는 카카오를 공정무역으로 거래한다. 쿠아파 코쿠는 가나의 트위Twi 부족 언어로 '좋은 카카오 농부good cocoa farmer'를 의미한다. 이 협동조합은 개별 카카오 재배 농민들이 생산한 카카오를 공동으로 판매하기 위해 설립되어 민주적으로 운영된다. 일반적으로 카카오는 국제 경쟁이라는 명목 아래 가격이 매겨지기 때문에, 때로는 생산비도 건지지 못하는 값으로 팔아야 할 때가 있다. 하지만 쿠아파 코쿠 협동조합의 농민들은 공정무역을 통해 적정가격으로 카카오를 팔 수 있을 뿐 아니라, 어려울 때는 협동조합에서 돈을 빌릴 수도 있다.

쿠아파 코쿠 협동조합은 초콜릿 생산에도 직간접적으로 참여하고 있다. 쿠아파 코쿠 협동조합은 공정무역을 모토로 1998년 영국에서 설립된 '디바인 초콜릿Divine Chocolate'의 지분 45퍼센트를 소유하고 있다. 쿠아파 코쿠 협동조합은 디바인 초콜릿의 원료로 쓰이는 카카오를 판매해 수입을 올릴 뿐 아니라 초콜릿을 판매함으로써 생긴 수익의 절반가량을 얻을 수 있다. 조합원들은 이를 통해 저축은 물론 신용대출도 쉽게 받을 수 있게 되었고, 아이들을 카카오 농장이 아니라 학교에 보낼 수 있게 되었다.

소비자의 선택이 생산자들의 삶을 바꿀 수 있다. 조금 높은 가격을 지불하더라도 공정무역을 통해 생산되고 유통되는 상품을 선택함으로써 개발도상국 농민과 농업노동자들의 안정된 생계를 보장하고, 나아가 환경을 보전하는 지속가능한 농법을 지지할 수 있는 것이다.

6장

새우

우리가 먹는 새우는 어디서 오는 걸까

고급 식품 새우가 대중적인 음식으로

언뜻 보기에, 바나나와 새우는 별 관계가 없어 보인다. 그러나 소비자 입장에서 본다면 이 둘은 묘하게 닮은 구석이 있다. 1980년대 중반까지만 하더라도 바나나도 새우도 고급 식품이라는 이미지가 강했다. 그런데 최근에는 바나나처럼 새우 역시 흔한 먹거리가 되었다. 바나나와 마찬가지로 수입산의 영향이다. 그리고 수입되는 새우는 대부분 자연에서 잡은 것이 아니라 인공적으로 양식한 것이다.

이 새우는 대체 어디서 수입되며, 그곳에서 새우 양식업에 종사하는 사람들은 누구일까? 그리고 새우를 기르고 수출하는 곳에서는 어떤 일이 일어나고 있으며, 그것은 우리와 어떤 관계가 있을까? 이러한 질문에 대한 답을 찾아가보자.

새우는 종류가 수천 종에 이르며, 민물과 바닷물에 모두 서식한다. 한반도 인근에서 나는 대표적인 바다새우로는 대하, 보리새우, 도화새우, 젓새우, 돗대기새우, 봉동새우, 꽃새우, 각시새우가 있다. 민물새우로는 새뱅이, 가재, 징거미새우 등이 있다.

요즘 시중에서 불티나게 팔리는 것은 '흰다리새우'(화이트새우, 바나메이vannamei shrimp, 학명 *Litopenaeus vannamei*) 아니면 '블랙타이거새우'(학명 *Penaeus monodon*)다. 이들은 모두 양식된 것으로, 대개 수입산이다. 구별이 쉽지 않은 탓에 전자는 '대하'로, 후자는 '보리새우'로 둔갑해 팔리곤 한다. 원산지가 헷갈리는 경우도 있다. 국내에서 유통되는 양식 새우의 90퍼센트 이상은 라틴아메리카에서 들여온 흰다리새우다. 대하보다 바이러스에 강해 생존율이 높기 때문이다.

가을이 되면 서해안을 중심으로 대하축제가 열린다. 대하大蝦(학명 *Fenneropenaeus chinensis*)란 몸집이 큰 새우라는 뜻으로, 왕새우라고도 부르며 트롤어업*으로 잡는다. 특히 은박지를 얹은 석쇠에 천일염을 깔고 구워 먹는 새우소금구이가 상당히 인기 있다. 한국 서해안은 갯벌이 발달해 염전이 많았다. 하지만 1997년 소금 수입이 자유화되면서 값싼 중국산 소금이 대량으로 수입되었고, 염전 사업은 사양길에 접어들었다. 쓸모없게 된 염전은 대개 새우 양식장으로 바뀌었다. 원래 자연산 새우는 서해안에서 많이 잡혔지만 전국적으로 새우 소비량이 급증하면서 모자라는 자연산 새우를 양식 새우가 대체하게 되었다.

---

* 트롤어업trawl fishery이란 끌그물어구(인망어구)를 해저에서 끌어서 해저에 사는 생물을 잡는 어업이다.

사진 왼쪽 가운데가 대하大蝦(국산, 자연산)다. 대하는 활어 유통이 어려워 대부분 죽은 것을 판다. 흰다리새우와 구별하기 어렵다. 사진 왼쪽 아래는 붉은새우(홍새우)로, 아르헨티나 등 남아메리카산이 국내에 유통된다. 흰다리새우와 함께 한반도 연근해에는 서식하지 않는다.

사진 왼쪽은 블랙타이거새우(홍다리얼룩새우)로, 타이 등 동남아시아에서 주로 양식한다. 채색과 무늬에서 대하와 확연히 구별된다. 육질이 탄력 있고 조리할 때 붉은빛을 띤다. 사진 오른쪽은 바나나새우로, 인도양에 시식하며, 인도양 인접 국가에서 주로 양식한다.

보리새우류의 세계 양식 품종별 생산량(2019)

세계 총 생산량 **6,470,359**톤

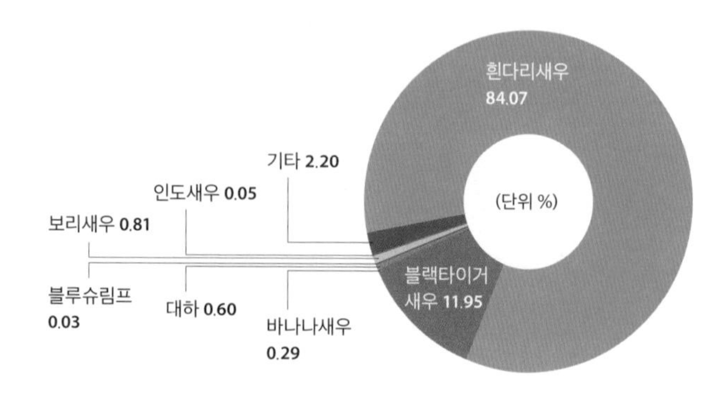

출처: FAO-Fisheries and Aquaculture Information and Statistics Branch

새우는 제철인 가을에나 맛볼 수 있는 비싼 해산물이었다가 이제 1년 내내 먹을 수 있게 되었다. 이는 국내뿐만 아니라 동남아시아 등지에서 보리새우류가 양식되고 이것이 전 세계에 대량으로 유통되면서 가격이 매우 저렴해진 덕이다. 우리가 일상에서 쉽게 소비할 수 있는 상품이 된 것이다.

새우가 우리 식탁 위에 오르기까지

슈퍼마켓에 가면 화이트새우나 블랙타이거새우 한 팩이 1만 원에서 1만 5,000원에 팔리고 있다. 이렇게 가격이 저렴한 덕에 우리 식탁에 자주 오르게 된 이 새우들은 어디에서 오는 것일까?

새우의 대표적인 수출국은 타이*이며, 그 뒤를 베트남, 인도네시아, 필리핀과 같은 동남아시아 국가들이 잇고 있다. 또한 인도와 방글라데시, 그리고 중국도 새우를 수출하는 공급국이다. 최근에는 미국과 가까운 라틴아메리카의 새우 생산·수출량이 급증하고 있다.

세계적으로 새우 수요가 가장 큰 국가는 미국이다. 미국은 타이산 새우를 많이 수입한다. 일본도 주요 새우 소비국인데, 일본은 베트남산 새우를 가장 많이 수입하며 그 뒤를 인도네시아, 인도, 타이, 중국 등의 새우가 잇고 있다. 한국이 새우를 가장 많이 수입하는 나라도 베트남이며, 중국, 에콰도르, 인도, 타이, 말레이시아가 그 뒤를 잇고 있다.

세계인의 식탁에 가장 많이 오르는 타이산 새우는 거의 양식한 것인데, 연간 2조 원의 수익을 거두어들이는 타이 새우의 반 이상이 양식으로 생산된다. 타이는 전 세계 새우의 25퍼센트를 생산한다. 타이산 새우의 가장 큰 수출 시장은 미국이며, 유럽연합, 일본, 캐나다가 그 뒤를 잇고 있다. 한국도 많은 양을 수입한다. 새우

---

* 세계인들은 타이 덕분에 사시사철 싱싱한 새우를 맛본다고 해도 과언이 아니다. 전 세계에서 먹히는 새우 네 마리 중 한 마리가 타이 국적을 달고 있다. 타이에서는 60년 넘게 새우 양식을 해오고 있다. 특히 1970년대 이후 타이의 새우 양식업은 매우 빠르게 성장했으며, 매우 집약적으로 이루어지고 있다. 타이산 새우는 미국, 일본, 프랑스, 에스파냐, 영국, 이탈리아 등으로 주로 수출된다. 1990년대 이후에는 자국 내 소비 또한 증가했는데, 경제 발전으로 인한 소득 상승과 관광 산업의 팽창에 기인한다.

타이 남서부 사뭇사콘의 새우 양식장.
새우 양식은 바다와 호수가 함께하는 맹그로브 숲을
베어내고 만든 양식장에서 많이 이루어진다.
타이 사뭇사콘은 새우 양식업에 최적의 환경을 갖추고 있다.

수출 증가는 타이 양식업자들이 블랙타이거새우보다 더 많은 양을 생산할 수 있는 흰다리새우(바나메이)를 더 많이 양식하는 결과를 가져왔고, 현재 흰다리새우는 타이 전체에서 양식하는 새우의 90퍼센트를 차지한다.

세계 3대 요리 중 하나로 꼽히는 타이 요리에서 최고의 재료는 단연 새우다. 타이를 여행할 때 한국인 여행자들이 가장 즐겨 먹는 것도 새우 요리다. 생새우구이를 비롯해 매콤새콤한 수프인 똠양꿍, 새우살 튀김인 텃만꿍, 말린 새우로 맛을 내는 바미물 국수 등이 여행자들에게 별미로 통한다.

타이 최대의 새우 양식지는 사뭇사콘Samut Sakhon이다. 방콕에서 50킬로미터 떨어진 타일랜드 만의 작은 도시 사뭇사콘은 담넌사두억 수상시장이 있는 사뭇송캄Samut Sonkharam 옆에 위치한 해안 도시다. 사뭇Samut은 산스크리트어 사무드라Samudra에서 유래한 단어로 바다ocean를 의미하고, 사콘Sakhon 역시 산스크리트어 사가라Sagara에서 유래한 단어로 호수lake를 의미한다. 사뭇사콘이라는 도시명에서 알 수 있듯이, 바다와 호수가 함께해 맹그로브 숲이 있는 곳이기에 새우 양식업에 최적인 환경을 갖추고 있다.

전 세계적으로 새우 소비량은 특히 지난 20~30년간 급속히 증가했으며, 특히 북아메리카와 유럽을 비롯한 선진국에서 소비 증가세가 두드러졌다. 최근 미국 내 새우 소비량은 1980년에 비해 세 배 이상 증가했다. 이러한 소비 증가는 개발도상국에서 새우 양식이 증가한 데 힘입은 것이다. 동남아시아에서는 1970년대부터 새우 양식업이 발전하기 시작했는데, 1975년 필리핀에서 새우 양식법이 개량된 이후 동남아시아를 비롯한 열대 및 아열대의 개발도상국에서 새우 양식업이 급속히 성장했다.

우리 식탁에서 새우를 자주 볼 수 있게 된 것은 개발도상국에 대한 국제개발 협력도 한몫했다. 1980년대 세계은행과 아시아개발은행은 동남아시아 등지 개발도상국의 빈곤 문제 해결을 위한 개발 원조로 새우 양식업에 많은 지원을 했다. 기술의 발달로 바다와 강에서 잡아야 했던 새우를 양식장에서 기를 수 있게 되자 아시아와 라틴아메리카 국가에 새우 양식장이 하나둘씩 생기기 시작했다. 또한 전 세계를 망라하는 식품 유통망이 형성되어 새우를 비롯한 신선식품의 국제 유통이 활발해지면서 선진국의 새우 수요가 증가했다. 새우는 생산만 하면 팔린다고 할 정도였다.

개발도상국들이 앞다퉈 양식에 뛰어들면서 새우 가격은 반으로 떨어졌고, 패스트푸드 식당이나 교외의 레스토랑 주방에서 흔히 볼 수 있는 식재료가 되었다. 싼 가격에 쉽게 구할 수 있고 건강에 좋을 뿐 아니라 요리로도 훌륭하다는 이유로, 2002년 이후 새우는 참치를 밀어내고 미국에서 최고 해산물 자리를 차지했다. 미국인은 매년 1인당 9킬로그램 가까운 양의 새우를 소비한다고 한다.

새우 양식은 빈곤한 국가들이 외화를 벌 수 있는 주요한 경로가

흰다리새우 생산량 상위 10개 국(2018, 단위 톤)

순위	국가	생산량
1	중국	1,760,341
2	인도네시아	708,680
3	인도	622,000
4	에콰도르	560,000
5	베트남	475,000
6	타이	357,933
7	멕시코	157,934
8	사우디아라비아	56,100
9	이란	47,859
10	브라질	45,750

세계 총량 **5,007,366**톤

출처: FAO-Fisheries and Aquaculture Information and Statistics Branch

중국에서 생산한 양식 새우는 거의 자국 시장에서 소비되지만, 타이는 대부분 수출한다.

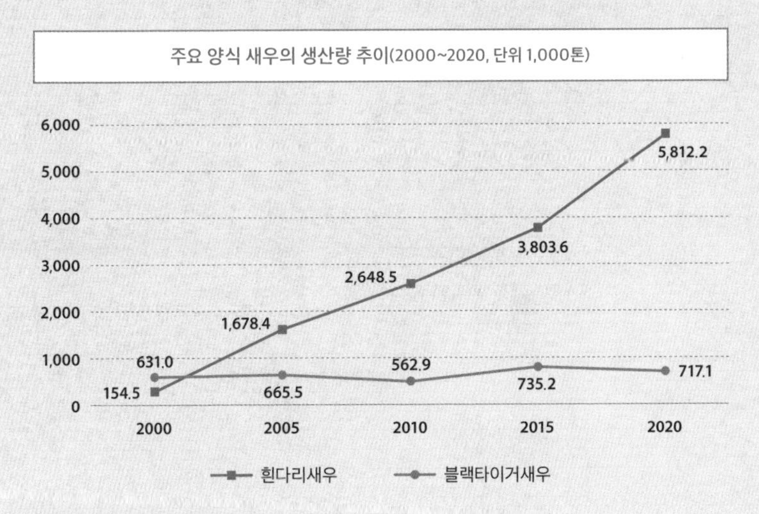

출처: FAO-Fisheries and Aquaculture Information and Statistics Branch

새우 수확이 끝난 후의 새우 양식장 바닥(인도네시아)

되었다. 동남아시아의 양식장에서 생산된 새우는 전 세계로 팔려 나간다. 우리 식탁에 오르는 블랙타이거새우, 흰다리새우 등은 대부분 동남아시아에서 수입된 것이었다. 그러나 최근 국내 새우 시장이 에콰도르와 페루 등 남아메리카산으로 다변화되었다. 타이를 비롯한 동남아시아 지역의 양식장에 바이러스가 퍼지고 홍수 등 자연재해가 발생해 현지 새우 양식 면적이 축소되면서 생산량이 감소했기 때문이다.

2010년 한국에 수입된 새우의 75퍼센트 이상이 타이, 말레이시아, 베트남 등 동남아시아산이었지만 2014년에는 50퍼센트 미만으로 줄어들었고, 에콰도르산과 페루산은 각각 18퍼센트, 12퍼센트가량 증가했다. 2021년 현재 한국 새우 수입량 중 베트남산 새우가 43.6퍼센트를 차지하고 있다.

새우의 상품사슬: 연못에서 접시까지

새우의 상품사슬은 개발도상국의 생산자 및 환경을 선진국의 다국적 기업 및 소비자와 연결한다. 새우의 상품사슬은 이미 글로벌화되어 있으며, 여기에는 권력관계가 작동한다. 타이의 새우 양식업은 개발도상국의 새우 생산 구조를 보여주는 좋은 사례다. 새우 양식업은 개발도상국의 환경과 생산자들의 삶에 위기를 불러일으키고 있으며, 이 위기의 중심에는 자본주의가 있다.

새우의 상품사슬

1단계: 치어 생산

상품사슬은 새우 유충을 가리키는 '치어'에서 시작한다. 과거에는 새우 양식장에 공급하는 치어를 대부분 연안 해역이나 연못에서 채집했다. 그러나 치어 채집이 바다 생태계에 악영향을 미치기 때문에, 지금은 대개 길러서 생산한다. 타이의 치어 생산은 차층사오Chachoengsao, 촌부리Chonburi, 푸켓Phuket에 집중되어 있는데, 이곳에 있는 대규모의 부화장에서 전통적인 치어 채집과 달리 현대적 기술을 이용해 일관되게 치어를 '수확'한다.

2단계: 새우 양식

충분히 성장한(일반적으로 15~21일) 치어는 새우 양식장으로 보내져 3~6개월 동안 자라게 된다. 양식장의 크기와 수확량은 다양하지만, 양식장 대다수는 비교적 작은 규모이며, 집중적이고 선진적인 양식 기술을 사용한다. 대기업이 운영하는 새우 양식장도 있고, 가족 및 소규모 기업이 운영하는 양식장도 있다. 양식장에서 완전히 성숙한 새우는 가공업자에게 판매된다.

3단계: 로컬 거래

타이의 경우, 양식된 새우 대부분은 사뭇사콘 시장과 같은 중앙시장에서 판매된다. 사뭇사콘 시장에서 새우는 경매를 통해 혹은 상인(무역업자)을 통해 가공업자들에게 판매된다. 일부 양식 어민은 새우를 가공업자와 수출 회사, 도매업자 및 소매점에 직접 공급하는 반면, 일부 양식 어민은 현지 대리인을 고용해 거래를 중개하도록 한다.

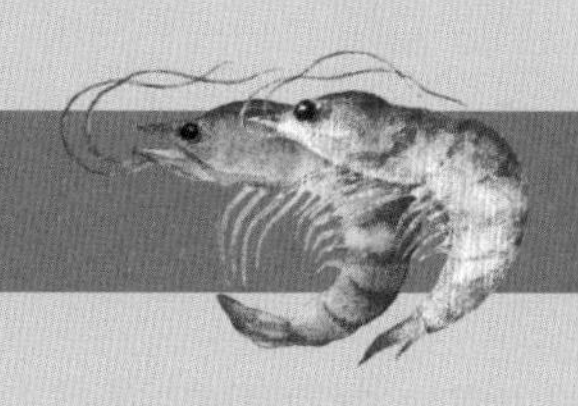

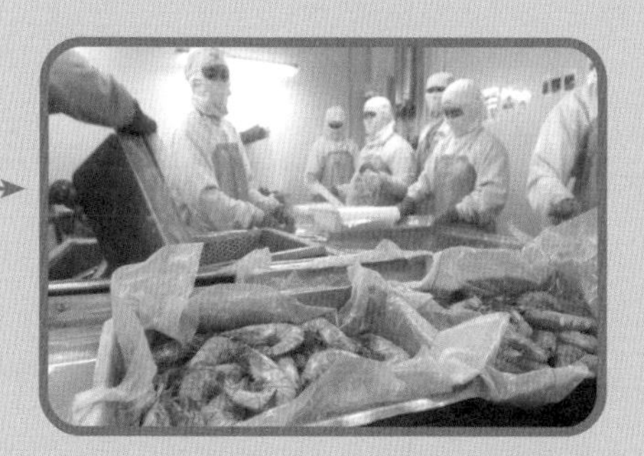

4단계: 가공과 수출

새우는 대부분 전체 혹은 일부를 가공해 전 세계로 수출된다. 미국, 유럽연합 등 주요 시장 소비자의 요구에 따라, 소비자가 냉동식품을 더 간편하게 사용할 수 있도록 수출하기 전에 점점 더 많은 가공이 이루어지는 추세다. 노동집약적인 수작업인 새우 가공에는 껍질 벗기기, 머리 자르기, 내장 빼기와 절단 등이 포함된다.

타이에서 새우는 큰 가공 공장이나 작은 작업장에서 가공되며, 대개 미숙련 노동자나 반숙련 노동자가 작업하는데, 그중 많은 수는 이주노동자다. 가공한 새우는 동결하여 배에 선적한 후 수출 시장으로 향한다. 타이의 경우, 타이냉동식품협회Thai Frozen Foods Association, TFFA에 등록한 업체만 수출 시장에 접근할 수 있다. 수출업자는 새우의 운송을 관리하고 조정한다.

5단계: 수입, 도매 및 소매

미국에 본사를 둔 타이 유니온 그룹Thai Union International, Inc.의 치킨오브더씨Chicken of the Sea와 같은 기업(해산물 가공·포장·공급업체)은 타이 수출업자들로부터 엄청난 양의 새우를 구입한다. 그 후 새우는 다음과 같이 4개의 주요 경로를 통해 도매업자에 의해 판매된다. 첫째, 새우가 들어가는 다양한 가공식품 및 냉동식품을 생산하는 식품 제조업체에게 유통한다. 둘째, 브랜드 제품 또는 브랜드 없는 일반 제품으로 소비자에게 새우를 판매하는 소매업체에게 유통한다. 셋째, 식당을 포함한 식품 서비스 제공업체에게 유통한다. 넷째, 자신의 브랜드를 통해 소비자 및 소매업체에 직접 유통한다.

핑크 골드 때문에 사라지는 맹그로브 숲

맹그로브의 특성

'맹그로브mangrove'는 해변이나 하구 습지에서 자라는 나무를 총칭하는 말레이어 표현 '망기망기mangi-mangi'에 작은 숲을 뜻하는 영어 '그로브grove'가 붙어 만들어진 단어다. 맹그로브는 만조 때는 물에 잠기고 간조 때는 드러나는 조간대에서 뿌리가 지면 밖으로 나오게 자라는 열대 나무 혹은 그 나무들로 이루어진 숲을 말한다. 그래서 맹그로브는 주로 조수간만의 차가 있는 강어귀, 염분 많은 습지, 진흙투성이인 해변 등에서 잘 자란다. 간단히 말하면, 맹그로브는 바다와 육지의 경계에서 자라며 뿌리 일부는 공기 중에 노출되며 일부는 바닷물 아래 습지의 땅속에 뻗어 있는 식물군이다.

맹그로브는 키 작은 관목부터 40미터 이상 자라는 교목까지, 크기와 종류가 다양한 나무를 포괄한다. 맹그로브는 혹독한 환경에서 생존할 수 있게 적응했다. 맹그로브는 물속에서 나무를 지탱하고 호흡하기 위해 서로 얽힌 단단한 지주근(버팀뿌리)을 가지고 있는데, 이 뿌리를 진흙 위로 내밀어 공기를 호흡한다. 좀 더 상세하게 말하면, 지주근은 침수 지역에서 나무를 지탱하는 데 필수적이며, 지주근에서 물 위로 튀어나온 호흡근이 물 안팎에서 호흡하는 데 사용된다. 맹그로브는 바닷물에도 잘 견디는 조직을 가지며, 수분의 증발을 억제하기 위해 나뭇잎이 두껍고 윤이 난다.

맹그로브 뿌리. 맹그로브는 열대 및 아열대 바다의 조간대에서 자란다. 맹그로브의 지주근은 부드러운 진흙에서 또한 침수되었을 때 나무를 지탱하며, 지주근에서 위로 돌출한 호흡근은 물 안팎에서 호흡을 가능하게 한다. 여러 갈래로 뻗은 맹그로브의 뿌리는 땅에 단단히 고정돼 폭풍이나 쓰나미와 같은 해일의 에너지를 격감시켜 피해를 덜어준다.

맹그로브 생태계가 발견되는 장소는 연평균 기온이 20°C 이상인 열대 및 아열대 지역이면서, 해안선이 산호초 등에 의해 파랑의 힘으로부터 보호받고 미세한 퇴적물을 가진 해안이다. 그리고 맹그로브는 산소가 공급되지 않는(무산소성) 영구적인 습지 토양이면서 높은 염도를 가지며 빈번하게 범람하거나 침수되어 때때로 제한적으로 담수를 공급받는 지역에서 잘 자란다.

맹그로브는 해안선을 따라 띠 모양으로 분포한다. 맹그로브는

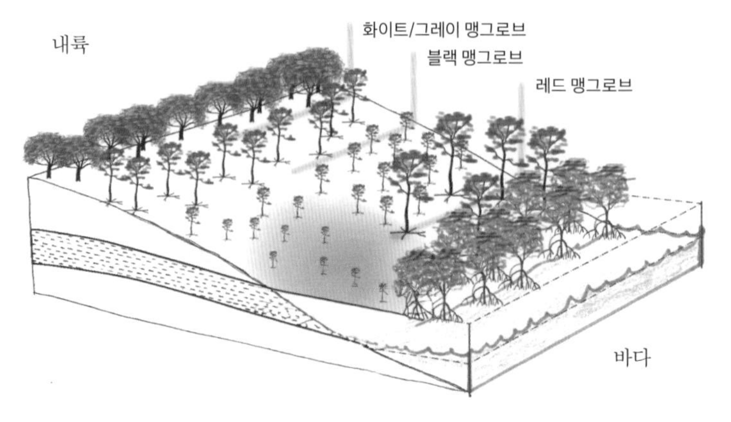

©Ronny Peters, Marc Walther, Catherine Lovelock, Jiang Jiang & Uta Berger
(https://en.wikipedia.org)

해안선을 따라 띠 모양으로 분포하는 맹그로브

크게 세 가지 유형으로 구분되는데, 이들은 각각 염도, 습지와 퇴적물 양에 따라 다르게 분포한다. 먼저, 레드 맹그로브red mangroves는 바다와 접한 해안에서 발견된다. 그곳에서 레드 맹그로브는 파랑의 공격에 정면으로 맞서고 내륙 지역을 보호하며, 영구적인 침수(습지) 상태에서도 생존할 수 있다. 둘째, 블랙 맹그로브black mangroves는 레드 맹그로브의 배후에 있으면서 그 보호를 받는 내륙에 서식하며, 산소를 얻기 위한 피목을 가진 호흡근(기포체)을 가지고 있지만 영구적으로 침수된다면 죽는다. 셋째, 화이트/그레이 맹그로브white/grey mangroves는 해안으로부터 훨씬 먼 내륙에 살고 있으며, 침수(습지) 지역에서는 생존할 가능성이 매우 낮다.

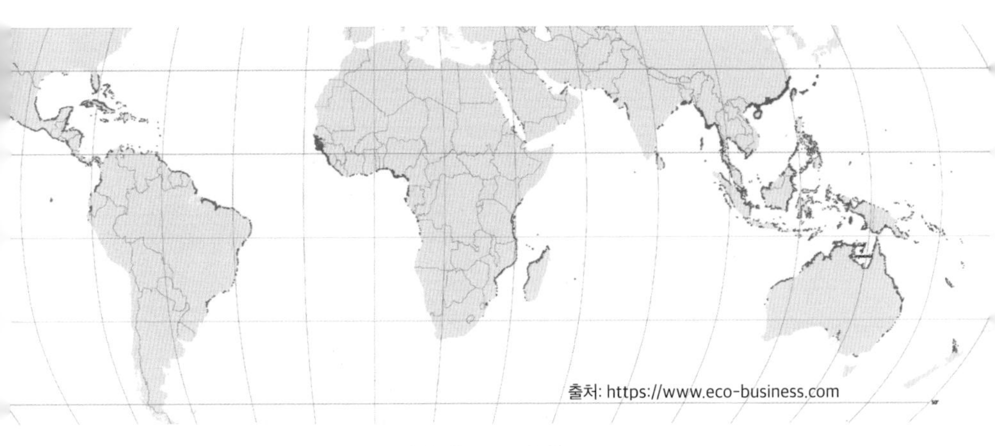

세계 맹그로브 숲 분포

맹그로브의 지리적 분포

맹그로브는 지리적으로 남북 위도 25도 이내의 열대와 아열대 지역인 동남아시아(인도네시아, 말레이시아, 미얀마, 필리핀, 타이, 베트남)와 남부아시아(인도, 파키스탄), 남태평양, 오스트레일리아 북부(오스트레일리아, 파푸아뉴기니), 아프리카(카메룬, 가봉, 기니, 기니비사우, 마다가스카르, 모잠비크, 나이지리아, 세네갈, 시에라리온, 탄자니아), 아메리카(특히, 라틴아메리카)의 열대 및 아열대 해안에 분포한다.

지구상에서 가장 큰 맹그로브지대는 남부아시아의 벵골 만 가장자리에 있는 순다르반스Sundarbans다. 순다르반스는 인도 웨스트벵골 주와 방글라데시에 걸쳐 있는 갠지스 강, 브라마푸트라 강, 메그나 강 유역의 삼각주를 일컫는다. 이 지역의 3분의 1은 인도

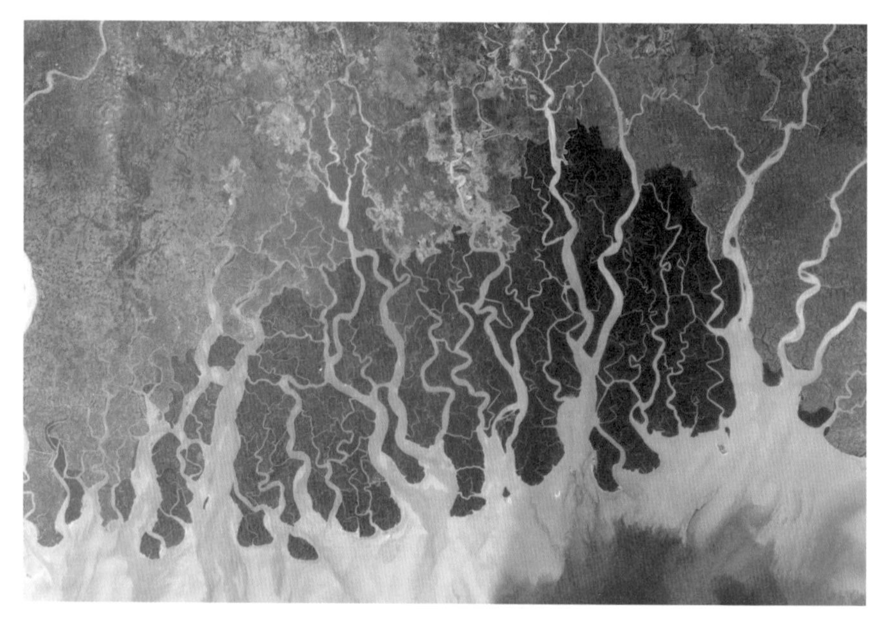

순다르반스 맹그로브의 항공사진. 순다르반스는 북쪽의
더 밝은 녹색 농지로 둘러싸인 남쪽의 짙은 초록색 지역이다.

보르네오 섬의 순다 대륙붕 맹그로브에 살고 있는 코주부원숭이는
서식지 파괴와 사냥으로 인해 멸종위기에 처해 있다.

영토고, 3분의 2는 방글라데시 영토다. 순다르반스는 세계 최대의 맹그로브 습지이면서 맹그로브가 가장 잘 보호된 지역으로, 그 면적은 1,400제곱킬로미터다. 세계에서 가장 가난하고 인구밀도가 높은 나라에 이토록 방대한 숲이 거의 손상되지 않고 자원도 풍부한 상태로 남아 있다는 것은 거의 기적이나 다름없다.

그러나 이 숲에도 여러 가지 위기가 닥치기 시작했다. 삼각주가 서서히 기울면서 강의 흐름이 달라지고, 인도에서 갠지스 강을 가로지르는 댐을 건설함으로써 물과 퇴적물이 부족해지자 거대한 맹그로브 숲이 말라 죽게 된 것이다.

동남아시아에도 맹그로브 숲이 잘 발달해 있다. 그중 순다 대륙붕Sunda Shelf의 맹그로브가 대표적이다. 보르네오 섬과 수마트라 섬의 동부 해안에 있는 순다 대륙붕의 규모는 37,400제곱킬로미터다. 순다 대륙붕 맹그로브는 순다랜드 습지대Sundaland Wetlands의 핫스팟hotspot*에 포함되며, 세계에서 생물학적으로 가장 다양한 맹그로브에 속한다.

순다 대륙붕에는 토양, 염도, 조석 운동의 차이에 따라 다섯 수종의 맹그로브가 자생한다. 250여 종류의 새들도 살고 있지만, 이 중 많은 무리는 일시적 거주자이거나 이주자다. 순다 대륙붕 맹그

* 생물지리학적으로 매우 가치가 높지만 현재 극심하게 훼손되었거나 장차 사라질 위기에 처한 지역들을 일컫는 용어. 핫스팟은 크게 두 가지 의미(열점, 생물종 다양성)를 지니는데, 순다랜드 습지대는 생물종 다양성 핫스팟이다.

로브는 코주부원숭이로 유명하다. 긴코원숭이, 큰코원숭이, 뿔원숭이라고도 불리는 코주부원숭이는 맹그로브와 이탄습지의 숲에 한정해 서식한다.

새우 양식, 바다의 열대우림 맹그로브 숲을 파괴하다

맹그로브는 오랫동안 아무도 사랑하지 않는 쓸모없는 나무였다. 맹그로브 숲은 단단한 나무뿌리들이 얽혀 물의 흐름이 원활하지 않으며 인간이 통행하기도 어렵다. 맹그로브 숲에서는 때론 썩은 냄새가 나며, 모기와 여러 벌레가 서식하고 있어 접근하기에도 쉽지 않다. 맹그로브가 자라는 습지는 사람들이 바다로 접근하는 걸 가로막는 해안의 덤불숲처럼 보인다. 맹그로브 숲은 지구상에서 가장 무시당하고 천대받는 생태계였고, 오랜 기간 쓸모없는 땅, 따라서 개발되어야 할 땅으로 인식되었다.

이런 이유로, 세계 맹그로브 숲은 빠르게 사라지고 있다. 유엔식량농업기구FAO에 따르면, 매년 1~2퍼센트(런던 면적에 해당)의 맹그로브가 도끼와 화약, 불도저의 공격으로 무참히 쓰러진다. 지난 50여 년간 세계 열대 및 아열대 해안에 분포하는 맹그로브 숲의 절반가량이 이미 사라졌고, 지금도 사라질 위기에 처해 있다.* 지금 같은 속도라면 100년 뒤에는 지구상에서 맹그로브 숲이 완전히 자취를 감추게 될지도 모른다. 이는 놀라운 손실 비율로, 생물종 다양성에 심각한 해악을 끼친다.

인간은 수세기 동안 염료나 땔감으로 쓰기 위해 맹그로브 나무를 벌채해왔으며, 이는 탈식민지 이후 더욱 증가했다. 근래에 들어 맹그로브 숲이 사라지는 이유는 다양한 개발이다. 대개 맹그로브 숲은 항구를 만들거나, 관광지를 조성(호텔, 골프장, 레스토랑 등)하거나, 석유 및 광물을 개발하거나, 연안 개발을 위한 도로 및 제방을 건설하거나, 건설 재료와 펄프, 동물사료 등으로 사용하기 위해 벌채되고 파괴된다.

최근 맹그로브 숲의 파괴는 1970년대 이후 동남아시아와 남부아시아 등지에서 이루어진 새우 양식업과 밀접한 관련이 있다.** 이 지역의 양식장 대부분이 맹그로브 숲에 조성되었다. 세계 맹그로브 숲의 50퍼센트 이상이 수산 양식업으로 파괴되었고, 그 가운데 새우 양식업이 차지하는 비중이 거의 40퍼센트에 이른다. 마치 아마존 열대우림이 소를 방목하거나 콩을 심기 위해 벌채되는 것과 유사하다. 육시에서는 농업이 열대우림을 베어내고 불태운다면, 해

* 현재 전 세계 맹그로브 숲의 규모는 약 15만 제곱킬로미터로, 1965년부터 2001년까지 40~50퍼센트가 소멸된 결과다.

** 맹그로브가 파괴되는 이유는 지역별로 상이하다. 동남아시아에서 맹그로브 파괴의 50퍼센트 이상은 수산 양식업(새우 양식업을 위해 38퍼센트, 물고기 양식을 위해 14퍼센트)에 기인하며, 약 25퍼센트는 삼림 벌채, 11퍼센트는 상류의 담수 전환에 기인한다. 라틴아메리카에서 맹그로브 파괴는 농지와 소 사육지의 팽창, 연료와 건축 재료를 위한 벌목, 새우 양식장의 설치 때문에 일어난다.

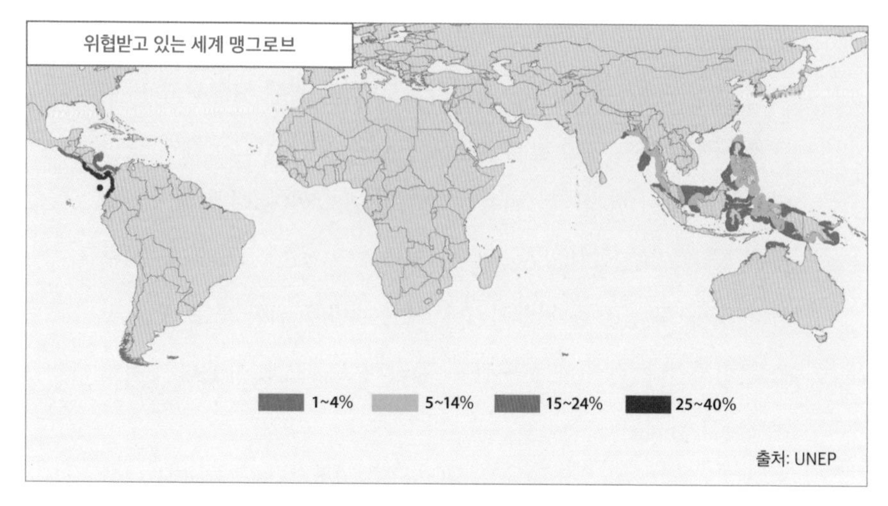

멸종위기에 놓인 맹그로브 비율

양에서는 수산 양식업이 맹그로브 숲을 불도저로 밀어버리고 있다. 그러나 그에 대한 대응은 대조적이다. 열대우림의 파괴는 곧바로 강력한 반대에 부딪힌 반면, 맹그로브는 대중의 관심을 받지 못했다. 맹그로브 숲이 열대우림보다 무려 네 배나 빠른 속도로 모습을 감추고 있는데도 말이다.

자연산 새우는 수요를 충당하지 못해 값이 비싼 반면, 양식 새우는 대량으로 안정적으로 공급되기에 값이 저렴하다. 양식장에서 새우는 사료를 먹여 집중적으로 길러진다. 새우 양식은 동남아시아와 라틴아메리카 국가들에게는 큰 수입원이다. 이런 이유로, 양식 새우는 이 국가들에서 '핑크 골드pink gold'라 불린다.

맹그로브 숲에는 바닷물이 드나들기 때문에 간단하게 양식장을 설치할 수 있다. 맹그로브가 주로 분포하는 열대 및 아열대 지역은 새우를 기르기에 수온도 적합하다. 필요한 사료의 양이 비교적 적고 짧은 시간 안에 일정한 크기로 자라기 때문에, 새우는 양식업자에게 유리한 어종이다.

문제는 이 새우 양식업이 맹그로브에게는 천적이라는 점이다. 이 핑크 골드 사업에 뛰어든 동남아시아, 라틴아메리카, 아프리카 개발도상국들의 맹그로브 숲은 빠르게 줄어들고 있다. 동남아시아에서는 해안으로부터 100킬로미터 이내에 주민의 90퍼센트가 살고 있다. 이 지역에서 개발 또한 해안에 집중되어 이루어지는 이유다. 개발로 인해 악화되고 있는 여러 해안환경 중에서도 맹그로브 숲과 산호초의 손실이 가장 심각하다. 동남아시아는 세계 맹그로브의 35퍼센트를 보유하고 있는데, 이는 세계 어떤 지역에 있는 맹그로브 숲보다 큰 규모다. 라오스를 제외하면, 맹그로브는 동남아시아의 모든 해안선을 따라 길게 뻗어 있다. 동남아시아 해안지대는 맹그로브 숲에 의해 높은 파랑으로부터 보호를 받는다. 특히 하천이 삼각주와 하구의 형태로 바다에 도달하는 곳에서 더욱 그러하다. 또한 맹그로브는 담수 어종과 심해 어종 모두를 위해 중요한 자연적인 보호환경을 제공한다.

멕시코의 새우 양식장.
새우는 연안의 맹그로브 숲을 벌채해 조성한 양식장에서 생산된다.
그러나 이 때문에 열대 생태계에 중요한 맹그로브가 벌채되고,
수질이 악화되며, 사용되다 버려진 양식장으로 인해 문제가 발생한다.

새우 양식이 해양 생태계와 먹거리 안정성에 끼치는 영향

이처럼 생태적으로 가치가 큰 열대우림 해안의 맹그로브 숲을 밀어내고 대형 새우 양식장을 만들면서 해안 생태계 파괴가 가속화되고 있다. 맹그로브 숲의 파괴는 생태계 파괴로 이어질 뿐 아니라 풍부한 자원, 아름다운 경관과 함께 그 숲에서 살아온 주민들의 생계 터전의 파괴로 이어진다. 인근 주민들의 먹거리 안정성까지 파괴되는 것이다.

새우 양식업이 야기하는 환경 파괴는 재앙 수준이다. 새우 양식장을 조성하려면 우선 맹그로브 나무를 제거해야 한다. 새우를 키울 공간을 확보하고 양식장에 바닷물이 잘 유입되게 하기 위해서다. 새우 양식장에는 특별한 내벽이 없으므로 바닷물이 모래흙에 서서히 스며들어 지하수에 섞인다. 새우 양식장이 지하수를 염수화해 지역의 식수원을 오염시키는 것이다. 양식장의 염수는 지하수뿐 아니라 땅도 오염시킨다. 염분이 스며든 토양에서는 농사를 지을 수 없다. 게다가 대부분의 양식장은 사용한 물을 정수 처리하지 않고 바로 자연 수로로 내보내기 때문에 수질도 악화된다. 또한 맹그로브 숲 근처에 새우 양식장을 만들 때 양식장에 물을 공급하고 폐수를 유출할 수로도 건설하는데, 이로 인해 맹그로브 숲으로 조류가 유입되지 않는다. 자연적인 물의 순환이 이루어지지 않는 맹그로브 숲의 생태계는 결국 파괴되고 만다.

양식되는 새우들은 좁은 늪지에서 높은 밀도로 키워지므로 병균에 취약할 수밖에 없다. 따라서 새우 양식장에는 각종 항생제와 살균제가 대량 살포된다. 양식 새우에 각종 화학물질이 함유돼 있는 것은 당연하다. 또한 1파운드의 새우를 키우는 데 2~3파운드의 먹이가 필요하므로 새우보다 더 많은 물고기를 사료용으로 잡아야 한다.

양식업은 우리가 생각하는 것보다 더 심각하게 물을 오염시킨다. 새우 1톤을 키우는 데 1,600갤런(약 6,000리터)의 물을 소비한다. 새우가 미처 먹지 못한 먹이는 양식장 바닥에 쌓이는데, 한정된 양의 물에 새우들의 배설물도 섞인다. 이렇게 오염된 물에서 바이러스가 발생하기도 하지만 양식에 사용된 물은 그대로 바다로 흘러나간다.

새우 양식장의 수명은 5년 미만이다. 3~5년간 양식장을 운영하면 물과 토양이 심각하게 오염되어 새우를 키울 수 없다. 따라서 이를 버리고 새로운 양식장을 조성한다. 새로운 맹그로브 숲을 베고 양식장을 만드는 일이 반복되는 것이다.

동남아시아의 양식 새우는 항생제, 성장촉진제, 온갖 비료, 부영양화를 막기 위한 화학약품들을 먹고 자랐음에도, 한국으로 수출되는 과정에서 다시 한 번 약품을 푼 물에 담가진다. 이 약품은 해산물 몸집을 부풀리는 인산염이다. 한국의 피자 가게, 레스토랑, 호텔 뷔페 등에서 제공하는 새우는 타이를 비롯한 동남아시아의 양식장에서 마구 뿌리는 항생제와 한국 측 수입업자들의 천박한 상혼인 인산염에 버무려진 물질이다.

어제 먹은 새우, 노예노동의 산물이다

타이는 세계 1위의 새우 수출국으로, 그 대부분은 양식 새우다. 그런데 이 작은 새우 안에는 환경 파괴 말고도 또 하나의 심각한 문제가 숨어 있다. 세계인의 미각을 사로잡는 새우가 논란의 중심에 선 것은 노예노동과 아동노동 때문이기도 하다.

타이산 새우는 인접 국가인 미얀마, 라오스, 캄보디아에서 인신매매로 넘겨진 아동 및 청소년, 그리고 이주노동자들의 노예노동으로 양식되고 있다(타이, 캄보디아, 방글라데시 등에서 새우 생산에 아동노동이 투입되고 있다). 타이에 본사를 둔 다국적 식품 회사 'CP푸드Charoen Pokphand Food'는 세계 최대의 새우 양식업체로, 월마트, 까르푸, 테스코, 코스트코 같은 세계적 유통업체에 새우를 납품한다. CP푸드가 저렴한 가격으로 이런 유통업체에 새우를 납품하려면 새우 생산 비용을 낮춰야 한다. 그 방법의 하나가 새우에게 먹일 사료를 싸게 공급받는 것이다. 여기에 노예노동이 동원된다. 새우 양식장에 사료로 공급될 물고기 새끼나 식용하지 않는 잡어를 잡는 어선들은 사실 노예선이다. 공해상에서 조업하는 타이 어선들은 미얀마와 캄보디아 출신 이주노동자를 인신매매해 노동력으로 충당한다. 이들은 하루 쌀밥 한 그릇의 식사만 제공받고 하루 20시간씩 일한다. 이 노예선에서는 구타와 각성제 투약, 심지어 살인까지 벌어진다.

타이 최대 새우 양식 지역인 사뭇사콘에서는 타이어語를 들을 수가 없다. 마을 곳곳에서 공장 유니폼을 입은 사람들을 쉽게 볼 수 있지만, 새우 양식 산업에 종사하는 이들은 대부분 미얀마인이며, 그들 중 70퍼센트가 불법체류자 신분으로 일하는 저임금 이주 노동자다. 타이의 새우 산업에 종사하는 미얀마인만 50만 명이 넘고, 이들을 위한 도시까지 만들어졌다(타이 해산물 가공업에서 일하는 사람 중 이주민이 차지하는 비중은 90퍼센트 이상이다). 이들은 미얀마 군부의 탄압과 가난에서 벗어나기 위해 국경을 넘은 100만 이상의 21세기 보트피플로, 대부분 비자도 없다. 철저히 노동집약적인 새우 산업에는 많은 노동력이 필요할 수밖에 없다. 미얀마의 임금 수준은 타이의 7분의 1 정도라, 미얀마 사람들은 돈을 벌기 위해 끊임없이 국경을 넘고 있다. 그중에는 열 살 남짓의 어린아이들도 다수 포함되어 있다.

미얀마 소년들은 하루 15시간씩 새우 껍질 까는 일을 한다. 타이에서도 아동노동은 법으로 금지되어 있지만, 굳게 닫힌 공장의 철문 안에서 아이들은 작은 손으로 하루 종일 새우 껍질을 까고 있다. 공장주들이 법을 어겨가며 아동노동을 쓰는 이유는, 어린아이들이 (마찬가지로 값싼 노동력인) 노인에 비해 오랜 시간 동안 서 있을 수 있기 때문이다. 새우 가공 공장에서 일하는 아동들은 인간답게 살 수 있는 최소한 권리조차 보장받지 못하고 있다. 폭력, 착취, 차별을 당하면서 의료와 교육의 혜택을 받지 못한 채 살아가고 있다. 값싼 새우와 아동의 인권을 바꾸는 것이 타당한지, 우리 식탁 위의 새우가 묻고 있다.

연결된 세계
: 새우를 통해 본 자연과 인간의 관계

동남아시아와 남부아시아에서 발생한 쓰나미, 그리고 그 지역에서 맹그로브 숲의 파괴 등은 대한민국에 살고 있는 나와는 아무런 관계가 없는 것처럼 보인다. 하지만 환경 파괴의 피해는 국경을 초월해 전 지구로 확산된다. 자연을 파괴하는 것은 문명의 몰락으로 이어질 수 있다. 이런 점에서, 우리 주변의 자연환경을 지키는 것이 인류와 지구를 지키는 길이라 말할 수 있다.

그러나 동남아시아를 비롯한 많은 나라에서 새우 양식장이나 어류 양식장을 짓기 위해, 혹은 쌀농사를 짓기 위해 맹그로브 숲을 파괴하며 간척사업을 계속 진행하고 있다. 맹그로브 숲은 탄소를 흡수하는 역할에 있어서도 중요하지만, 생태계의 생물종 다양성을 확보하는 데에도 커다란 역할을 한다. 단기적으로는 이런 개간이 도움이 될지도 모르지만, 중장기적으로는 해안 습지의 생태계가 파괴되고 생물종의 다양성과 식물 생태계에도 영향을 끼쳐 농어민의 삶에도 악영향을 준다.

인간의 입장에서 맹그로브처럼 쓸모없어 보이는 나무도 별로 없다. 나무 줄기가 굵지 않아 목재로 쓰기에 적당치 않고, 사람들이 왕래를 하거나 인근에서 살기에도 방해가 된다. 그렇다고 해서 맛있는 열매가 열리는 것도 아니다. 그런데 이런 나무가 지구의 기후를 지키는 데 가장 강력한 힘을 발휘하고 있으며, 동시에 해안 습지 전체의 생태계를 유지하는 데 핵심적인 역할을 한다. 인간이 세상을 바라보는 시각이 얼마나 편협할 수 있는지를 맹그로브 숲이 잘 보여준다.

맹그로브는 열대 및 아열대 지역에서만 자라기 때문에 한국에 사는 우리와는 무관한 일로 볼 수도 있다. 하지만 식탁에 블랙타이거새우가 오르는 순간, 우리는 맹그로브 숲을 파괴하는 공범이 된다. 내가 먹는 값싼 새우는 양식장을 짓기 위해 벌채되는 열대 및 아열대의 맹그로브 숲, 그리고 살기 위해 국경을 넘어와 타이의 새우 공장에서 일하는 어린이들의 노예노동의 산물이기 때문이다.

이처럼 우리는 일상적으로 소비하는 새우를 통해 인간과 밀접한 관계를 맺고 있는 자연을 맞닥뜨리게 된다. 어떤 새우를 선택하고 먹을 것인지는 순전히 자연의 가치를 인식할 수 있는 능력에 달렸다. 인간 또한 자연의 일부임을 잊어서는 안 된다. 맛과 가격으로만 음식을 선택하지 말고, 소외된 생산자와 파괴된 자연, 거기에 우리의 건강까지 생각하는 성찰적인 소비자의 자세가 필요하지 않을까.

맹그로브 숲이 인간과 생태계에 중요한 이유

• **해양 생태계와 지역 주민에게 삶의 터전을 제공한다**

맹그로브 숲은 지구상에서 가장 생산적이고 생물학적으로 복잡한 생태계에 속한다. 전 세계의 습지는 지구 면적의 6퍼센트에 달하는데, 짠물이 머무는 곳은 연안 습지, 민물이 머무는 곳은 내륙 습지로 구분된다. 맹그로브는 연안 습지에 분포한다. 맹그로브 숲은 한 발은 육지에, 한 발은 바다에 담그고 두 영역의 생명체에게 생존의 터전을 마련해주는 독특하고 가치 있는 생태계다.

맹그로브 숲은 물고기를 비롯한 여러 생물이 살기에 매우 좋은 환경이다. 맹그로브 숲은 수많은 맹그로브 나무의 뿌리들이 얽혀 있어 물살이 잔잔하

맹그로브 숲을 재조성하기 위해 나무를 심고 있다.

기에 어류가 산란하고 치어를 기르기에 적합하다. 그리하여 맹그로브 숲은 어족 자원의 주요 서식처가 된다. 또한 비교적 잔잔한 맹그로브의 물에서 분해된 유기물질은 게, 새우 같은 갑각류와 어류의 좋은 먹이가 되고, 해초와 산호초 같은 해양 생태계에 양분을 공급한다. 게다가 얕은 물에서는 포식 어류가 살지 못해 갑각류와 작은 물고기들에게 안전한 장소이기도 하다. 열대 기후에 서식하는 어종 중 75퍼센트는 일생의 어느 시기를 맹그로브 숲에서 보낸다. 맹그로브 숲은 해양생물뿐 아니라 뱀, 악어 등의 파충류, 원숭이나 사슴 등의 포유류, 그리고 새, 꿀벌, 박쥐 같은 다양한 생물종에게 생육 공간과 식량원을 제공한다.

맹그로브의 파괴는 해양 생태계의 적신호다. 미국 플로리다의 경우, 시장에서 팔리는 해산물의 50퍼센트가 맹그로브 숲에서 나왔다. 그러나 숲의 보호를 받으며 자라던 치어가 줄어들자 해양생물의 수도 덩달아 감소했다.

mangrove에서 man은 인간이고 grove는 숲이니, 맹그로브는 '인간의 숲'으로도 해석할 수 있다. 그만큼 인간과 밀접한 관계가 있는 식물이다. 맹그로브는 해안에 거주하는 수억 인구에게 집 지을 자원(목재나 지붕 재료), 일거리(벌목, 조개 및 게 잡이, 벌꿀 채집)를 제공하며, 이들을 보호해주는 터전이다. 맹그로브로부터 먹을 것과 쉴 곳을 얻었던 주민들은 이제 생계를 위협받고 있다. 예를 들면, 에콰도르에서는 새우 양식장의 건설로 인해 맹그로브 숲에서 새조개를 잡아서 생계를 유지하는 주민들이 피해를 입었다. 맹그로브 주변 해안에서 물고기를 잡고 살던 영세 어민들은 이제 대형 새우 양식장의 인부로 전락했다.

• 지구온난화를 방지하는 데 큰 역할을 한다

맹그로브는 지구의 탄소 균형에도 크게 기여한다. 열대 및 아열대의 해안 지역에 주로 서식하는 맹그로브는 다른 어떤 식물보다도 탄소를 흡수하는 효과가 크다. 맹그로브의 식생뿐 아니라 습지 자체가 저장할 수 있는 탄소의 양은 열대우림에 비해 다섯 배나 많다. 따라서 맹그로브 숲의 보전은 지구온난화 예방에 필수적이다.

지구 전체의 숲에서 맹그로브가 차지하고 있는 비율은 0.7퍼센트 정도에 불과하지만, 이들은 매년 전 세계의 인간이 만들어내는 이산화탄소의 2.5배 정도를 흡수하고 저장할 수 있는 능력을 갖추고 있다. 맹그로브는 탄소를 격리한다. 맹그로브의 파괴는 이러한 탄소 격리carbon sequestration* 잠재력을 줄인다는 것을 의미한다. 맹그로브가 뿌리를 내리고 있는 토양 및 이탄층은 10퍼센트 이상의 높은 탄소 함유량을 가지고 있다. 새우 양식장을 짓기 위해 맹그로브가 파괴될 때, 이탄층이 파헤쳐지고 탄소가 대기로 방출된다. 그리하여 탄소 격리의 손실이 높아져 온실가스가 증가하고 지구온난화가 가속화된다.

미국 오리건대학 과학자들은 동남아시아산 양식 새우 100그램의 탄소발자국이 198킬로그램에 달한다는 연구 결과를 내놓았다. 아마존 숲을 벌목해 조성한 농장에서 소를 키워 얻은 쇠고기보다 탄소발자국이 열 배나 많다. 오리건대학 과학자들은 맹그로브 숲 1만 제곱미터를 없애고 새우 양식장을 만들었을 때 방출되는 이산화탄소가 평균 1,472톤에 달할 것으로 추정했다.

지구온난화는 북극의 빙하를 녹여 해수면을 상승시킨다. 전 세계 인구의 10명 중 1명은 해발고도 10미터 이하의 해안에 살고 있다. 지구온난화가 불러온 해수면 상승으로 인한 위험에 취약한 인구가 그만큼 많다는 것이다. 특히 아시아에는 이렇게 취약한 해안지대에 살고 있는 사람들이 전체 인구의 약 75퍼센트나 된다. 해수면 상승은 맹그로브 숲이 침수되어 그 순기능을 상실함을 의미한다. 맹그로브 숲을 파괴함으로써 지구온난화를 앞당기기도 하지만, 지구온난화의 결과 맹그로브 숲이 파괴되기도 한다.

---

* 대기 중 배출되는 이산화탄소를 토양의 탄산염 또는 유기물 등 담체에 고정하여 지하 또는 지상의 특정 공간에 저장하는 과정.

해초sea grass(해수에 완전히 잠겨서 자라는 속씨식물)는 많은 해양생물의 집과 같은 역할을 한다. 해초는 맹그로브로부터 쓸려 내려온 실트 위에서 자란다. 맹그로브의 파괴는 곧 해초의 고갈을 의미한다.

• 취약한 해안의 방파제 구실을 한다

맹그로브 숲은 각종 자연재해로부터 인간의 목숨과 재산을 보호하는 완충지대다. 맹그로브 숲은 해안의 침식과 홍수를 막는다. 맹그로브 숲은 육지와 바다, 강과 바다 사이에서 양 지형 간 균형을 유지하는 역할을 하며, 해양의 육지 침입에서 안전지대가 된다. 맹그로브는 나무 하나에서 말뚝 같은 여러 갈래의 뿌리가 뻗어 나와 땅에 단단히 고정된다. 이런 나무들이 숲을 이루고 있으면 쓰나미와 같은 거대한 해일의 에너지를 격감시켜 피해를 덜 보게 되는 것이다. 집채만 한 해일의 파괴력을 누그러뜨리고 육지의 영양분이 바다로 쓸려 내려가는 것을 막아준다.

2004년 크리스마스 다음 날인 박싱데이Boxing Day에 인도양에서 발생한 진도 9.1 규모의 지진으로 인해 발생한 쓰나미로 동남아시아와 남부아시아의 여러 지역에서 약 30만 명의 사상자가 발생했다. 세계자연보전연맹IUCN에 따르면, 2004년 말 쓰나미가 덮칠 당시 스리랑카의 두 마을 가운데 맹그로브가 무성하게 자란 곳에서는 단 2명이 숨진 데 그쳤으나 맹그로브가 없는 마을에서는 6,000여 명이 사망했다. 해안의 맹그로브 숲 상당 부분이 새우 양식장 개발로 사라진 탓에 쓰나미의 에너지를 일차적으로 막아줄 완충지대가 없었고, 피해가 훨씬 더 커졌다.

스리랑카 및 동남아시아 국가들과 민간단체들은 2004년 쓰나미 이후 맹그로브 숲 보전에 적극적으로 나서고 있다. 맹그로브 씨앗을 채집해 일정 정도 키운 후, 맹그로브 숲이 훼손된 지역으로 옮겨 심고 있다. 이를 통해 지역 빈민 구제 활동도 벌이고 있으며, 국제적인 네트워크 활동도 벌이고 있다.

7장

포도와 와인

와인, 신들의 음료에서 만인의 음료로

프렌치 패러독스, 와인을 세계적인 음료로 만들다

와인은 유럽의 식생활에서 매우 중요한 음료다. 와인은 왕실 등 상류사회의 일상에서 중요한 위치를 차지했고, 지금도 접대와 사교의 장에서 빼놓을 수 없는 요소 중 하나다. 그러나 이제는 달라졌다. 유럽인뿐 아니라 세계인이 즐기는 음료가 되었기 때문이다.

와인이 대중적인 사랑을 받는 이유 중 하나는 건강에 좋다는 주장 때문이다. 물론 적정하게 섭취했을 때 말이다. 와인이 건강에 미치는 긍정적 영향을 이야기할 때 항상 회자되는 말이 바로 '프렌치 패러독스French Paradox'다. 패러독스는 '역설'로 번역되는데, 겉으로 보기엔 모순되지만 표면적 진술을 떠나 생각해보면 근거가 확실하거나 깊은 진실을 담고 있는 표현을 뜻한다. 역설은 한 문장 안에 상반된 두 가지 사실을 안고 있다. 술인 '와인'이 '건강에 좋다'는 말처럼 말이다.

1991년 11월, 프랑스의 심리학자 세르주 르노Serge Renaud 박사가 미국 CBS의 시사 프로그램 〈60 Minutes〉에서 레드와인과 관련한 중요한 발표를 했다. 프랑스인들은 한 끼 식사가 평균 1,100킬로칼

로리인 고지방식을 즐기는데도 심장병 사망률이 매우 낮은데, 그것이 와인 때문이라는 주장이었다. 당시 미국인들의 사망 원인 1위가 바로 심장질환이었기 때문에 르노 박사의 발표는 큰 화제가 되었다. 미국인들보다 더 고지방 식사를 하면서 운동량도 적은 프랑스인의 심장병 사망률이 미국인의 3분의 1 수준이라는 사실과 그 이유가 바로 레드와인의 규칙적인 섭취에 있다는 주장은 미국사회에 충격으로 받아들여졌고, 이때부터 '프렌치 패러독스'라는 신조어가 회자되기 시작했다. 와인을 적당량 꾸준히 섭취할 경우 심혈관질환 예방뿐만 아니라 비만 억제, 시력 보호, 갑상선 및 신장 기능 활성화 등의 효과가 있다는 연구 결과도 발표됐다. 이런 유의 연구는 엄청난 마케팅 효과를 거두었고, 와인이 세계적인 음료로 거듭나는 데 크게 기여했다.

'프렌치 패러독스'라는 말에는 프랑스인의 와인 사랑이 집약돼 있다. 프랑스는 미식의 나라로 통하는데, 프랑스 미식의 꽃은 단연 와인이다. 프랑스인의 식사에서 와인을 뺄 수는 없으며, 음식과 어울리는 와인 고르는 법은 미식 문화의 중요한 요소 중 하나다. "와인이 없는 하루는 태양이 없는 하루다."라는 말이 생길 정도로 프랑스인들에게 와인은 술 이상의 의미를 지닌다.

프랑스의 와인 사랑을 보여주는 유명한 역사적 사건이 있다. 제2차 세계대전 당시 프랑스 정부는 와인업자들의 징집을 연기했다. 전쟁으로 포도원(와인용 포도 농장)이 파괴되기 전에 포도 수확을 마치기 위해서였다. 심지어 이미 징집된 군인까지 포도 수확을 돕기 위해 보낼 정도였다고 하니, 프랑스인의 와인 사랑이 얼마나 대단한지 짐작할 수 있다.

이처럼 와인은 프랑스 사람들에게 특별한 존재다. 삶의 동반자이자 한때는 목숨과 바꾸어 지키고자 했던 대상이었고, 현재는 고부가가치를 창출하는 원천이다. 와인은 프랑스의 자존심이자 그들 역사의 일부분이다. 빅토르 위고나 보들레르 같은 대문호들이 그토록 프랑스 와인을 찬양하고 경배한 이유도 바로 여기에 있다.

유럽에서는 오래전부터 식사 시간에 맥주나 와인을 마셨다. 남부유럽에서는 주로 와인을, 북서부유럽에서는 맥주를 마셨다. 유럽에서는 프랑스와 이탈리아를 중심으로 한 남부유럽을 와인 벨트로, 그 북쪽을 맥주 벨트(독일과 벨기에 등)로, 맥주 벨트의 위쪽을 보드카 벨트(북유럽과 러시아)로 부르기도 한다. 여기에는 유럽의 자연환경적 요인과 문화적 요인이 함께 작용했다. 포도 재배 및 와인 제조가 주로 이루어지는 지중해성 기후 지역인 남부유럽에는 석회암지대가 많다. 석회암은 빗물에 잘 녹기 때문에 석회암이 기반암을 이루는 지역에서는 깨끗한 물을 얻기가 어렵다. 이는 와인이 식생활에서 없어서는 안 되는 음료로 자리 잡는 데 중요한 역할을 했다.

이런 지형적 요인과 기후적 요인이 결합해 지중해 주변 지역에서는 오래전부터 포도 재배가 널리 이루어졌다. 이 포도를 원료로 하는 와인은 유럽에서 쉽게 구할 수 있는 음료로서, 깨끗한 물을 대신하는 일상적인 음료가 될 수 있었다는 의견이 있다.*

유럽에 와인이 널리 퍼진 것은 포도 재배에 적합한 자연적인 조건(다음 절에서 상세히 설명한다)에 역사·문화적인 요인이 더해졌기 때문이다. 와인은 그리스·로마 시대부터 유럽의 중요한 음료로 자리매김했는데, 로마제국의 영향을 받은 지역에서는 거의 포도 재배와 와인 생산이 이루어졌다. 이는 로마제국의 영토 범위와 와인 생산지(포도 재배지)의 범위가 대체로 일치하는 것에서도 확인할 수 있다.

또한 유럽 대부분의 나라는 오래전부터 기독교를 국교로 삼았는데, 이 종교는 와인을 신성한 음료로 취급한다. 기독교에서는 와인을 하나님이 인간에게 내린 가장 신성한 선물로 여기며, 심지어 예수의 피로 상징되기도 한다. 이 때문에 와인은 각종 종교 의식에서 반드시 활용되었고, 자연스럽게 와인을 권장하는 분위기가 형성되었다. 반면 이슬람교에서는 인간을 인사불성으로 만드는 술을 혐오했으며, 거기에는 와인도 포함되었다. 이성과 절제를 추구하는 이슬람인은 정신을 맑게 해주는 커피를 애호했다. 기독교 문화가

---

* 와인은 애초에 물을 첨가하지 않고 순수하게 포도로만 발효하는 술이며, 탄산이 포함된 음료의 경우 탄산과 석회 성분이 만나 탄산칼슘염이 되어[$Ca(OH)_2 + CO_2 \rightarrow CaCO_3\downarrow + H_2O$] 마구 흔들고 섞지 않는 이상 석회 성분만 분리돼서 가라앉고 석회 성분이 없는 물을 얻을 수 있기 때문에 맥주와 같은 문화가 발달했다는 주장이다.

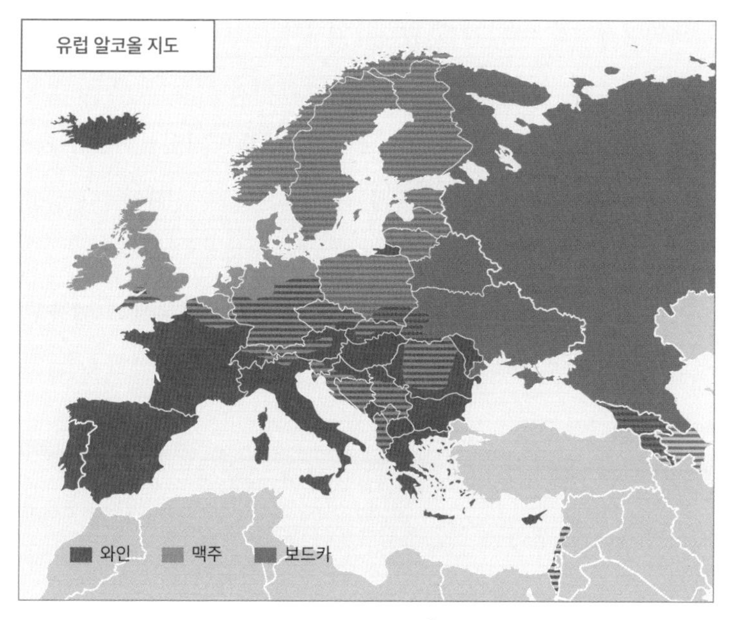

©159753 (https://commons.wikimedia.org)

뿌리내린 곳 어디서나 포도 농장을 볼 수 있었던 반면, 이슬람 문화가 지배적이었던 곳에는 어디에서나 커피 향이 가득했다.

현재 와인은 유럽에서 빼놓을 수 없는 소득원의 하나로 자리 잡았다. 특히 20세기 후반부터 동아시아 국가들의 경제가 성장하고 삶의 질이 높아지면서 유럽 문화에 대한 동경이 커졌는데, 이 과정에서 와인 소비가 증가했다. 와인이 유럽을 넘어 세계적인 음료로 성장한 것이다.

와인의 생산과 무역 그리고 탐닉의 역사지리

인류가 언제부터 어디에서 포도를 재배하기 시작했는지는 정확하게 알려져 있지 않다. 포도는 신석기 시대인 기원전 8000년경 서아시아, 특히 튀르키예 동쪽에 위치한 조지아(그루지야)와 이란 고원 서부의 경사지에서 처음 심었던 것으로 추정될 뿐이다.

지중해 동부의 선사 문명에서 와인은 종교 의식에서 이용되었다. 와인이 인간에게 신과 접촉하는 것과 비슷한 감각을 제공한다고 믿었기 때문이었다. 이 세상 사람이 아닌 것처럼 취하게 하는 와인의 능력 덕분이었을 것이다. 또한 겨울에 포도 넝쿨이 말랐다가 봄에 소생하는 모습에서 신의 섭리를 느낄 수 있다는 것도 종교 의식에 와인이 이용된 이유의 하나였다.

고대에 들어와 그리스인들은 밀, 올리브와 함께 지중해의 주요 산물 중 하나로서 와인용 포도를 재배해 지중해 농경 문명의 꽃을 피웠다. 그리스 본토 및 섬 지역의 기후와 토양이 포도 재배에 적합했기 때문에 와인은 모든 사람이 마실 수 있을 정도로 풍부했다. 포도 재배는 그리스 전역으로 급속도로 퍼져나갔다. 그리스는 또한 상업용으로 와인을 대량 생산한 최초의 사회였다. 이전까지는 농민과 그 가족이 소비했던 와인이 이제는 판매를 위해 만들어지기 시작했고, 이를 위해 그리스인들은 과학적인 방법으로 포도를 재배했다. 와인은 그리스의 주요 수출품 중 하나가 되었으며, 해상을 통해 다른 제품과 거래되었다. 기원전 6세기경 그리스 와

와인을 담아두는 크라테르

물을 담아두는 히드리아

원래 심포지엄은 그리스어 어원 Sym(함께)과 Posia(마시다)의 합성어로, 와인을 마시는 파티를 뜻했다. 그리스의 귀족들이 '크라테르'라는 항아리에 고급 와인을 담아두고 히드리아에 담아둔 물을 섞어 밤새도록 마시면서 토론과 대화를 즐기는 낭만적인 파티였던 것이다.

인은 이집트, 흑해 연안, 프랑스 남부 지역까지 수출되었다.

고대 그리스에서 사회적인 세련됨의 정수는 개인 파티 또는 심포지엄에서 제공되는 와인을 마시는 것이었다. 심포지엄은 특별한 남성 전용 방이나 응접실인 안드론andron이라는 곳에서 열린 남성 중심의 귀족 의식이었다. 그리스에서 와인은 혼합음료였다. 그리스인들은 '크라테르krater'라고 불리는 항아리 모양의 그릇에 와인을 담아놓고 물과 섞어 마셨다. 주로 손잡이가 세 개 달린 용기인 히드리아hydria에 담긴 물이 항상 와인에 첨가되었다. 혼합되는 물의 양이 와인을 마시는 사람이 얼마나 빠르게 취하는가를 결정했다.

그리스인들은 물을 섞지 않고 순수한 와인을 마시는 것은 야만적인 행동이라고 생각했다. 그들의 믿음에 따르면, 오직 술의 신 디오니소스만이 아무것도 섞지 않은 와인을 마실 수 있었다. 미약한 인간은 와인의 강렬함을 물로써 순화한 것만 마실 수 있었다.

로마제국이 들어서면서 와인은 로마 군인의 하루 배급품이 될 정도로 중요해졌다. 포도 재배는 지중해 북부 해안을 따라 서쪽으로, 그리고 프랑스와 에스파냐의 주요 하천의 계곡을 따라 북쪽으로 널리 퍼져나갔다. 와인 무역 또한 지중해 연안을 벗어나 북해와 발트 해 북쪽으로 확장되었다. 1세기경, 와인은 유럽 전역에서 기호와 욕망의 대상이자 일부 사람들에게는 탐닉의 상품이 되었다. 와인은 사회적 차별화의 상징이었으며, 그것을 마시는 사람의 부와 지위를 나타내는 표식이었다. 부유한 로마 시민들에게 고급 와인을 식별하고 이름을 알아내는 능력은 과시적인 소비에서 필수적인 행위였다.

포도 재배와 와인 제조 기술은 중세에도 전해졌으며, 심지어 알코올 소비가 원칙적으로 금지된 이슬람 통치 아래 있던 지중해 연안의 유럽에서도 보전되었다. 중세의 금욕주의로 인해 포도 재배와 양조 기술이 다소 침체했으나 가톨릭교회의 종교 의식에 와인은 필수적이었기에 수도원을 중심으로 와인 제조 기술이 이어졌다. 중세 말기의 도시 성장은 풍부한 소비 시장을 제공했고, 포도의 대규모 상업 재배와 와인 시장의 번성을 가져왔다. 포도는 더욱 상업적으로 재배되면서 프랑스 북부의 론 강, 독일의 라인 강 등 주요 하천의 남동쪽 경사지로 확대되었다. 또한 와인 무역으로 인해 금융, 상업, 신용거래가 활발해졌다. 상인들은 지중해로부터 영국, 플랑드르, 스칸디나비아, 발트 해 등의 북부 지역으로 향신료, 후추, 비단뿐 아니라 상당량의 와인을 수출했다. 이들 북유럽 국가는 와인을 수입하는 대가로 모피, 생선, 목재, 양모를 지불했다.

16세기 신대륙 발견과 함께 와인의 생산과 소비는 세계화의 길을 걷게 되었다. 에스파냐와 포르투갈은 해외 식민지 확장을 통해 신대륙에 와인용 포도 재배를 보급했다. 1520년대에 멕시코, 1530년대에 페루, 1550년대에 칠레, 1560년대에 플로리다에 순차적으로 와인용 포도가 도입되었다. 영국은 포도를 1600년대에 버지니아로 들여갔고, 네덜란드는 1650년대에 남아프리카의 케이프 식민지Cape Colony(현재 남아프리카공화국 일대)에 포도원을 만들었다. 캘리포니아에는 1770년대에, 오스트레일리아 남동부에는 1790년대에 최초로 포도원이 설립되었다. 뉴질랜드에는 1800년대 초에 포도원이 세워졌다.

이렇게 신대륙에서 포도 재배와 와인 생산이 시도될 즈음, 유럽에서는 인구 성장과 경제적 번영으로 인해 와인 시장이 더욱 확대되었다. 이에 힘입은 와인 제조업자들은 샴페인Champagne(프랑스 샹파뉴산 스파클링 와인), 클라레Claret(프랑스 보르도산 레드와인), 포트와인Port wine(포르투갈산의 주정 첨가 와인) 등 새로운 와인을 개발하고, 특별한 품종의 포도*를 전문화하기 시작했다. 그리고 최고급 와인을 색상·향기·맛을 잃지 않고 바리크**에 저장·숙성시킬 수 있는 기술이 개발되어 와인 애호가의 입맛을 고급화시켰다. 이렇게 신중하게 오래 저장된 빈티지 와인(풍작인 해의 와인)은 고급 와인으로 인기를 끌게 되었다.

1860년대에 접어들면서 포도나무 뿌리에 벌레가 기생해 포도나무가 고사하는 포도뿌리혹벌레병이 유럽을 강타했다. 이 병을 일으킨 포도뿌리혹벌레는 미국에서 수입한 포도나무 모종에 묻어

---

* 레드와인 품종으로 카베르네 소비뇽Cabernet Sauvignon, 네비올리Nebbiolo, 피노누아Pinot Noir, 메를로Merlot, 화이트와인 품종으로 샤르도네Chardonnay, 리슬링Riesling, 소비뇽 블랑Sauvignon Blanc 등이다.

** 바리크barique는 프랑스어로 '나무통'이라는 뜻이다. 그러나 와인업계에서는 와인을 숙성시키는 오크통(참나무통)을 가리키는 단어가 되었다.

카베르네 소비뇽

메를로

그르나쉬

시라

들어왔는데, 1863년부터 유럽의 포도원을 황폐화시켰으며 특히 프랑스 포도원의 4분의 3을 파괴했다. 한 번 감염된 포도나무는 회복이 거의 불가능하다. 이미 이 병을 겪은 미국의 포도나무는 면역이 되어 있었지만, 그렇지 않은 유럽 포도나무는 견디지 못한 것이다. 1881년에 유럽 포도나무를 미국 포도나무에 접붙여 뿌리혹벌레병에 저항하는 포도나무를 육종했지만, 이미 유럽의 포도원은 거의 고사 상태에 있었다.

포도뿌리혹벌레병의 습격으로부터 유럽의 포도원이 복구된 20세기 초반, 고급 와인 제조업자와 소비자는 또 다른 문제에 직면했다. 상인과 외국의 경쟁업자는 품질이 떨어지는 와인을 고급 와인인 양 둔갑시키고, 한정된 공급량을 늘리기 위해 와인에 물을 탔다. 질 낮은 와인의 색깔을 좋게 하고 유효기간을 늘리기 위해 화학약품을 넣기도 했다. 이런 문제를 해결하기 위해 와인 통제 시스템이 새롭게 도입되었다. 예를 들면, 프랑스에서는 특정 지역에서 생산된 와인의 품질을 보증하기 위해 1930년대에 원산지 호칭 검사 AOC 시스템이 도입되었다. 프랑스와 달리 독일의 와인 분류 시스템은 지리적 기원이 아니라 포도의 품종 및 품질 그리고 당도에 근거했다. 이러한 통제 시스템은 와인의 품질을 향상시키는 데 중요한 역할을 했다.

오늘날 와인은 소비자가 탐닉하는 상품 중 하나다. 프랑스 부르고뉴산 와인(영어로 버건디Burgundy라는 말이 더 많이 알려져 있다. 보르도 와인과 함께 세계 최고 품질의 와인으로 꼽힌다) 같은 최고급 와인은 선진국과 개발도상국 대도시 지역에 사는 일부 부유층을 중심으로 소비되는 반면, 보다 값싼 와인들은 전 세계의 다양한 사람들에 의해 더 많은 곳에서 소비된다.

20세기 중반 이후 와인 생산과 관련해 두 가지 큰 변화가 나타났는데, 이 변화는 기호와 욕망 그리고 탐닉의 상품으로서 와인의 세계화에 크게 기여했다. 하나는 와인 산업에서 후발 주자였던 북아메리카, 오스트레일리아, 뉴질랜드 등이 대규모 자본 투자와 새로운 과학기술의 도입으로 1등급 와인을 생산하기에 이른 것이다. 다른 하나는 1960년대 서구사회가 향락주의 문화로 전환하면서 와인 소비가 중산층의 일상생활에 깊숙이 스며든 것이다. 현재 와인 생산과 유통은 거대 다국적 기업들이 주로 담당하고 있으며, 이들은 소비를 더욱 촉진하기 위해 와인냉장고wine cooler를 보급하는 등 와인 관련 사업 범위를 더욱 넓혀가고 있다.

테루아, 최고의 포도원에서 최고의 와인이 탄생한다

포도 재배의 기후 조건: 포도/와인 벨트

세계적으로 포도 재배의 최적지는 대개 연평균 등온선 10~20℃ 사이의 지역으로, 대체로 남북 위도 30~50도대의 온대 기후 지역이다. 우리는 이를 흔히 포도/와인 벨트라고 부른다. 전통적으로 와인용 포도 재배는 유럽 국가들이 차지한 영토, 특히 지중해성 기후를 보이는 남부유럽에 집중되어 있었다. 이곳에서 와인은 역사적으로 가장 인기 있는 음료 중의 하나였다.

유럽의 경우 네덜란드 로테르담부터 북아프리카(모로코, 알제리, 튀니지, 이집트 등)에 이르는 지역이 포도/와인 벨트에 해당한다. 북아메리카에서는 캐나다 캘거리부터 멕시코까지, 남아메리카에서는 브라질 상파울루에서 칠레의 콘셉시온까지다. 아프리카(지중해 지역의 북아프리카 제외)와 오스트레일리아의 경우에는 포도 재배 벨트가 대륙의 남부에 걸쳐 있다.

칠레를 비롯한 남아메리카에서는 유럽 와인 벨트에 속하는 에스파냐와 포르투갈의 식민지를 경험하면서 일찍이 포도 재배와 와인 생산이 이루어졌다. 맥주 벨트에 속하는 영국의 식민지였던 남아프리카공화국과 오스트레일리아에서도 포도 재배와 와인 생산이 이루어지고 있다. 이들 대륙의 남부는 와인용 포도 재배에 적

국가별 포도 생산량(2016, 단위 톤)

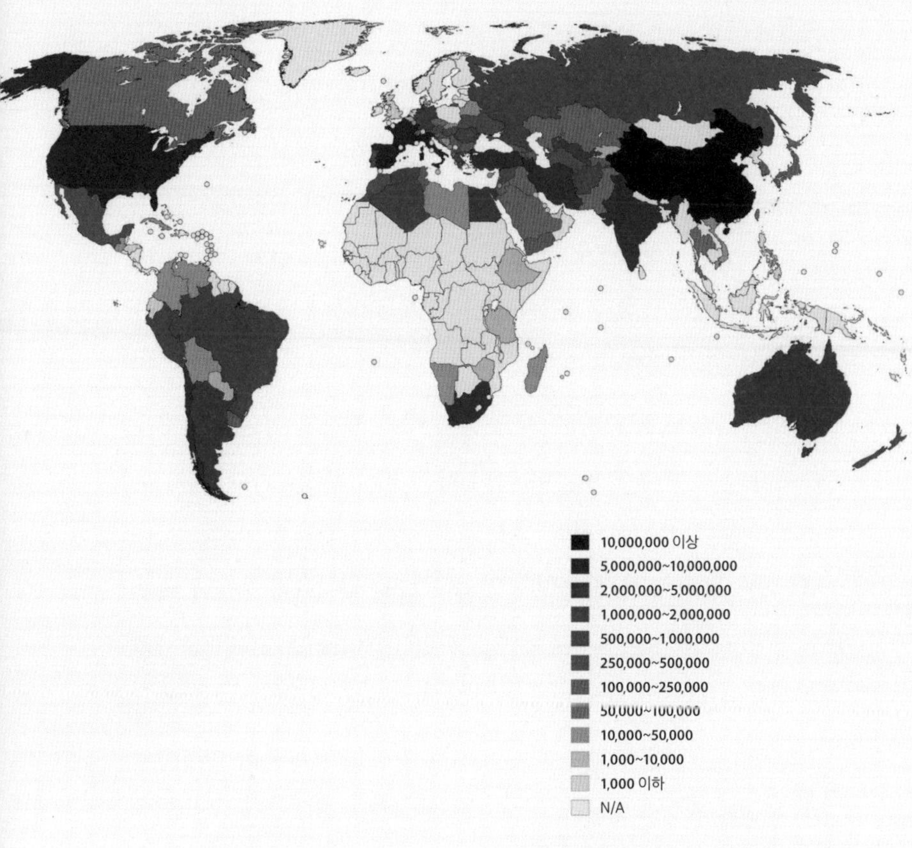

ⓒJackintheBox (https://commons.wikimedia.org)

포도 재배의 최적지는 일반적으로 연평균 등온선 10~20°C의 지역으로 대체로 남북 위도 30~50도대의 온대 기후 지역에 해당한다.

기온 이외에 습도 등 미기후와 토양 등의 지리적 조건도 포도 재배에 큰 영향을 끼친다. 남아메리카의 볼리비아와 아프리카의 탄자니아의 일부 지역에서처럼, 열대 기후가 나타나는 적도 근처의 국가에서 포도가 성공적으로 재배되는 것은 보통 고도가 높은 경우다.

합한 지중해성 기후가 나타나기 때문이다. 아프리카 대륙의 남북 양극단에는 온대 기후가 나타난다. 지중해에 인접한 북아프리카 해안과 남반구에 있는 남아프리카공화국 일대는 여름에 고온건조하고 겨울에 온난습윤한 지중해성 기후로, 일찍부터 유럽인들이 이주해 살았다. 특히 남아프리카공화국의 케이프 주는 네덜란드 동인도회사의 중간 기착지였기 때문에 유럽인이 쉽게 들어왔다. 이때 유럽의 양조 기술이 아프리카로 전해졌고, 유럽의 기후와 비슷한 이 지역에서 포도를 재배하면서 세계적으로 유명한 와인 산지로 발달하게 되었다.

포도 재배 벨트 중 위도가 높은 곳에서 생산된 와인은 알코올 함량이 낮고, 비교적 신맛이 많이 나는 것이 특징이다. 독일의 모젤과 라인 지역이 그 예다. 독일을 비롯한 북서유럽은 기온이 서늘하고 일조량이 부족해 포도에 당분이 많이 형성되지 못하기 때문에 주로 화이트와인용 포도를 재배한다. 남부유럽과 북아프리카처럼 위도가 낮은 곳에서 생산된 와인은 알코올 함량이 높고 맛이 묵직하다. 풍부한 일조량으로 인해 포도에 많은 당분이 형성되지만, 신맛은 부족한 편이다.

테루아, 포도 재배에 적합한 지리적 조건

우리가 흔히 과일로 먹는 포도와 와인을 만드는 포도는 품종이 다르다. 와인용 포도를 한반도에서 재배하면 잘 자라지 않는다고 한다. 이처럼 자연 조건은 작물의 재배에 절대적인 영향을 끼치는데, 프랑스인들은 특히 포도의 재배 및 와인 제조와 관련해 이를 '테루아terroir'라는 말로 표현한다. 테루아는 간단히 말해 포도를 재배하기 적합한 지리적 조건 또는 자연적 조건을 총칭하는 말인데, 프랑스인들이 테루아를 내세우는 데에는 프랑스의 지리적·자연적 조건에서 자란 포도로 만든 와인이 최고라는 자부심이 숨어 있다.

테루아는 흙을 뜻하는 terre에서 파생된 말로, 우리말로 하면 '풍토' 정도에 해당한다. 포도 재배의 지리적 조건인 테루아는 토양과 기후(강수량, 바람, 일조량, 일교차 등)를 비롯해 재배지의 경사, 관개, 배수, 햇빛이 비치는 방향, 토질의 무기질 성분, 땅의 깊이, 수분 저장 능력, 땅의 pH 수치, 수맥과의 거리 등 포도원의 모든 자연환경으로 구성된다. 이에 더해 포도 품종과 포도 재배법 등도 영향을 미친다. 이런 모든 조건이 와인의 품질을 결정한다.

각기 다른 경작지에서 같은 품종의 포도를 재배해도 와인의 맛은 제각각 다르다. 이에 착안해 프랑스의 와인 등급 분류는 '경작지의 철학', 즉 테루아에 기초한다. 한 지역에서 생산된 와인은 그것을 재배한 지역의 특징을 최대한 나타낸다. 유럽의 다른 나라에서 생산되는 고급 와인들도 마찬가지다. 사실 신흥 와인 생산 국가에서는 처음에 이런 프랑스인의 사고방식을 비웃었다. 그들은 오랫동안 같은 품종의 포도라면 세계 어디에 심어도 같은 결과가 나올 것이라고 믿었다. 그러나 이제는 그들도 생각을 바꾸었다.

다양한 기후는 포도의 성장에 서로 다른 영향을 미치며, 자연히 와인의 품질에도 영향을 미친다. 포도 벨트에서 보다시피, 포도나무가 잘 성장하기 위해서는 연평균 기온이 10~20°C로 높지도 낮지도 않아야 하고, 일조량은 풍부해야 한다. 지중해성 기후뿐만 아니라 서안해양성 기후와 온대 동계건조 기후에서도 와인용 포도가 재배되지만, 당연히 기후에 따라 와인의 맛은 달라진다. 와인용 포도 재배에 가장 적합한 지중해성 기후 지역은 여름에는 기온이 높고 건조하며, 겨울에는 온화하고 습도가 높다. 이런 기후 조건은 포도와 와인 생산에 아주 적합하지만 자칫 포도가 너무 달거나 신맛이 부족할 수도 있다. 그 결과 알코올 함량이 너무 높거나 텁텁한 맛이 나는 와인이 만들어지곤 한다.

토양의 성질과 구조 역시 포도의 성장과 품질에 중요한 영향을 끼친다. 토양은 유기질과 무기질을 적정하게 포함해야 하며, 밀도가 낮고 따뜻하며 배수가 양호해야 한다. 석회암 성분을 함유하고 있는 땅에서 품질 좋은 포도와 와인이 생산된다고 알려져 있다. 세계적으로 유명한 레드와인을 만드는 피노누아Pinot Noir 품종은 프랑스 부르고뉴의 코트도르 석회암층에서 재배된다. 맛이 고급스럽고 감미로운 샤르도네Chardonnay 품종은 석회암이 점토에 섞여 있는 잿빛 토양이 많은 샤블리 지역에서 생산된다. 알자스는 프랑스에서 두 번째로 건조한 지역으로, 화이트와인용 포도를 생산하기에 최적의 기후이며 리슬링Riesling 품종이 유명하다. 독일과 알자스는 재배하는 포도 품종은 비슷하지만 와인 스타일이 크게 다른데, 가장 큰 차이는 독일은 스위트 와인이 일반적이고 알자스는 드라이 와인이 일반적이라는 것이다. 독일의 고급 와인으로, 라인 강 지류 중간 부분인 모젤에서 생산되는 화이트와인은 편암이 풍화된 무기질이 풍부한 토양에서 자란 리슬링 품종으로 만든다. 편암층은 가볍고 밀도가 낮을 뿐만 아니라 온기를 금방 받아들이고, 밤중에 그 온기를 발산하는 장점을 갖고 있다.

포도를 재배하는 밭의 위치 또한 중요하다. 포도는 평지는 물론, 경사지에서도 재배할 수 있다. 특히 경사지는 강한 햇빛과 밤낮의 기온차를 이용할 수 있어 포도 재배에 유리한 지형이다. 깊은 맛과 적절한 신맛이 나는 훌륭한 와인을 생산하기 위해서는 밤의 서늘한 기온도 필요하다. 포도가 많이 시달리면 시달릴수록 와인의 맛이 더 좋다고 하는데, 낮의 높은 기온은 포도의 당분을 높여주고 서늘한 밤공기는 신맛이 부족해지는 것을 방지해주기 때문이다.

포도 품종이 중요함은 말할 나위 없다. 세계적으로 약 1만여 종의 포도가 있다. 그러나 그 가운데 대략 2,500종의 포도만이 와인 제조에 적합한 것으로 알려져 있다. 그 가운데 대부분의 품종은 지역적으로 제한되어 재배되거나 큰 명성을 얻지 못하고 있다. 경제적으로 의미가 있고, 와인 제조에 적합한 종류는 불과 50여 종

이탈리아 친퀘테레의 경사지에서 재배되는 포도나무들

테루아의 3요소

기후	포도 재배에는 적당히 춥고 비가 오는 온난습윤한 겨울과 꽤 길고 뜨거운 여름을 가진 온화한 기후가 가장 적합하다. 뜨거운 햇볕이 내리쬐는 여름의 고온건조한 기후는 포도 열매가 잘게 성숙하도록 하는 한편, 포도나무를 썩게 하는 뿌리혹벌레병을 방지해준다. 뿌리혹벌레병은 고온다습한 기후에 더 활발하기 때문이다.
지형	포도나무는 가능한 햇빛이 최대로 비추고 배수가 양호한 경사지에 심는다. 호수나 강 근처도 바람직하다. 호수나 강 근처는 겨울의 혹독한 추위를 완화할 수 있기 때문이다.
토양	포도는 다양한 토양에서 재배될 수 있지만, 최고의 와인은 거칠고 배수가 잘되는 토양에서 재배된 포도로 만들어진다. 포도 재배를 위한 토양은 다른 곡물들을 위한 토양에 비해 반드시 비옥할 필요는 없다.

밖에 되지 않는다. 특히 프랑스에서 전통적으로 키워온 품종인 카베르네 소비뇽Cabernet Sauvignon, 메를로Merlot, 샤르도네Chardonnay, 그리고 소비뇽 블랑Sauvignon Blanc이 세계 여러 나라에서 재배되어 대표적인 품종으로 인정받고 있다.

앞에서도 얘기했듯이, 똑같은 포도 품종이라도 테루아가 다를 때는 포도의 맛도 달라지고 이를 가지고 만든 와인의 맛도 달라진다. 이런 이유로, 각 포도원은 동일한 품종으로 서로 다른 스타일의 와인을 만들 수 있다는 게 프랑스 사람들의 생각이다. 이를 반영해 유럽에서 생산되는 와인들은 대개 포도 품종 대신에 포도가 자란 지역을 상표명으로 사용한다. 특히 프랑스는 전통적으로 테루아를 중심으로 포도원의 등급을 매긴다. 이를 AOCAppellation

칠레의 포도원. 칠레의 수도 산티아고 부근은 지중해성 기후로 포도 재배가 성하다.

d'Origine Contrôlée라 하며 '원산지 호칭 검사 제도'*로 번역된다. 수확한 포도의 질과 상관없이 땅 또는 지역이 품질을 결정하는 것이다. 이는 다소 불합리하게 느껴질 수도 있지만, 그만큼 테루아가 포도 재배와 와인 생산에 중요한 요소임을 보여준다.

---

* 프랑스는 일찍부터 AOC라는 원산지 호칭 검사 제도를 도입해 와인의 품질 관리에 주력했다. AOC에 따라 프랑스 와인은 포도의 품종과 재배 방법, 수확량을 규제받고 있으며, 와인의 제조 방법과 알코올 함유량도 정해진 규칙을 따라야 한다. 또한 이런 방식을 통해 생산된 와인에 고유의 명칭을 붙여 라벨에 기재하도록 하고 있는데, 그 종류가 수백 가지에 달하므로, 좋은 와인을 선택하기 위해서 소비자들이 따로 공부해야 하는 지경에 이르렀다. 다만 알자스에서는 와인을 생산하는 다른 프랑스 지역과 달리 원산지가 아니라 포도 품종에 따라 상표가 정해진다.

와인 생산과 소비의 지리, 그리고 문화

와인 생산과 소비에 영향을 끼치는 요인

포도를 재배해야 와인을 만들 수 있으므로, 와인 생산에는 자연환경적 요인이 크게 작용한다. 앞에서 보았듯이, 와인의 독특한 특성은 포도원의 테루아로부터 기원한다. 테루아는 포도가 재배되는 장소의 기후, 지형, 토양, 그 외의 자연적 특성들이 결합된 것이다. 그래서 프랑스의 포도 재배 농민들은 "와인은 포도원에서 만들어진다."고 말한다.

그러나 와인 생산에는 문화적 요인 역시 큰 영향을 미친다. 포도는 다양한 지역에서 재배될 수 있지만, 와인은 원래 역사적 가치와 현대적 가치를 모두 포함하는 문화적 가치에 기반해 생산된다. 어떻게 보면 와인 생산은 그 지역의 자연환경보다 그러한 가치를 기꺼이 받아들이려는 신념과 사회제도에 더 크게 의존한다고 볼 수 있다. 오늘날 와인 생산은 와인을 만드는 훌륭한 전통을 가지고 있고, 와인을 마시려는 사람들이 있으며, 와인을 구입할 수 있는 여유를 가진 지역에서 주로 이루어진다. 특히 전 세계에서 소비되는 고급 와인의 대부분은 전통적으로 와인을 만들고 마셔온 지역에서 생산된다.

앞에서 보았듯이, 프랑스나 이탈리아의 많은 와인 생산 지역에서 지켜지는 사회적 풍습은 적어도 로마제국으로 거슬러 올라

와인은 어떤 과정을 거쳐 우리 식탁에 오르는 걸까?

와인 생산은 다양한 단계를 거친다. 와인의 생산 공정은 수확, 제경, 파쇄, 발효 및 침용, 압착, 숙성, 병입, 출하 등으로 이루어진다.

먼저, 포도의 생산 과정에는 가지치기, 농약 살포, 수확 등이 포함되며, 수확한 포도는 양조장으로 옮겨진다. 양조장으로 운반된 포도는 제경(줄기 제거)과 파쇄(으깨기) 과정을 거쳐 포도 과육, 과피(껍질), 씨앗, 과즙이 뒤엉킨 죽과 같은 상태가 된다. 이를 머스트must라고 한다.

레드와인의 경우는 머스트 상태에서 발효를 진행해 알코올을 얻게 되며, 그와 동시에 침용(삐자즈pigeage) 공정을 거친다. 침용은 머스트 상태에서 껍질에 들어 있는 성분을 과즙에 우려내는 공정으로, 이 과정에서 포도의 검은 껍질에 들어 있는 안토시아닌계의 색소가 과즙에 우러나 과즙이 자주색으로 물들게 되어 레드와인이 탄생하는 것이다.

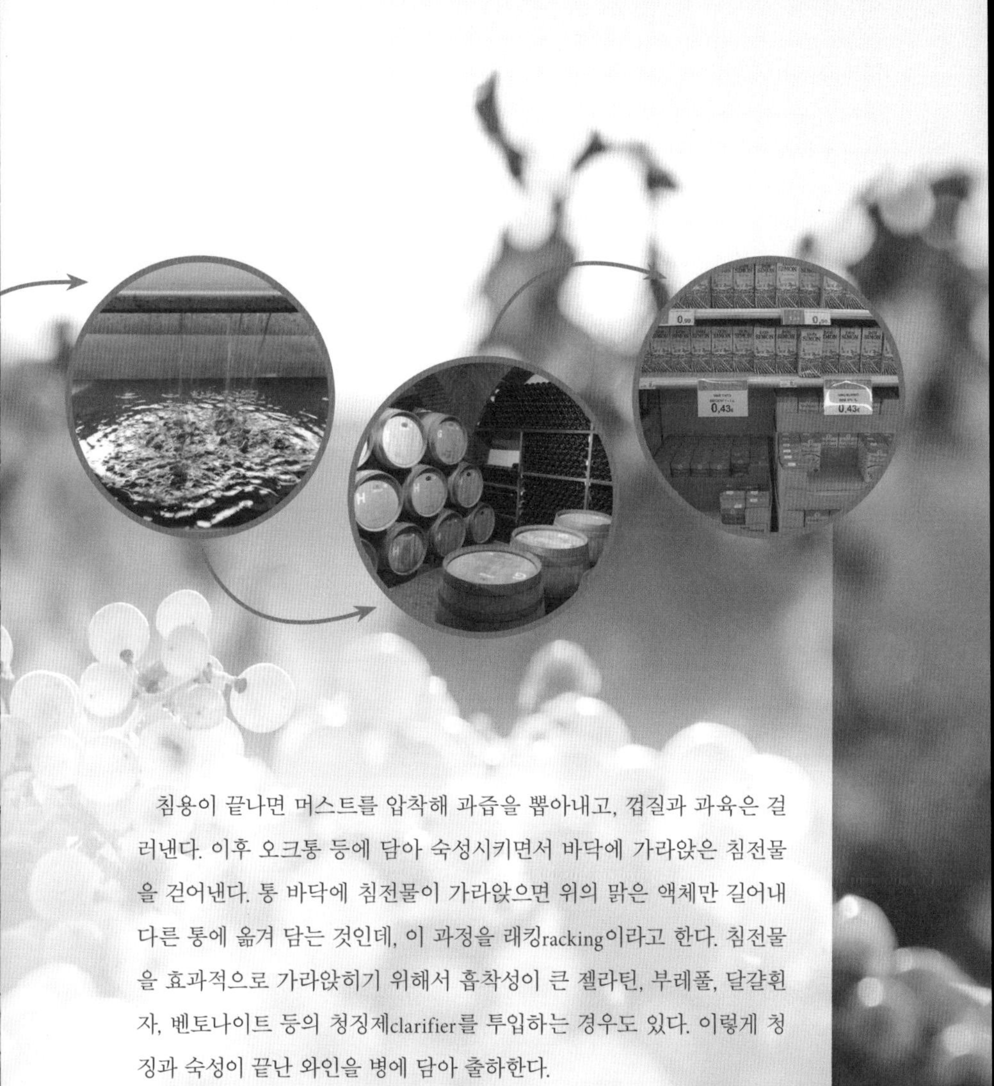

침용이 끝나면 머스트를 압착해 과즙을 뽑아내고, 껍질과 과육은 걸러낸다. 이후 오크통 등에 담아 숙성시키면서 바닥에 가라앉은 침전물을 걷어낸다. 통 바닥에 침전물이 가라앉으면 위의 맑은 액체만 길어내 다른 통에 옮겨 담는 것인데, 이 과정을 래킹racking이라고 한다. 침전물을 효과적으로 가라앉히기 위해서 흡착성이 큰 젤라틴, 부레풀, 달걀흰자, 벤토나이트 등의 청징제clarifier를 투입하는 경우도 있다. 이렇게 청징과 숙성이 끝난 와인을 병에 담아 출하한다.

유통은 주로 운송과 관련된 것으로, 기업의 전략 및 생산 능력에 따라 지역, 국가 또는 국제 수준에서 이루어진다. 유통 과정을 거쳐 와인은 도매업자에서 소매업자로 공급되고, 소비자는 다양한 가게에서 와인을 구입해 소비한다.

간다. 와인 소비는 로마제국 멸망 이후 쇠퇴했고, 많은 포도원이 파괴되었다. 그러나 중세 유럽에서 와인 만드는 전통은 종교 의식을 위해 수도원에서 보전되었다. 그리고 근대 이후 유럽에서는 다시 와인 소비가 확대되었으며, 서구뿐 아니라 유럽의 식민지를 경험한 여러 국가에서도 와인을 마시게 되었다. 지금 포도원은 종교단체보다는 개인과 기업이 주로 소유하고 있다.

와인은 기독교(구교)의 음료다. 때문에 와인 생산은 기독교 이외의 종교가 지배하는 세계 여러 지역에서는 활발하게 이루어지지 않았다. 특히 힌두교와 이슬람교는 알코올음료를 금기시한다. 이처럼 와인 생산은 주로 문화적 가치, 특히 종교 때문에 이스라엘을 제외한 서아시아와 남아시아에서는 지금도 거의 이루어지지 않는다.

포도와 와인의 생산과 소비

포도는 5개 대륙 모두에서 재배된다. 2018년 기준 포도 생산 비율은 유럽 37.6퍼센트, 아시아 34.5퍼센트, 남아메리카 9.8퍼센트, 북아메리카 9.3퍼센트, 아프리카 5.9퍼센트, 오세아니아 2.6퍼센트를 차지한다. 유럽이 가장 큰 비중을 차지하며, 그다음으로 아시아가 비슷한 수준을 생산한다. 그러나 국가별로 보면 중국의 포도 생산량이 가장 많으며, 계속 증가하고 있다. 유럽이 대개 와인용 포도를 재배한다면, 중국 등 아시아에서는 주로 과일용 포도를 생산

포도 생산량 상위 10개 국(2018, 단위 톤)

순위	국가	생산량
1.	중국	13,666,800
2.	이탈리아	8,513,640
3.	에스파냐	6,983,260
4.	미국	6,890,980
5.	프랑스	6,267,790
6.	튀르키예	3,933,000
7.	인도	2,920,000
8.	칠레	2,828,021
9.	아르헨티나	2,573,311
10.	이란	1,915,050

세계 총 생산량 **80,043,511**톤

한다는 차이가 있다.

유럽에서는 1980년대 이후 포도 재배면적이 지속적으로 줄고 있다. 그 주요 원인은 유럽연합 결성 이후 과잉 생산 문제를 해결하기 위해 포도원을 많이 줄인 것이다. 유럽의 포도원 수는 1997년까지 계속 줄어들었으나 그 이후에는 약간 증가하는 추세다. 그러나 각 나라마다 상황은 조금씩 다르다.

와인 역시 전 세계에서 생산되지만, 아무래도 유럽과 그 식민지였던 국가들이 주 생산지다. 특히 프랑스, 이탈리아, 에스파냐를 비롯한 유럽에서 60퍼센트 이상을 생산하고, 그다음으로 미국, 중국, 아르헨티나, 칠레, 오스트레일리아, 남아프리카공화국에서 많은 와

중국 투루판의 건포도

중국의 포도 생산량이 세계에서 가장 많다는 사실을 아는 사람은 별로 없다. 중국에서 생산되는 포도 품종은 과일용이 85퍼센트 이상이며, 생산량 역시 과일용 포도가 약 80퍼센트를 차지한다.

중국 내에서는 신장자치구에 있는 투루판의 포도가 유명한데, 특히 건포도는 세계 제일이다. 사막의 오아시스 도시로 알려진 투루판은 해수면보다 280미터나 낮은 지대여서 '아시아의 우물'이라고 일컬어진다. 또한 투루판은 북서쪽의 우루무치, 남서쪽의 카스, 남동쪽의 간

투루판에서 수확된 포도는 실크로드 여행객의 영양원으로서 중요한 역할을 해왔다. 건조한 기후로 인해 대부분 건포도로 가공된다.

쑤성 란저우 시 등지로 연결되는 교통의 요지로, 예로부터 실크로드 정치·경제의 중심지로 발전해왔다.

투루판 분지는 일조 시간이 길고 고온건조하며 일교차가 크기 때문에 이곳에서 생산되는 과일은 당도가 무척 높다. 또한 사막 기후의 특성상 병충해가 거의 없다. 투루판을 대표하는 과일은 하미과(참외)와 포도인데, 당나라 시대에도 투루판의 와인과 건포도가 장안(지금의 시안)까지 판매되었다고 한다.

비가 거의 오지 않는 사막에서 어떻게 포도나무가 자랄 수 있을까? 투루판은 톈산 산맥의 동쪽 끝 오아시스다. 톈산 산맥의 주봉 중 하나인 보거다 봉 정상은 만년설로 덮여 있다. 이 만년설이 녹아 흐르는 물은 지하 관개수로를 통해 투루판까지 흐른다. 더 놀라운 것은 이 관개수로가 2,000년도 훨씬 전인 한무제(재위 기원전 141~87) 때 만들어졌다는 사실이다. 만리장성만큼이나 불가사의로 꼽히는 고대 토목 기술이다. 이 관개수로 덕분에 투루판은 세계 최대의 포도 생산지가 될 수 있었다. 여기서 생산된 포도는 구멍이 숭숭 뚫린 벽돌 건물에서 사막의 뜨거운 바람으로 자연 건조돼 건포도가 된다.

인을 생산한다. 원료인 포도 재배지에서 와인도 생산되는 것이다.

앞서 이야기했듯이, 프랑스의 와인 사랑은 유별날 뿐 아니라 와인이 프랑스의 경제에 끼치는 영향 역시 매우 크다. 2018년 기준 프랑스의 와인 생산량과 수출량은 같은 유럽의 에스파냐, 이탈리아에 이어 3위를 차지했다. 그러나 수출액 면에서는 이탈리아와 에스파냐보다 컸다. 이는 프랑스 와인의 단위당 가격이 다른 국가

와인 생산량 상위 10개 국(2018, 단위 톤)

순위	국가	생산량
1	이탈리아	5,415,000
2	프랑스	4,888,791
3	에스파냐	4,440,000
4	미국	2,384,006
5	중국	1,985,741
6	아르헨티나	1,452,151
7	칠레	1,289,897
8	오스트레일리아	1,285,000
9	남아프리카공화국	950,300
10	독일	633,424

세계 총 생산량 **29,234,524**톤

와인 수출량 상위 10개 국(2018, 단위 톤)

순위	국가	수출량
1	에스파냐	2,023,418
2	이탈리아	1,940,161
3	프랑스	1,464,691
4	오스트레일리아	856,425
5	칠레	844,962
6	남아프리카공화국	529,859
7	독일	374,432
8	미국	348,738
9	포르투갈	295,712
10	아르헨티나	269,062

와인 수출액 상위 10개 국(2018, 단위 1,000US$)

순위	국가	수출액
1	프랑스	9,935,486
2	이탈리아	7,108,242
3	에스파냐	2,999,097
4	오스트레일리아	2,159,163
5	칠레	1,985,470
6	미국	1,447,436
7	독일	1,227,614
8	뉴질랜드	1,202,011
9	포르투갈	944,674
10	아르헨티나	819,504

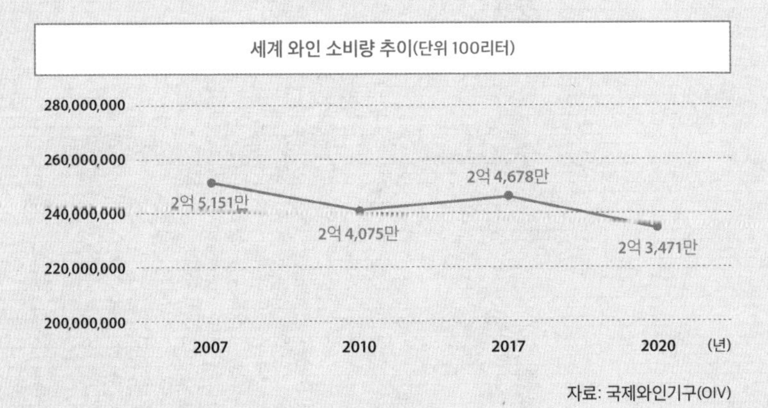

자료: 국제와인기구(OIV)

특히 와인 생산국이자 전통적인 와인 소비국인 유럽의 프랑스, 이탈리아, 에스파냐, 포르투갈 **4**국의 **1**인당 연평균 와인 소비량은 **1920**년대 **119.9**리터에서 **1950**년대 **102.1**리터, **2010~2016**년 **33.2**리터로 급속히 줄었다.

의 와인보다 더 높기 때문으로, 그만큼 프랑스 와인에 대한 전 세계 소비자들의 선호가 높다는 방증이다.

또한 프랑스 와인은 최고로 평가받아 투자 가치도 높다. 최근 소득이 향상하면서 마시기 위해서만이 아니라 소장과 시세차익을 노린 투자 목적으로 수량이 한정된 고급 와인을 사들이는 경우가 증가하고 있다. 유럽에서는 프랑스를 중심으로 18세기부터 와인 경매가 성행했다. 1947년에 생산된 '샤토 슈발 블랑Chateau Cheval Blanc'이라는 와인은 가격이 3억 원을 호가했으며, 병당 가격이 수백만 원에서 수천만 원에 달하는 와인 중 상당수가 프랑스산이다.

와인 생산량은 지속적으로 증가하고 있지만, 1980년대 이후 와인의 소비는 계속해서 줄고 있다. 특히 와인의 본고장인 프랑스, 이탈리아, 에스파냐의 와인 소비량은 지난 수십 년간 거의 절반으로 줄어들었다. 그 이유는 술을 덜 마시는 문화로 바뀌고 있기 때문이다. 하지만 여전히 고급 와인의 수요는 증가하고 있다. 이제 와인은 생필품에서 고급 기호식품으로 진화하고 있는지도 모른다. 앞으로 평범하거나 질이 떨어지는 와인은 세계 시장에 발을 들여놓기가 점차 어려워질 가능성이 높다.

전통적인 와인 생산 지역: 유럽의 지중해성 기후 지역

전통적인 와인 생산 지역은 유럽이다. 프랑스, 이탈리아, 에스파냐, 포르투갈, 그리스 같은 지중해성 기후 지역뿐 아니라 독일, 오스트리아, 스위스, 마케도니아, 헝가리, 슬로베니아, 불가리아 등지에서도 와인을 생산한다. 그렇지만 유럽을 대표하는 와인 생산 지역은 단연 프랑스와 이탈리아다. 지중해 지역의 여름은 고온건조하고 맑고 햇빛이 강한 날씨가 계속된다. 이 지역에서는 일찍이 이러한 건조한 날씨에 강한 올리브와 포도 등이 재배되었다.

프랑스는 와인의 본고장으로, 다양한 맛을 내는 와인을 생산한다. 프랑스의 포도 재배 지역은 지중해 연안과 론 강, 가론 강 유역이다. 이 지역의 경작가능 농지 중 무려 75퍼센트에서 포도가 재배될 정도다. 프랑스는 세계 전체 와인 생산량의 약 17퍼센트를 차지하며, 그 가운데 많은 와인이 세계적인 명성을 얻고 있다. 예를 들면 보르도, 부르고뉴, 샹파뉴(샴페인)* 등이 고급 와인을 생산하는 대표적인 지역이다. 프랑스의 와인이 높이 평가되는 이유는 생산되는 지역의 특성이 와인에 잘 표현되기 때문이다.

* 스파클링 와인 가운데 가장 인기 있는 것이 '샴페인'으로, 프랑스의 와인 생산지 '샹파뉴Champagne'를 영어식으로 부른 것이다. 제1차 세계대전의 종전 협약인 베르사유 조약에는 샴페인에 대한 조항이 포함돼 있다. '샴페인'이라는 스파클링 와인은 프랑스의 샹파뉴 지방에서 만들어진 데서 그 이름이 유래했으니 그 지방에서 생산되는 와인에만 샴페인이라는 명칭을 붙일 수 있게 제한한 것이다. 이렇게 한 이유는 승전국인 프랑스가 패전국인 독일의 와인 산업을 규제하려 했기 때문이다. 당시 샹파뉴 지방의 스파클링 와인만을 '샴페인'이라 부르게 했지만, 지금은 샴페인이라는 말이 일반 명사로 쓰이고 있다. 그 이유는 베르사유 조약이 체결될 때 미국 상원에서 이 조항에 대한 비준을 하지 않았기 때문이라고 한다. 그래서 미국에서는 샴페인이라는 말을 자유롭게 쓸 수 있었다.

유럽의 와인과 치즈

프랑스 사람들은 음식에 따라 와인을 즐기는 편이지만, 흔히 식사를 마무리하면서 치즈와 함께 와인을 마시기도 한다. 치즈는 와인 안주로 잘 어울린다고 하여 와인 애호가들이 가장 좋아하는 발효식품이다. 와인 특유의 떫은맛을 치즈가 줄일 수 있고, 입안에 남은 치즈 향을 와인이 없애주기 때문이다.

치즈 산지는 와인처럼 프랑스를 비롯해 이탈리아, 스위스, 덴마크, 네덜란드, 영국을 아우르는 구대륙과 미국, 오스트레일리아, 뉴질랜드를 포함하는 신대륙으로 나뉜다. 치즈는 소젖, 양젖, 염소젖 등으로 만들 수 있으며, 그 맛은 각각의 동물이 사육된 장소와 먹이, 만드는 시기, 제조 방법에 따라 달라진다.

그런데 와인과 치즈의 조합에 의문을 제기하는 사람도 있다. 실제가 아니라 상술의 결과라는 것이다. 옛날 유럽에서 상인들은 치즈를 판매하기 위해 극단적인 방법을 사용했다고 한다. 그 방법은, 우선 와인을 사과와 함께 맛보게 하고 그 후 와인을 치즈와 함께 맛보게 한 것이다. 사과와 함께 와인을 마셨을 때는 사과의 신맛 때문에 와인은 최악의 맛을 냈다. 그다음 치즈와 함께 와인을 마셨을 때 치즈의 지방과 단백질 성분은 와인의 산이나 타닌 성분과 결합해 최고의 맛을 냈다. 소비자의 혀를 속이는 이런 마케팅은 자본주의사회에서는 더욱 고도화되어 우리 기호를 조작하며 소비를 증대시킨다.

프랑스 와인의 라벨에 표시되는 AOC(원산지 호칭 검사 제도)는 프랑스의 치즈와 버터에도 사용된다. AOC는 특산품의 원산지를 증명하는 제도로, 프랑스 정부는 AOC로 원산지의 명칭과 지리적 한계는 물론

치즈 수출입 상위 5개 국(2018, 단위 톤)

구분	순위	국가	수량
수출	1	독일	1,131,103.58
	2	네덜란드	858,638.25
	3	프랑스	610,659
	4	이탈리아	421,129
	5	덴마크	380,964.63
수입	1	독일	798,713.47
	2	이탈리아	495,046.94
	3	영국	459,895.8
	4	네덜란드	366,378.06
	5	프랑스	328,026.73

생산 방법까지 규제한다. 이는 각 제품의 특성을 살리고 유명한 지역의 농산물이 다른 곳으로 흘러 들어가거나 유명한 산지에서 다른 곳의 농산물을 구입해 제품을 만드는 행위를 금지해 각 지역별로 독특한 고급 제품을 유지할 수 있게 하는 중요한 제도다.

2018년 기준으로 치즈(소젖 치즈)의 대륙별 생산량은 유럽이 50.4퍼센트, 아메리카 39.6퍼센트, 아시아 3.9퍼센트, 아프리카 2.3퍼센트, 오세아니아 3.9퍼센트로, 유럽이 거의 절반을 차지한다. 국가별 생산량은 미국이 30.1퍼센트로 가장 많고, 그다음으로 독일 8.1퍼센트, 프랑스 8.0퍼센트, 이탈리아 6.7퍼센트, 네덜란드 4.6퍼센트 순으로, 미국을 제외하면 대부분 유럽 국가가 차지하고 있다. 그러나 치즈 수출은 독일, 네덜란드, 프랑스, 이탈리아, 덴마크 등 대부분 유럽 국가들에 의해 이루어지고 있다.

이탈리아는 프랑스와 더불어 세계 최고의 와인 생산 국가다. 아펜니노 산맥과 북쪽 알프스 자락을 제외한 거의 모든 곳에서 포도가 재배된다. 알토아디제부터 시칠리아까지 서로 다른 기후와 토양 그리고 포도 품종이 다양한 와인을 생산할 수 있는 조건이다. 이탈리아의 전통적인 와인 산지로는 레드와인으로 유명한 피에몬테 주의 바롤로와 바르바레스코, 그리고 토스카나 주 등이 있다.

에스파냐 와인 산업의 성장은 프랑스 와인의 위기와 관련 있다. 19세기 중반 프랑스의 포도원에 포도뿌리혹벌레병이 발생하자 많은 포도 재배 농민들이 보르도 지방에서 국경을 넘어 에스파냐로 건너갔다. 그들과 함께 바리크(참나무통)에 레드와인을 숙성시키는 방법을 비롯해 와인 제조의 여러 가지 노하우도 에스파냐로 이동했다. 1850년 처음으로 바리크에 숙성시킨 와인 리오하Rioja가 시장에 나와 성공을 거두었다. 오랜 시간 에스파냐에서는 리오하와 셰리가 명성을 날렸다. 셰리Sherry는 에스파냐 남부 지역인 헤레스 데 라 프론테라 지역의 유명 와인이다. 헤레스 지역은 백악질 토양과 포도 재배에 좋은 기후 조건을 갖춰 와인 산업이 발달했다. 이웃에 카디스 항이 위치해 수출도 유리했는데, 셰리는 긴 시간 항해에 와인이 변질되지 않도록 브랜디를 첨가한 주정 강화 와인이다.

포르투갈은 포트와인Port wine으로 유명하다. 포트와인은 포르투갈 북부 도루 강 상류의 알토도루 지역에서 재배된 포도로 주로

포르투갈의 포트와인

만든다(이곳에서는 적포도와 청포도를 모두 재배한다). 포트와인이라는 이름은 이 지역의 수출을 담당한 항구 이름이 '오포르투O Porto'인 데서 유래했다(포트는 포르투를 영어식으로 읽은 것이다). 포르투갈에서는 1670년대부터 이 항구를 통해 와인을 영국으로 선적했는데, 1800년대 들어 오랜 수송 기간에 의한 변질을 막고자 와인에 브랜디를 첨가했으며 이것이 오늘날 주정 강화 와인인 포트와인이 되었다. 다른 나라에서 '포트Port'라는 이름을 함부로 쓰지 못하도록, 최근 포르투갈산 포트와인의 명칭을 '포르투Porto'로 바꾸었다.

독일의 포도 재배지는 포도 재배의 북한계선인 북위 51도 가까운 곳에 위치한다. 즉, 독일은 유럽의 와인 생산국 가운데 최북단에 위치해 있어, 일조량이 부족하고 날씨도 추워 남부 지역을 제외하고는 포도를 재배하기 어렵다. 이런 기후 조건으로 말미암아 독일에서는 화이트와인이 와인 전체 생산량의 80퍼센트를 차지한다. 독일의 대표적인 화이트와인 품종은 리슬링(독일에서 생산하는 화이트와인의 약 5분의 1을 차지)이다. 이 포도로 만든 와인은 신맛이 강하고, 알코올 함량이 낮고, 맛이 순하고, 과일 향이 나고, 톡 쏘는 특징을 갖고 있다. 포도 재배지는 서남쪽의 라인 강, 그 지류인 모젤 강과 마인 강의 계곡지대, 그 밖에 작은 강의 지류에 주로 위치한다. 특히 모젤에서 생산되는 리슬링 와인은 전 세계에서 최고의 품질로 인정받는다.

신흥 와인 생산 지역: 신대륙과 남아프리카공화국

아메리카(미국, 아르헨티나, 칠레), 오스트레일리아, 남아프리카공화국 등 신흥 와인 생산국의 포도원 면적이 엄청나게 늘어나고 있다. 이들 국가의 포도 재배면적은 21세기 들어 거의 두 배로 늘어났다. 대부분 프랑스산 품종의 포도를 발효시킨 것이지만, 그곳에서 생산된 와인은 토질과 기후, 지하 저장고에서의 숙성 방식 차이로 고유의 맛을 낸다.

캘리포니아 내파밸리는 미국 와인을 상징하는 지역이다.

신대륙 아메리카의 포도 재배와 와인 생산

캘리포니아는 미국의 주요 포도 재배 지역이다. 캘리포니아에 와인용 포도가 처음 들어간 것은 1770년대이지만, 19세기 초 유럽에서 건너온 이민자들에 의해 본격적인 포도 재배와 와인 제조가 시작됐다. 그러나 1880년대 중반 포도뿌리혹벌레병 때문에 심각한 손상을 입었다. 1970년대 들어 기후가 좋은 내파밸리에 와인용 포도를 심어 와인 붐을 일으켰다. 북쪽 멘도시노에서 멕시코 국경과 가까운 샌디에이고까지, 태평양 연안에서 시에라네바다의 산지까지, 캘리포니아 전역에 포도원이 등장했다.

남아메리카의 주요 포도 생산국인 칠레에서는 이미 16세기부터 에스파냐에서 온 이주민들이 포도나무를 심었다. 비옥한 토양과 지중해성 기후를 가진 칠레 해안은 포도 재배에 적합했고, 그 포도로 만든 와인은 가톨릭의 의식에 사용되었다. 19세기 중반에는 프랑스와 독일에서 건너온 와인 생산자들이 본격적으로 포도를 재배했다.

칠레산 와인은 맛과 품질에 비해 값이 저렴해서 세계적으로 인기가 많다. 칠레에서는 파이스Pais 품종의 포도가 50퍼센트 이상 재배되며, 나머지는 유럽산 품종이 재배된다. 1980년대 들어 칠레는 국제적으로 중요한 와인 생산국이 되었다. 이 시기에 수출용으로 메를로, 소비뇽 블랑, 샤르도네, 카베르네 소비뇽 등 프랑스 품종의 포도를 많이 심었다. 에스파냐, 프랑스, 독일, 미국 캘리포니아의 유명한 와인 생산자들은 칠레에 합자회사를 세우며 포도 재배에 투자해 칠레 와인의 품질을 높였다. 꼼꼼한 원산지 표시 제도도 칠레 와인의 품질을 높이는 데 기여했다. 주요 소비자인 미국과 유럽 사람들의 취향에 맞도록 맛을 개량하고 생산 설비를 선진화하기도 했다.

칠레의 포도 재배지는 지중해성 기후를 띠는 수도 산티아고를 기준으로 남북으로 약 500킬로미터 범위 안에 집중적으로 분포한다. 칠레 중부는 건조 기후와 온대 기후가 만나는 점이적 성격으로 인해 여름에는 건조하고 햇볕이 강한 지중해성 기후를 보인다. 겨울인 4~9월에는 눈이 거의 내리지 않을 정도로 온화하고 여름에는 따가운 햇살이 내리쬐어 포도가 잘 익는다. 햇살과 건조한 날씨는 포도의 당도를 크게 높여준다. 또한 높은 안데스 산지와 사막으로 둘러싸여 병충해가 없다는 장점도 있다. 대부분의 포도원은 높은 산자락의 계곡에 위치하거나 산 밑의 돌밭에 조성되었다. 그 가운데 마이포Maipo는 칠레에서 가장 유명하고 최고 품질의 포도를 생산하는 곳이다.

한국은 칠레로부터 와인뿐 아니라 과일용 포도도 수입하고 있다. 사실 칠레는 세계 1위의 포도 수출국이기도 하다. 한국과 멀리 떨어진 칠레에서 포도와 와인을 수입하려면 운송비도 비싸고 시간도 오래 걸린다. 그럼에도 칠레에서 포도를 수입하는 이유는 지리적 위치와 관련이 있다. 칠레 중부는 지중해성 기후로 포도 재배에 유리할 뿐만 아니라 남반구에 위치해 유럽 및 동아시아와 계절이 반대이고 포도 수확 시기도 다르다. 즉, 한국에서 포도가 귀할 때 칠레는 본격적인 포도 수확기에 접어드는 것이다.

한국에서는 2000년대 들어 와인 붐이 일기 시작했다. 프랑스가 국내 와인 시장 점유율에서 여전히 부동의 1위를 달리고 있지만, 칠레와의 자유무역협정FTA이 발효된 2004년부터 칠레산 와인 수입이 급증했다. 이후 칠레산 와인의 국내 시장 점유율은 계속 높아지고 있다. 지리적으로 멀고 낯선 칠레산 와인이 국내 와인 시장에

포도 수출량 상위 10개 국(2018, 단위 톤)

순위	국가	수출량
1	칠레	726,793
2	이탈리아	465,204
3	미국	419,905
4	네덜란드	363,439
5	페루	343,278
6	남아프리카공화국	324,292
7	중국	277,162
8	홍콩	200,913
9	아프가니스탄	200,592
10	튀르키예	180,214

포도 수출액 상위 10개 국(2018, 단위 1,000US$)

순위	국가	수출액
1	칠레	1,232,960
2	네덜란드	984,640
3	미국	924,505
4	페루	819,537
5	이탈리아	799,234
6	중국	689,599
7	남아프리카공화국	537,675
8	에스파냐	410,349
9	홍콩	369,197
10	오스트레일리아	286,183

서 점유율을 높이고 있는 것은 역시 자유무역협정의 효과이지만, 다른 나라 제품에 비해 상대적으로 저렴한 가격 및 양호한 품질도 큰 역할을 하고 있다.

사실 남아메리카에서 포도 재배로 가장 유명하고 영향력 있는 국가는 아르헨티나다. 아르헨티나는 세계에서 여섯 번째로 와인을 많이 생산하는 나라다. 1990년대 중반부터 수출할 만한 고급 와인이 생산되었다. 아르헨티나의 포도원은 국토의 서쪽에만 있는데, 안데스 산맥의 산자락 중 해발고도 700미터부터 2,400미터 사이에 많이 형성되어 있다. 전체 포도 재배지의 4분의 3 정도가 칠레와의 국경 근처인 멘도사에 있다. 최고의 포도를 생산하는 지역으로는 멘도사Mendoza, 산 후안San Juan, 라 리오하La Rioja, 리오 네그로Rio Negro, 살타Salta를 들 수 있는데, 이 중 멘도사에서 아르헨티나 와인의 70퍼센트 이상이 생산된다.

오세아니아와 아프리카 대륙의 포도 재배와 와인 생산

오스트레일리아의 와인 산업은 영국 이주민들이 주로 온대 기후가 나타나는 남동부의 빅토리아 주와 뉴사우스웨일스 주, 남서부의 웨스트오스트레일리아 주에 정착하고, 프랑스 이주민들이 태즈메이니아 섬에 정착한 18세기 말에 시작되었다. 또한 19세기에 종교적인 이유로 오스트레일리아로 망명한 독일인들이 남부 바로사밸리에 정착하면서 유럽의 포도나무를 들여와 재배했다.

오스트레일리아에서 포도를 압착하는 남자의 사진(1900년)

와인 산업이 본격적으로 자리를 잡은 때는 제2차 세계대전 이후로, 오스트레일리아 내외에서 와인 수요가 급격히 상승하던 시기였다. 이때 지중해성 기후로 온화하고 건조해 고급 와인을 생산하기에 적합한 오스트레일리아 남부에 많은 포도원이 새로 형성되었다. 오스트레일리아 남부의 대도시 교외에는 광대한 포도원이 펼쳐져 있다.

한편, 오스트레일리아에는 토종 품종이 없다. 그래서 유럽의 포도가 재배되는데, 대표적인 품종은 남프랑스의 시라Syrah다. 세계적으로 성공을 거둔 품종인 카베르네 소비뇽과 샤르도네도 재배된다. 식민지 개척 초기의 와인 생산은 대부분 자국 내 소비용이었지만 최근에는 수출 물량이 계속 증가하고 있고, 세계 와인 콘테스트에서도 좋은 성적을 내고 있다. 애들레이드 북쪽 바로사밸리, 뉴사우스웨일스 주 시드니 북쪽의 헌터밸리에서 생산된 와인은 특히 우수한 것으로 명성이 높다. 원산지를 중요하게 여기는 유럽과 달리, 오스트레일리아에서는 어떤 포도를 사용했느냐를 중시한다.

뉴질랜드는 지구상에서 포도를 재배하는 가장 남쪽 지역이다. 뉴질랜드는 유기농 와인으로 유명하다. 유기농 포도를 재배하는 농장에서는 화학비료 대신 소의 배설물을 숙성시켜 천연비료를 만들고, 말이 끄는 수레를 이용해 비료를 준다. 트랙터를 사용했을 때보다 땅에 충격을 주지 않아 자연 그대로의 토양을 유지할 수 있기 때문이다. 뉴질랜드 와인은 프랑스 와인이나 이탈리아 와인의 역사와 전통, 칠레 와인의 가격 경쟁력에 밀리지만, 유기농을 앞세운 덕분에 꾸준히 성장세를 보이고 있다.

남아프리카공화국은 신흥 와인 생산국 중 가장 주목받는 곳이다. 아파르트헤이트(인종 차별 정책)의 종식 이후 남아프리카공화국의 와인 산업은 눈부시게 성장하고 있다. 남아프리카의 와인은 오랜 역사를 자랑하지만, 본격적인 와인 제조는 1980년대에 들어서부터다. 프랑스, 독일, 이탈리아에서 온 와인 생산자들이 남아프리카공화국에 와인 산업의 기초를 세웠으며, 아파르트헤이트 종식 이후 와인 산업의 근대화를 추진해 주요 생산국의 위치에 올랐다.

아프리카 대륙의 남단은 온난한 지중해성 기후인데, 남아프리카공화국 남서쪽에 위치한 케이프타운과 그 동쪽으로 40킬로미터 정도 떨어진 스텔렌보스Stellenbosch는 와인용 포도 재배에 적합한 곳이다. 전원 도시인 스텔렌보스는 남아프리카공화국 전체 포도 재배면적의 15퍼센트를 차지하며, 고급 와인을 생산해 남아프리카 와인의 수도라는 별칭을 갖고 있다. 또한 대학에 와인 양조학과가 설립되어 있는 곳이기도 하다.

물처럼 마신다, 독일의 맥주 사랑

맥주는 물과 차(茶)를 이어 세계에서 세 번째로 많이 소비되는 음료다. 유럽에서 맥주는 와인보다 더 오래전부터 사랑받던 음료였다. 맥주의 기원은 명확하지 않지만, 대개 기원전 4000년경 메소포타미아 지역에서 수메르인이 최초로 만든 것으로 추정된다. 이후 맥주는 로마제국을 거쳐 유럽 각지로 퍼진 것으로 알려져 있다.

와인이 지중해성 기후로 포도 재배가 유리한 알프스 산맥 이남의 남부유럽 국가들에서 즐겨 마시는 음료라면, 맥주는 와인용 포도 재배가 불가능한 알프스 산맥 이북의 북서유럽 및 중부유럽 그리고 동부유럽에서 보편적인 음료로 자리 잡았다. 사실 이러한 음용 패턴은 서기 1000년대 중반에 확립된 것으로, 그리스와 로마의 영향력과 관련이 있다.

로마제국이 지배하던 시절, 로마제국의 영역에 속하는 남부유럽에서는 식사와 함께 와인을 마시는 풍습이 있었다. 그러나 로마의 법률이 영향을 미치지 않는 북서유럽에서는 음식을 함께 먹지 않고 맥주만 마시는 것이 더 일반적인 풍습이었다. 대부분의 사람들이 맥주를 마시는 옛 독일, 오스트리아, 벨기에, 덴마크, 체코공화국, 영국, 아일랜드 등은 로마인들에 의해 야만인이 사는 영역으로 치부되기도 했다.

현재 맥주는 벨기에와 아일랜드로 대표되는 북서유럽, 독일로 대표되는 중부유럽, 체코로 대표되는 동부유럽 등의 대중적인 알코올음료다. 그 이유는 기후 때문이다. 맥주의 원료인 보리와 밀 그리고 홉hop은 기후가 서늘한 북서유럽 및 동부유럽에서 주로 재배하는 작물이기 때문에 쉽게 구할 수 있었고, 맥주 역시 어렵지 않게 만들 수 있었기 때문이다. 과일인 포도는 오랫동안 저장하기 힘들어 수확기에만 와인을 담글 수 있지만, 곡물인 밀과 보리는 저장이 쉬워 언제나 맥주를 담글 수 있다. 이런 이유로 맥주는 독일뿐 아니라 보리와 밀을 주식으로 하는 많은 지역에서 사랑받아왔다.

독일 뮌헨에서 매년 9월 말부터 10월 초까지 열리는
민속 축제이자 맥주 축제인 옥토버페스트Oktoberfest.
옥토버페스트란 10월Oktober에 열리는 축제Fest라는 뜻이다.

우리는 맥주 하면 독일을 떠올리지만, 사실 맥주의 1인당 소비량에서 독일은 체코와 아일랜드에 이어 세 번째다. 독일이 맥주로 유명한 것은 남부유럽 사람들이 와인을 즐겨 마시는 이유처럼, 하천에 석회질이 많이 섞여 있어 사람들이 물 대신 맥주를 즐겨 마셨기 때문이라는 주장이 있다. 실제로 기반암의 석회암 비중이 높은 독일은 물에 석회 성분이 많이 녹아 있다.

맥주(보리 맥아) 생산량 상위 10개 국(2018, 단위 톤)

순위	국가	생산량
1	중국	38,120,000
2	미국	21,448,700
3	브라질	15,319,532
4	멕시코	12,162,562
5	독일	8,656,824
6	러시아	7,770,840
7	베트남	4,300,000
8	폴란드	4,148,202
9	영국	4,073,000
10	에스파냐	3,813,400

맥주(보리 맥아) 수출액 상위 10개 국(2018, 단위 1,000US$)

순위	국가	수출액
1	멕시코	4,491,048
2	네덜란드	2,012,288
3	벨기에	1,755,019
4	독일	1,377,621
5	미국	672,683
6	영국	639,269
7	프랑스	405,844
8	아일랜드	331,781
9	체코	318,950
10	덴마크	295,522

참고문헌

가와기타 미노루 지음, 장미화 옮김, 2003,《설탕의 세계사》, 좋은책만들기.

강재호 지음, 2015,《지리레시피》, 황금비율.

곽문환 지음, 2004,〈18세기 설탕산업, 노예무역 그리고 영국 자본주의〉,《사림》 22호, 수선사학회.

김경일 지음, 2015,《달콤한 제국 불쾌한 진실》, 함께읽는책.

김학훈·옥한석·심정보 지음, 2019,《세계화 시대의 세계지리 읽기》, 한울.

김희순·박선미 지음, 2015,《빈곤의 연대기—제국주의, 세계화 그리고 불평등한 세계》, 갈라파고스.

댄 쾨펠 지음, 김세진 옮김, 2010,《바나나—세계를 바꾼 과일의 운명》, 이마고.

마에키타 미야코·가시다 히데키·다나카 유 지음, 이상술 옮김, 2007,《세계에서 빈곤을 없애는 30가지 방법》, 알마.

박광순 지음, 2002,《홍차 이야기》, 다지리.

박대훈·최지선 지음, 2015,《박대훈의 사방팔방 지식 특강》, 휴먼큐브.

박준근·오광인·Jamalludin Sulaiman 지음, 2010,《팜 오일의 모든 것》, 전남대학교 출판부.

베아트리스 호헤네거 지음, 김라현·조미라 옮김, 2012,《차의 세계사—동양으로부터의 선물》, 열린세상.

사라 모스·알렉산더 바데녹 지음, 강수정 옮김, 2012,《초콜릿의 지구사》, 휴머니스트.

사이토 다카시 지음, 홍성민 옮김, 2009,《세계사를 움직이는 다섯 가지 힘—욕망+모더니즘+제국주의+몬스터+종교》, 뜨인돌.

시드니 민츠 지음, 김문호 옮김, 1998,《설탕과 권력》, 지호.

에번 D. G. 프레이저·앤드루 리마스 지음, 유영훈 옮김, 2012,《음식의 제국》, 알에이치코리아.

오펠리 네만 지음, 야니스 바루치코스 그림, 박홍진 옮김, 2015,《와인은 어렵지 않아—그림과 함께 배우는 와인 입문서》, 그린쿡.

이소부치 다케시 지음, 강승희 옮김, 2010,《홍차의 세계사, 그림으로 읽다》, 글항아리.

이영숙 지음, 2012,《식탁 위의 세계사》, 창비.

이윤섭 지음, 2013,《커피, 설탕, 차의 세계사》, 필맥.

이진수 지음, 2011,《홍차 강의—입문자를 위한 홍차의 A to Z》, 이른아침.

임수진 지음, 2011,《커피밭 사람들—라틴아메리카 커피노동자, 그들 삶의 기록》, 그린비.

전국지리교사모임 지음, 2014,《세계지리 세상과 통하다 1》, 사계절.

전국지리교사모임 지음, 2014,《세계지리 세상과 통하다 2》, 사계절.

전성원 지음, 2012,《누가 우리의 일상을 지배하는가—헨리 포드부터 마사 스튜어트까지 현대를 창조한 사람들》, 인물과사상사.

전종한 외 지음, 2015,《세계지리—경계에서 권역을 보다》, 사회평론.

재레드 다이아몬드 지음, 강주헌 옮김, 2005,《문명의 붕괴》, 김영사.

존 스틸 고든 지음, 안진환·왕수민 옮김, 2007,《부의 제국—미국은 어떻게 세계 최강대국이 되었나》, 황금가지.

캐럴 오프 지음, 배현 옮김, 2011,《나쁜 초콜릿—탐욕과 폭력이 공존하는 초콜릿의 문화·사회사》, 알마.

케네디 원 지음, 서정아 옮김, 2013,《맹그로브의 눈물—소금제국의 군왕》, 프롬나드.

켈시 티머먼 지음, 문희경 옮김, 2016,《식탁 위의 세상—나는 음식에서 삶을 배웠다》, 부키.

톰 스탠디지 지음, 차재호 옮김, 2006,《역사 한 잔 하실까요?—여섯 가지 음료로 읽는 세계사 이야기》, 세종서적.

페르낭 브로델 지음, 주경철 옮김, 1995,《물질문명과 자본주의 1-1: 일상생활의 구조(상)》, 까치글방.
페르낭 브로델 지음, 주경철 옮김, 2001,《물질문명과 자본주의 1-2: 일상생활의 구조(하)》, 까치글방.
피터 싱어·짐 메이슨 지음, 함규진 옮김, 2008,《죽음의 밥상—농장에서 식탁까지, 그 길과 잔인한 여정에 대한 논쟁적 탐험》, 산책자.
한스외르크 퀴스터 지음, 송소민 옮김, 2016,《곡물의 역사—최초의 경작지에서부터 현대의 슈퍼마켓까지》, 서해문집.
허남혁 지음, 2008,《내가 먹는 것이 바로 나—사람·자연·사회를 살리는 먹거리 이야기》, 책세상.
헬렌 세이버리 지음, 이지윤 옮김, 2015,《차의 지구사》, 휴머니스트.
헬렌 세이버리 지음, 정서진 옮김, 2021,《티타임—세계인이 차를 즐기는 법》, 따비.
호리구치 토시히데 지음, 윤선해 옮김, 2012,《커피 교과서》, 벨라루나.
Les Rowntree 외 지음, 신정엽 외 옮김, 2017,《세계지리—세계화와 다양성》, 시그마프레스.
Marston, S. A, Knox, P. L., Liverman, D. M., Del Casino, V. J. and Robibins, P. F., 2014, *World Regions in Global Context: People, Places, and Environment*, Boston: Pearson.

EBS 〈지식 채널—착한 초콜릿〉, 2008년 9월 29일 방영.
EBS 〈하나뿐인 지구—맹그로브의 눈물〉, 2013년 7월 19일 방영.
EBS 〈하나뿐인 지구—인도네시아, 사라져 가는 숲의 기록〉, 2015년 2월 20일 방영.

도판 출처

1장

18쪽. James Tissot, *Holyday*, 1876, 개인 소장.

22쪽. B. Clayton의 드로잉, Piqua의 페인팅 (Miss Corner, *The History of China & India*, Pictorial & Descriptive, 1847, p. 158).

23쪽. ⓒ Alex Saberi (헬렌 세이버리, 《티타임》, 정서진 옮김, 따비, 2021, p. 270).

29쪽. Kitty Shannon의 일러스트레이션, 1926 (헬렌 세이버리, 《티타임》, 정서진 옮김, 따비, 2021, p. 14).

31쪽. Nathaniel Currier, *Tea sabotage in Boston Port*, 1846 (Wikimedia commons).

34쪽. (위) Chinese artist (Wikimedia commons).
(아래) *Destroying Chinese war junks*, 1843, 에드워드 던컨Edward Duncan (https://en.wikipedia.org).

41쪽. (왼쪽) https://en.m.wikipedia.org/wiki/File:James_Taylor_1894.jpg.
(오른쪽) The Library of Congress 소장.

42쪽. © Rawpixel (Depositphotos).

44쪽. Hemeroteca Nacional de España 소장.

53쪽. © Ivanfirst (Shutterstock).

56쪽. (맨 위에서 시계 방향으로) © Akarsh Simha, © Challiyan, © Bdx, © Vyacheslav Argenberg, © Suguri F, © Léna, © Jubair1985 (Wikimedia commons).

59쪽. Francis Beatty Thurber, *Coffee: from plantation to cup*, American grocer publishing association, 1881, p. 41 (The Library of Congress 소장).

66~67쪽 (왼쪽부터 순서대로) © Megillionvoices, © Jkafader, © VillageHero, © El Nuevo Doge, © Thomas Martinsen faceline (Wikimedia commons).

2장

72쪽. © yingko (Shutterstock).

75쪽. © ctktiger (Shutterstock).

79쪽. (위) © Volodymyr_Shtun (Shutterstock).
(아래) © Bits And Splits (Shutterstock).

81쪽. (위에서부터) © Naypong Studio, © Jannarong, © Image guy, © Susilo Prambanan (Shutterstock), © Benipal hardarshan (Wikimedia commons).

92쪽. © Paulo Vilela (Shutterstock).

93쪽. (위에서부터) © mailsonpignata, © Vinicius Bacarin (Shutterstock), © Anna Frodesiak (Wikimedia commons), © Mr. Amarin Jitnathum (Shutterstock).

104쪽. (위) Estienne Vouillemont의 스케치 (Wikimedia commons).
(아래) National Maritime Museum, Greenwich 소장.

108쪽. (위) William O. Blake, *The History of Slavery and the Slave Trade, Ancient and Modern: The Forms of Slavery that Prevailed in Ancient Nations, Particularly in Greece and Rome. The African Slave Trade and the Political History of Slavery in the United States*, 1857 (Wikimedia commons).

108쪽. (아래) Joseph Swain의 일러스트레이션, 1835 (Getty Images).

110쪽. Edicion Jordi 출판, 1914 (Wikimedia commons).

114쪽. Unknown author (Wikimedia commons).

115쪽. © Alambiques do Brasil (Wikimedia commons).

118쪽. © Mariordo (Mario Roberto Duran Ortiz) (Wikimedia commons).

121쪽. Post of Brazil (Wikimedia commons).

3장

128쪽. © Aedka Studio (Shutterstock).

131쪽. Louise van Panhuys, *Blüte und Frucht des wilden Surinamischen Cacao*,

1812 (Wikimedia commons).

135쪽. © Hans Geel (Shutterstock).

136쪽. (원) © Shizhao (Wikimedia commons).

136~137쪽. (화살표 방향대로) © Bernard DUPONT, © Eduardo Calavera, © Isai Symens (Wikimedia commons), © TravisJFord, © mavo, © bigacis, © Svetlana Lukienko (Shutterstock).

139쪽. De Young Museum, San Francisco 소장 (Wikimedia commons).

142쪽. Jean-Éienne Liotard, *The Chocolate Girl*, 1744, Staatliche Kunstsammlungen Dresden 소장.

144쪽. Unknown author (Wikimedia commons).

156쪽. © Photoongraphy, © AmyLv (Shutterstock).

159쪽. © haireena (Shutterstock).

163쪽. Hershey archive (Wikimedia commons).

170쪽. © ICCFO (Wikimedia commons).

175쪽. © Artemas Ward (Wikimedia commons).

4장

178쪽. © CEphoto, Uwe Arana (Wikimedia commons), (원) © oneVillage Initiative (Wikimedia commons).

183쪽. (왼쪽) © CEphoto, Uwe Arana (Wikimedia commons).
(오른쪽 위) © Diego Torres Silvestre (Wikimedia commons).
(오른쪽 아래) © B. Simpson (Wikimedia commons).

186쪽. © T.K. Naliaka (Wikimedia commons).

191쪽. © dolphfyn (Shutterstock).

192쪽. © T. K. Naliaka (Wikimedia commons).

198쪽. (모두) © Papischou (Wikimedia commons).

208쪽. (위) © Thomas Fuhrmann (Wikimedia commons).
(가운데) © Johannes Maximilian (Wikimedia commons).
(아래) © Prayugo Utomo (Wikimedia commons).

211쪽. (위) © International Rhino Foundation.

(아래) © Bernard Spragg (Wikimedia commons).

218쪽. © Vis M (Wikimedia commons).

5장

224쪽. © Kaweesaesther (Wikimedia commons).

231쪽. Pixabay.

238-239쪽. (순서대로) © abhiriksh, © David Stanley (Wikimedia commons), © AMISOM Public Information (flickr), © FranHogan, © Yılmaz Kilim (Wikimedia commons), © Africa Collection (Alamy), © Ursula Horn, © Hugh Venables, © Curlyrnd, © Obsidian Soul (Wikimedia commons).

241쪽. Unknown (Wikimedia commons).

244쪽. (왼쪽) © Zwifree (Wikimedia commons).

(오른쪽) © Shubert Ciencia (Wikimedia commons).

245쪽. (왼쪽) © Steven Depolo (Wikimedia commons).

(오른쪽) © Dr. Karl-Heinz Hochhaus (Wikimedia commons).

246쪽. (위) © Mary Evans, Grenville Collins Postcard Collection (Wikimedia commons).

(아래) 위스콘신 주 밀워키의 E.C. Kropp Co.에서 출판한 엽서 (Wikimedia commons).

247쪽. (왼쪽) Port of San Diego (Wikimedia commons).

(오른쪽) © Karan Jain (Wikimedia commons).

251쪽. Jack Rollins & Charles H. Joffe Productions.

252쪽. Chiquita Brands International logo, 2018 version.

257쪽. © Scot Nelson (Wikimedia commons).

263쪽. novemberfilm.

264쪽. (위) © Shubert Ciencia (Wikimedia commons).

(아래 왼쪽) © Plant pests and diseases (Wikimedia commons).

(아래 오른쪽) © Romeo Gacad (AFP).

266쪽. © Holger Leue (Getty Images).

6장

278쪽. © Touhid biplob (Wikimedia commons).

281쪽. (위) © Punnatorn Thepsuwanworn (Wikimedia commons).

(아래) © Pelagic (Wikimedia commons).

284쪽. © Ben Petcharapiracht (Shutterstock).

288쪽. © Herman Gunawan (Wikimedia commons).

290~291쪽. (순서대로) © Mati Nitibhon, (원) © Mr. TJ (Shutterstock), © Herman Gunawan (Wikimedia commons), © Physics_joe, © Ai Han, © Ai Han, © Sorbis (Shutterstock).

293쪽. © Dronepicr (Wikimedia commons).

296쪽. (위) NASA image created by Jesse Allen, Earth Observatory, using data obtained from the University of Maryland's Global Land Cover Facility.

(아래 모두) © Bernard DUPONT (Wikimedia commons).

302쪽. © Planet Labs, Inc. (Wikimedia commons).

309쪽. © Irwandi wancaleu (Wikimedia commons).

312쪽. © Jean-Marc Kuffer (flickr).

7장

316쪽. © Fhynek00 (Wikimedia commons).

323쪽. (왼쪽 위부터 시계 반대 방향으로) Archaeological Museum of Nafplion 소장, Archaeological Museum of Ancient Corinth 소장, Metropolitan Museum of Art 소장.

(아래 왼쪽부터) Metropolitan Museum of Art 소장, Metropolitan Museum of Art 소장, Museo nazionale etrusco di Villa Giulia 소장.

327쪽. (왼쪽) © Bauer Karl (Wikimedia commons).

(오른쪽 셋) Jules Troncy의 일러스트레이션(A. Bacon, A. Barbier, *Ampélographie*

Viala et Vermorel, 1901~1910).

329쪽. © Frank Schulenburg (Wikimedia commons).

336쪽. (위) © Vald0506 (Wikimedia commons).

(아래) © Gruenemann (Wikimedia commons).

338쪽. © She Paused 4 Thought (Wikimedia commons).

340~341쪽. (순서대로) © Bruno Rijsman, © Bruno Rijsman, © Ryan O'Connell, © Bruno Rijsman, © Tomascastelazo, © Vmenkov (Wikimedia commons).

344쪽. (모두) © Radosław Botev (Wikimedia commons).

353쪽. © Anne-Lotte O'Dwyer (Wikimedia commons).

355쪽. © Missvain (Wikimedia commons).

360쪽. National Library of Australia 소장.

364쪽. (위) © Scottb211 (Wikimedia commons).

(아래) © holzijue (Pixabay).

기호와 탐닉의
음식으로 본 **지리**
축복받은 자연은 어떻게 저주의 역사가 되었는가

초판 1쇄 발행 | 2023년 11월 25일
초판 3쇄 발행 | 2024년 12월 20일

지은이 | 조철기

펴낸곳 | 도서출판 따비
펴낸이 | 박성경
편　집 | 신수진, 정우진
디자인 | 이수정
출판등록 | 2009년 5월 4일 제2010-000256호
주소 | 서울시 마포구 월드컵로28길 6(성산동, 3층)
전화 | 02-326-3897
팩스 | 02-6919-1277
메일 | tabibooks@hotmail.com
인쇄·제본 | 영신사

ISBN 979-11-92169-31-6 93980

책값은 뒤표지에 있습니다.

이 도서는 한국출판문화산업진흥원의 '2023년 우수출판콘텐츠 제작 지원' 사업 선정작입니다.